U0229906

建设工程招投标与合同管理

高职高专"十三五"精品规划教材

国家示范性高职院校重点建设专业精品规划教材（土建大类）

国家高职高专土建大类高技能应用型人才培养解决方案

主　编／孙敬涛

副主编／季　敏　陈淑珍　候军伟

JIANSHE GONGCHENG
ZHAOTOUBIAO
YU HETONG GUANLI

天津大学出版社
TIANJIN UNIVERSITY PRESS

图书在版编目(CIP)数据

建设工程招投标与合同管理/孙敬涛主编. — 天津:天津大学出版社,2018.6

高职高专"十三五"精品规划教材 国家示范性高职院校重点建设专业精品规划教材(土建大类) 国家高职高专土建大类高技能应用型人才培养解决方案

ISBN 978-7-5618-6144-8

Ⅰ. ①建… Ⅱ. ①孙… Ⅲ. ①建筑工程 – 招标 – 高等职业教育 – 教材②建筑工程 – 投标 – 高等职业教育 – 教材③建筑工程 – 经济合同 – 管理 – 高等职业教育 – 教材 Ⅳ. ①TU723

中国版本图书馆 CIP 数据核字(2018)第 129841 号

出版发行	天津大学出版社
地　　址	天津市卫津路 92 号天津大学内(邮编:300072)
电　　话	发行部:022-27403647
网　　址	publish. tju. edu. cn
印　　刷	天津泰宇印务有限公司
经　　销	全国各地新华书店
开　　本	185mm×260mm
印　　张	12　活页 62
字　　数	340 千
版　　次	2018 年 6 月第 1 版
印　　次	2018 年 6 月第 1 次
定　　价	39.00 元

前　言

　　建设工程招投标与合同管理是高等职业院校土建大类各专业（如工程造价、建筑工程技术、工程管理、房地产经营与管理、市政工程、道路与桥梁技术等）的一门专业核心课程。其前导课程是建设工程法规、建筑工程图识读与绘制和建筑工程计价与管理等。

　　通过对本课程的学习，学生能够掌握建设工程招投标的流程、FIDIC 合同条件和建设工程施工合同示范文本、施工合同管理等理论知识，能够编写招标文件、投标文件，能够根据工程变更材料进行合同价款的调整和施工索赔，同时还可以提升学生对细节的观察能力、科学的思维能力以及解决生产实际问题的能力，为土建类专业招投标与合同管理能力提供保障。

　　本书具有如下特色。

　　1. 指导思想新而实用

　　本书主编所在学校是主要推行"成果导向＋就业导向"教学模式的高职院校，专业课程自上而下设计，更加注重对学生综合能力的培养。

　　2. 内容精简、必须、够用

　　本书共有六个单元，其中单元 1 对招投标和合同管理进行了综合概述，理清了本课程主要内容；单元 2、3 和 4 对招标、投标、开标、评标、定标各环节进行了理论知识的铺垫和案例分析；单元 5 和单元 6 以 FIDIC 合同条件和建设工程施工合同示范文本为基准对合同管理内容作了介绍。

　　3. 以理论为辅助，以案例实战为主导

　　结合高职高专课程和教学内容体系改革方向，本书充分体现了"以全面素质为基础，以能力为本位，以企业需求为基本依据，以就业为导向"的目标，按照《标准施工招标文件》《建设工程施工合同（示范文本）》中的核心内容，以案例引入、理论知识和案例分析三部分作为主要架构，并且配套有实训任务，力求使学生在案例和实训项目的驱动引导下学习理论知识，实现学有所用，在"做"中"学"。

　　4. 线上、线下资源丰富

　　本书配套资源有适合教师使用的教学 PPT、教案、适合学生使用的微点视频、自我线上测试等资源。

　　本书学时分配建议如下表所示。

单 元	名 称	学 时			
		少学时		多学时	
		讲授	实训	讲授	实训
1	绪论	4	0	4	0
2	建设工程招标	6	8	8	10
3	建设工程投标	6	6	8	8
4	建设工程项目开标、评标、定标	2	4	8	4
5	FIDIC 合同条件和建设工程施工合同示范文本	10	0	10	0
6	建设工程施工合同管理	6	8	8	10
	学时小计	34	26	46	32
	学时合计	60		78	

　　本书是集体智慧的结晶,由重庆工程职业技术学院孙敬涛统稿、定稿并担任主编,其中单元 1 和单元 2 由重庆工程职业技术学院孙敬涛编写,单元 3 和单元 4 由重庆工程职业技术学院季敏编写,单元 5 由重庆工程职业技术学院陈淑珍编写,单元 6 由重庆工程职业技术学院候军伟编写。

　　在本书编写过程中,参考和引用了书后所列参考文献中的部分内容,在此谨向原书作者表示衷心的感谢! 由于编者水平有限,本书难免存在不足和疏漏之处,敬请广大读者及同行专家批评指正。

编　者

2018 年 3 月

目　录
Contents

单元 1　绪论

知识目标	1. 能正确陈述招标的概念、合同管理 2. 能理解招投标的概念、分类和特点 3. 能熟悉招投标活动的基本原则	技能目标	1. 认识招标过程 2. 初步解析招标文件

【知识脉络图】

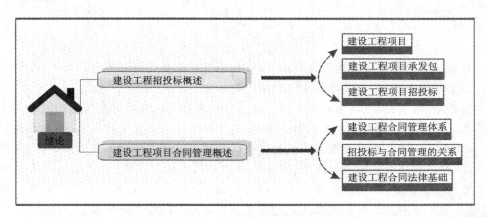

1.1　建设工程招投标概述

【案例引入】

　　某大学的医技大楼设计建筑面积为 19 900 m²，预计造价 7 400 万元，其中土建工程造价约为 3 400 万元，配套设备暂定造价约为 4 000 万元。2001 年初，该工程项目进入该省建设工程交易中心(下称该省交易中心)以总承包方式向社会公开招标。

　　经常以"某房地产有限公司总经理"身份对外交往的包工头郑某得知这一情况后，即分别到市内 4 家建筑公司活动，要求挂靠这 4 家公司参与投标。这 4 家公司在未对郑某的某房地产有限公司的资质和业绩进行审查的情况下,就同意其挂靠,并分别商定了"合作"条件:一是投标保证金由郑某支付;二是广州市某建筑公司代郑某编制标书,由郑某支付"劳务费",其余3家公司的经济标书由郑某编制;三是项目中标后全部或部分工程由郑某组织施工,挂靠单位收取占工程造价3%~5%的管理费。上述4家公司违法出让资质证明,为郑某搞串标活动提供了条件。2001年1月郑某给4家公司各汇去30万元投标保证金,并支付给广州市某建筑公司1.5万元编制标书的"劳务费"。

为揽到该项目,郑某还不择手段地拉拢该省交易中心评标处副处长张某、办公室副主任陈某。郑某以咨询业务为名,经常请张、陈吃喝玩乐,并送给张某港币5万元、人民币1 000元以及人参、茶叶、香烟等物品,送给陈某港币3万元和洋酒等物品。张、陈二人积极为郑某提供"咨询"服务,不惜泄露与招投标有关的保密情况,甚至带郑某到审核标底现场向有关人员打探标底,后因现场监督严格而未得逞。

该项目评标委员会共9人,其中由业主单位推荐的3名评委中,有2名是投标单位广州市某建筑公司的工作人员。对此,建设单位和该省交易中心在评标前未作调整。

1月22日下午,评标开始。评委会置该项目招标文件规定于不顾,把原安排在22日下午的评技术标、23日上午的评经济标两段评标内容集中在一个下午进行,致使评委没有足够的时间对标书进行认真细致的评审,一些标书中违反招标文件规定的错误未能被发现。同时,评委在评审中还把占标底价50%以上的配套设备暂定价3 998万元剔除,使造价总体下浮变为部分下浮,影响了评标结果的合理性。下午7时20分左右,评标结束,中标单位为深圳市某公司。

由于郑某挂靠的4家公司均未能中标,郑便鼓动这4家公司向有关部门投诉,设法改变评标结果。因不断发生投诉,有关单位未发出中标通知书。

接到投诉后,该省纪委、省监察厅会同省建设厅组成联合调查组对此案展开调查。现已查实该工程项目在招投标过程中存在包工头串标、建筑单位违法出让资质证照、评标委员会不依法评标、该省交易中心个别工作人员收受包工头钱物等违纪违法问题。经该省建设厅、省监察厅研究决定,取消该项目的招投标结果,依法重新组织招投标。目前,涉嫌违纪违法的该省交易中心工作人员张某、陈某已被停职并立案检查,他们非法收受的钱物已被依法收缴。该省纪委、省监察厅将依照有关法规和党纪政纪对涉案单位和人员进行严肃处理。

问题:你了解招投标吗?上述案例中关于招投标的关键词有哪些?

【理论知识】

1.1.1 建设工程项目

1.项目

(1)项目的概念

项目是一种一次性的工作,是指在规定的时间内,由为此专门组织起来的人员来完成的工作;项目要有明确的预期目标,同时还要有明确的可利用的资源范围,它需要运用多种学科的知识来解决问题;项目可以是建造一栋大楼、一个工厂或一座大水坝,也可以是解决某个研究课题,例如研制一种新药,设计、制造一种新型设备或产品等。总之,项目泛指这些一次性的、要求在一定期限内完成的、不得超过一定费用的并有一定性能要求的工作。在不同的项目中，项目内容虽千差万别，但项目本身都有其共同的特点。

"项目"一词已经越来越广泛地被人们用于社会经济和文化生活的各个方面。人们经常用"项目"来表示一类事物。项目的定义很多，许多管理专家都用简单通俗的语言对项目进行抽象性概括和描述。但一般地说，所谓项目就是指在一定的约束条件（主要指限定资源、限定时间、限定质量）下，具有特定目标的一次性任务。下面通过项目的一些共同特征来进一步理解项目的概念。

（2）项目的特征

1）一次性

一次性是项目与活动的最大区别。项目有确定的起点和终点，没有可以完全照搬的先例，也不会有完全相同的过程。项目的其他特征都是从这一主要特征中衍生出来的。

2）独特性

每个项目都是独特的，可能是项目提供的成果有自身的特点，也可能是项目的时间和地点、内部和外部的环境、自然和社会条件有别于其他项目。总之，每个项目都是独一无二的，绝不可能与其他项目相同。

3）目标的明确性

项目的目标很明确，它包括实现项目的时间目标、成果目标、资源目标和其他目标。

4）项目活动的整体性

项目中的一切活动都是相互联系的，它们构成一个整体，不能有多余的活动，也不能缺少某些活动，否则必将影响项目目标的实现。

5）组织的临时性和开放性

项目团体在项目进展过程中，其任务、人员、职责都在不断地变化，当项目终结时，项目组织要解散，人员要转移。参与项目的组织往往有多个，他们通过协议或合同以及其他的社会关系结合在一起，在项目的不同阶段以不同的程度介入项目活动。

6）开发与实施的渐进性

每个项目都是独特的，因此其项目的开发必然是渐进的，不可能是复制并通用的模式。即使有可借鉴的模式，也需要经过逐步地补充、修改和完善。项目的实施同样需要逐步投入资源，持续地累积可交付的成果，直至项目完成。

2. 工程项目

工程项目是最常见、最典型的项目类型，它属于投资项目中最重要的一类，是一种投资行为和工程建设行为相结合的投资项目。除具有项目的一般特征外，工程项目还具有下列特征。

（1）特定的对象

工程项目的对象通常是有着预定要求的工程技术系统，可以用一定的功能要求、实物工程量和质量等指标表达，如一定生产能力的车间或工厂，一定长度和等级的公路，一定规模的医院、住宅小区等。

（2）一定条件的限制

工程项目的实现要受到多方面条件的限制，如时间约束、资源约束、质量约束、空间约束等。

（3）一次性和不可逆性

工程项目建设地点固定、项目建成后不可移动、设计的单一性以及产品的单件性决定了工程项目的一次性。而工程项目投资巨大，使用功能相对固定，一旦建成要想改变非常困难，所以工程项目具有不可逆性。

（4）长期性

工程项目一般建设周期长，投资回收期长，使用寿命长，工程质量影响面大，作用时间长。

（5）风险性

工程项目的投资巨大，同时具有一次性和不可逆性、建设周期长及建设过程中各种不确定因素多等特点，因此建设项目投资的风险很大。

（6）复杂性

工程项目的实施过程复杂，投入的生产要素繁多，使得参与工程项目建设的各单位之间的沟通、协调变得困难重重，这也是工程实施过程中容易出现事故和质量问题的地方。

1.1.2 建设工程项目承发包

1. 建设工程项目承发包的概念

工程项目承发包是一种交易行为，是指承包的一方负责为发包的一方完成某项工程项目，并按一定的价格取得相应报酬的一种交易。其中，委托任务并负责支付报酬的一方称为发包人，接受任务并负责按时完成而取得报酬的一方称为承包人。

工程项目承发包双方通过签订合同或协议，明确发包人和承包人之间在经济上的权利与义务等关系，具有法律效力。

建设工程项目承发包是指建筑企业（承包商）作为承包人（称乙方），建设单位（业主）作为发包人（称甲方），由甲方把建筑安装工程任务委托给乙方，且双方在平等互利的基础上签订工程合同，明确各自的经济责任、权利和义务，以保证工作任务在合同造价内按期按量地全面完成的过程。

2. 建设工程项目承发包业务的形成与发展

（1）国际工程项目承发包业务的形成与发展

19世纪末，发达资本主义国家为了争夺生产资源和谋取高额利润，向其殖民地和经济不发达国家大量投资建筑工程，到了20世纪70年代，中东地区盛产石油外汇收入急剧下增长。为了改变长期落后的经济面貌，这些国家大兴土木，进行国内各项经济建设，这无疑为当时已经发展成熟的发达资本主义国家的建筑承包商提供了难得的市场，从20世纪80年代开始，东亚和东南亚地区经济发展较快，促进了本国建筑业的迅速发展，吸引了许多西方建筑公司参与，因此促进了国际建筑市场的发展。

近些年来，我国大力开展铁路、公路、水利、燃气、电力等基础设施方面的建设，也吸引了许多国外承包商纷纷来我国进行建设工程项目承发包。

（2）国内工程项目承发包业务的形成与发展

我国的建筑工程项目承发包业务起步较晚，但发展速度较快，大致可划分为以下四个阶段。

①从 19 世纪 80 年代起,在上海陆续开办了一些营造厂(建筑业)。

②中华人民共和国成立后,由于国家建设的需要,建设任务极其庞大,建筑业有了很大的发展。

③1958—1976 年,由于受"左"的思想影响,把工程承包方式当作资本主义经营方式进行批判,取消和废除了承包制、合同制、法定利润和甲乙方关系,建立了现场指挥部等管理体制,这种情况导致施工企业成了来料加工、提供劳务的松散行业,在此期间施工企业处于徘徊不前的状态。

④1978 年至今,建筑业在我国改革开放的方针政策指导下,认真总结经验教训,率先实行了体制改革并不断向前发展。

3. 建设工程项目承发包的内容

建设工程项目承发包的内容就是整个建设过程中各个阶段的全部工作,可以分为工程项目的项目建议书、可行性研究、勘察设计、材料及设备的采购供应、建筑安装工程施工、生产准备和竣工验收以及工程监理等。

(1)项目建议书

项目建议书是建设单位向国家有关主管部门提出要求建设某一项目的建设性文件,其主要内容为项目的性质、用途、基本内容、建设规模及项目的必要性和可行性分析等。

(2)项目可行性研究

项目建议书经相关部门批准后,应进行项目的可行性研究。项目可行性研究是由专业工程咨询人员提出的研究工程建设项目的技术先进性、经济合理性和建设可能性的专业建议。

(3)项目勘察设计

勘察与设计两者之间既有密切的联系,又有显著的区别。

①工程勘察:其主要内容为工程测量、水文地质勘察和工程地质勘察;其任务是查明工程项目建设地点的地形地貌、地层土壤岩性、地质构造、水文条件等自然地质条件,做出鉴定和综合评价,从而为建设项目的选址、工程设计和施工提供科学的依据。

②工程设计:工程设计是工程建设的重要环节,它是从技术上和经济上对拟建工程进行全面规划的工作。大中型项目一般采用两阶段设计,既初步设计和施工图设计;重大项目和特殊项目采用三阶段设计,即初步设计、技术设计和施工图设计。

(4)材料和设备的采购供应

建设工程项目必需的设备和材料,涉及面广、品种多、数量大,设备和材料采购供应是工程建设过程中的重要环节。建筑材料的采购供应方式有公开招标、询价报价、直接采购等。设备供应方式有委托承包、设备包干、招投标等。

(5)建筑安装工程施工

建筑安装工程施工是工程建设过程中的一个重要环节,是把设计图纸付诸实施的决定性阶段,也是整个建设工程项目最重要的环节。

(6)生产职工培训

基本建设的最终目的是形成新的生产能力。为了使新建项目建成后投入生产、交付使用,在建设期间就要准备合格的生产技术工人和配套的管理人员,因此需要进行生产职工系列培训。

(7)建设工程监理

建设工程监理作为一项新兴的承包业务,是近年逐渐发展起来的,监理单位是作为独立的第三方代表建设单位负责管理工程施工过程的机构。

4.建设工程项目承发包方式

建设工程项目承发包方式是指导发包人与承包人双方之间经济关系的形式。从承发包的范围、承包人所处的地位、合同计价的方式、获得任务的途径等不同的角度,可以对工程项目承发包方式进行不同的分类。

(1)按承发包范围划分承发包方式

1)建设全过程承发包

建设全过程承发包又叫统包、一揽子承包、交钥匙合同,是指发包人只需提出使用要求、竣工期限或对其他重大材料设备等决策性问题做出决定,承包人就可对项目建议书、可行性研究、勘察设计、采购、建筑安装工程施工、职工培训、竣工验收以及投产使用和建设后评估等全过程进行全面总承包,并负责对各项分包任务和必要时被吸收参与工程建设有关工作的发包人的部分力量进行统一组织、协调和管理。

建设全过程承发包主要适用于大中型建设项目。

2)阶段承发包

阶段承发包是指发包人、承包人就建设过程中某一阶段或某些阶段的工作(如勘察、设计或施工、材料设备供应等)进行承发包。其中,施工阶段承发包还可依据承发包的具体内容,再细分为以下三种方式。

①包工包料,即工程施工所用的全部人工和材料由承包人负责。其优点:便于调剂余缺,合理组织供应,加快建设速度,便于施工企业进行管理、精打细算、减少损失和浪费;有利于合理使用材料,降低工程造价,减轻建设单位的负担。

②包工部分包料,即承包人只负责提供施工的全部人工和一部分材料,其余部分材料由发包人或总承包人负责供应。

③包工不包料,又称包清工,实质上是劳务承包,即承包人(大多是分包人)仅提供劳务而不承担任何材料供应的义务。

3)专项承发包

专项承发包是指发包人、承包人就某建设阶段中的一个或几个专门项目进行承发包。

专项承发包主要适用于可行性研究阶段的辅助研究项目;勘察设计阶段的工程地质勘察、供水水源勘察,基础或结构工程设计、工艺设计,供电系统、空调系统及防灾系统的设计;施工阶段的深基础施工、金属结构制作和安装、通风设备和电梯安装等建设准备阶段的设备选购和生产技术人员培训等专门项目。

(2)按承包人所处的地位划分承发包方式

1)总承包

总承包简称总包,是指发包人将一个建设项目的建设全过程或其中某个或某几个阶段的全部工作发包给承包人,该承包人可以将自己承包范围内的若干专业性工作再分包给不同的专业承包人去完成,并对其进行统一协调和监督管理。

各专业承包人只同总承包人发生直接关系,不与发包人发生直接关系。

总承包主要有两种情况:一是建设全过程总承包;二是建设阶段总承包。采用总承包方式时,可以根据工程具体情况将工程总承包任务发包给有实力的且具有相应资质的咨询公司、勘察设计单位、施工企业以及设计施工一体化的大建筑公司等承担。

2)分承包

分承包简称分包,是相对于总承包而言的,指从总承包人承包范围内分包某一分项工程(如土方、模板、钢筋等)或某专业工程(如钢结构制作和电梯安装、卫生设备安装等)。

分承包人不与发包人发生直接关系,而只对总承包人负责,在现场由总承包人统筹安排其活动。分承包人承包的工程不是总承包范围内的主体结构工程或主要部分(关键性部分),主体结构工程或主要部分必须由总承包人自行完成。

3)联合承包

联合承包主要适用于大型或结构复杂的工程。联营的各方仍是各自独立经营的企业,只是就共同承包的工程项目必须事先达成联合协议,以明确各个联合承包人的权利和义务,包括投入的资金数额、工人和管理人员的派遣、机械设备种类、临时设施的费用分摊、利润的分配以及风险的分担等。

在市场竞争日趋激烈的形势下,采取联合承包的方式优越性十分明显,具体表现在以下几个方面。

①可以有效地减弱多家承包商之间的竞争,化解和防范承包风险。

②促进承包商在信息、资金、人员、技术和管理上互相取长补短,有助于充分发挥各自的优势。

③增强共同承包大型或结构复杂的工程的能力,增大了中大标、中好标和共同获得更丰厚利润的机会。

4)直接承包

直接承包是指不同的承包人在同一工程项目上分别与发包人签订承包合同,各自直接对发包人负责。各承包商之间不存在总承包、分承包的关系,现场的协调工作由发包人自己去做,或由发包人委托一个承包商牵头去做,也可聘请专门的项目经理(建造师)去做。

(3)按合同计价方法划分承发包方式

1)固定总价合同

固定总价合同又称总价合同,是指发包人要求承包人按商定的总价承包工程,这种方式通常适用于规模较小、风险不大、技术简单、工期较短的工程。

这种方式的优点:因为有图纸和工程说明书为依据,所以发包人、承包人都能较准确地估算工程造价,发包人容易选择最优承包人。缺点:对承包商有一定的风险,因为如果设计图纸和说明书不太详细,若遇到材料突然涨价、地质条件变化和气候条件恶劣等意外情况,承包人承担的风险就会增大,风险费加大不利于降低工程造价,最终对发包人也不利。

2）计量估价合同

计量估价合同是指以工程量清单和单价表为承包价计算依据的承发包方式。这种承发包方式,结算时单价一般不能变化,但工程量可以按实际工程量计算,承包人承担的风险较小,操作起来也比较方便。

3）单价合同

单价合同是指以工程单价结算工程价款的承发包方式。其特点是工程量实量实算,以实际完成的数量乘以单价结算,这是目前最常用的承发包方式。

4）成本加酬金合同

成本加酬金合同又称成本补偿合同,是指除按工程实际发生的成本结算外,发包人另加商定好的一笔酬金(总管理费和利润)支付给承包人的一种承发包方式。工程实际发生的成本主要包括人工费、材料费、施工机械使用费、其他直接费和现场经费以及各项独立费等。其主要的做法有成本加固定酬金、成本加固定百分比酬金、成本加浮动酬金、目标成本加奖罚。

这种承发包方式的优点是可促使承包商关心降低成本和缩短工期,而且由于目标成本是随设计的进展而加以调整才确定下来的,所以发包人、承包人双方都不会承担过大风险。缺点是目标成本的确定较困难,要求发包人、承包人都须具有比较丰富的经验。

5）按投资总额或承包工程量计取酬金的合同

这种方式主要适用于可行性研究、勘察设计和材料设备采购供应等项承包业务。

(4)按获得任务的途径划分承发包方式

1）计划分配

计划分配是指在传统的计划经济体制下,由中央或地方政府的计划部门分配建设工程任务,由设计、施工单位与建设单位签订承包合同。

2）投标竞争

通过投标竞争,中标者获得工程任务,与建设单位签订承包合同。我国现阶段的工程任务主要以投标竞争为主。

3）委托承包

委托承包即由建设单位与承包单位协商,签订委托其承包某项工程任务的合同,主要适用于某些投资限额以下的小型工程。

4）指令承包

指令承包是由政府主管部门依法指定工程承包单位,仅适用于某些特殊情况。

1.1.3　建设工程项目招投标

1. 建设工程招投标的概念

(1)招投标

招投标是在市场经济条件下进行工程建设、货物买卖、中介服务等经济活动的一种竞争方式和交易方式,其特征是引入竞争机制以求达成交易协议或订立合同。它是指招标人对工程建设、货物买卖、中介服务等交易业务事先公布采购条件和要求,吸引愿意承接任务的众多投标人参加竞争,招标人按照规定的程序和办法择优选定中标人的活动。

整个招投标过程包含招标、投标和定标(决标)三个主要阶段。招标是招标人事先公布有关工程货物或服务等交易业务的采购条件和要求,以吸引他人参加竞争承接。投标是投标人获悉招标人提出的条件和要求后,以订立合同为目的向招标人做出愿意参加有关任务的承接竞争,在性质上属要约。定标是招标人完全接受众多投标人中提出最优条件的投标人,在性质上属承诺。

(2)建设工程招投标

建设工程招投标是指建设单位或个人(即业主或项目法人)通过招标的方式,将工程建设项目的勘察、设计、施工、材料设备供应、监理等工作,一次或分步发包,由具有相应资质的承包单位通过投标竞争的方式承接。其最突出的优点:将竞争机制引入工程建设领域,工程项目的发包方、承包方和中介统一被纳入市场实行公开交易,给市场主体的交易行为赋予了极大的透明度,鼓励竞争,防止和反对垄断,通过平等竞争、优胜劣汰以及严格、规范、科学合理的动作程序和监管机制,有力地保证了竞争过程的公正和交易安全,最大限度地实现投资效益最大化。

2.建设工程招投标的特点

建设工程招投标的目的是在工程建设中引入竞争机制,择优选定勘察、设计、设备安装、施工、装饰、材料设备供应、监理和工程总承包单位,以缩短工期、提高工程质量和节约建设资金。

建设工程招投标的特点:通过竞争机制,实行交易公开;鼓励竞争、防止垄断、优胜劣汰,实现投资效益最大化;通过科学合理和规范化的监管机制与动作程序,可有效地杜绝不正之风,保证交易的公正和公平。

(1)工程勘察设计招投标的特点

工程勘察是指依据工程建设目标,通过对地形、地质、水文等要素进行测绘、勘探、测试及综合分析测定,查明建设场地和有关范围内的地质地理环境特征,提供工程建设所需的资料及与其相关的活动。它具体包括工程测量、水文地质勘察和工程地质勘察。

工程设计是指依据工程建设目标,运用工程技术和经济方法,对建设工程的工艺、土木、建筑、公用设备、环境等系统进行综合策划、论证,编制工程建设所需要的文件,并提供与其相关的活动。它具体包括总体规划设计(或总体设计)、初步设计、技术设计、施工图设计和设计概算编制。

工程勘察招投标的主要特点如下。

①有批准的项目建议书、可行性研究报告及规划部门同意的用地范围许可文件和要求的地形图。

②采用公开招标或邀请招标方式。

③申请书招标登记,招标人自己组织招标或委托招标代理机构代理招标,编制招标文件,对投标单位进行资格审查,发放招标文件,组织勘察现场和进行答疑,投标人编制和递交投标书,开标、评标、定标、发出中标通知书,签订勘察合同。

④在评标、定标时,着重考虑勘察方案的优劣,同时也考虑勘察进度的快慢,勘察收费依据与取费的合理性、正确性以及勘察资历和社会信誉等因素。

工程设计招投标的主要特点如下。

①设计招标在招标的条件、程序、方式上，与勘察招标相同。

②在招标的范围和形式上，主要实行设计方案招标，可以是一次性总招标，也可以分单项、分专业招标。

②在评标、定标时，强调把设计方案的优劣作为确定中标的主要依据，同时也考虑设计经济效益、设计进度、设计费报价以及设计资历和社会信誉等因素。

③中标人应承担初步设计和施工图设计，经招标人同意也可以向其他具有相应资格的设计单位进行一次性委托分包。

（2）建设工程施工招投标的特点

建设工程施工是指把设计图纸变成预期的建筑新产品的活动。建设工程施工招投标是目前我国建设工程招投标中开展得比较早、比较多、比较好的一类，其程序和相关制度具有代表性、典型性，甚至可以说，建设工程其他类型的招投标制度都是承袭建设工程施工招投标制度而来的。就施工招投标本身而言，其特点主要有以下几个。

①在招标重要条件上，比较强调建设资金的充分到位。

②在招标方式上，强调公开招标，邀请招标和议标方式受到严格限制甚至被禁止。

③在投标和评标定标中，要综合考虑价格、工期、技术、质量安全、信誉等因素，通常价格因素所占分量比较突出，可以说是关键的一环，常常起决定性作用。

（3）建设工程监理招投标的特点

建设工程监理是指具有相应资质的监理单位和监理工程师，受建设单位或个人的委托，独立对工程建设过程进行组织、协调、监督、控制和服务的专业化活动。建设工程监理招投标的主要特点如下。

①在性质上，属工程咨询招投标的范畴。

②在招标的范围上，可以包括工程建设过程中的全部工作，如项目建设前期的可行性研究、项目评估等，项目实施阶段的勘察、设计、施工等，也可以只包括工程建设过程中的部分工作，通常主要是施工监理工作。

③在评标定标上，综合考虑监理规划（或监理大纲）、人员素质、监理业绩、监理取费、检测手段等因素，但其中最主要的因素是人员素质，分值所占比重较大。

（4）材料设备采购招投标的特点

建设工程材料设备是指用于建设工程的各种建筑材料和设备。材料设备采购招投标的主要特点如下。

①在招标形式上，一般应优先考虑在国内招标。

②在招标范围上，一般为大宗的而不是零星的建设工程材料设备采购，如锅炉、电梯、空调等的采购。

③在招标内容上，可以就整个工程建设项目所需的全部材料设备进行总招标，也可以就单项工程所需材料设备进行分项招标或者就单件（台）材料设备进行招标，还可以进行从项目的设计，材料设备生产、制造、供应和安装，到试用投产的工程技术材料设备的成套招标。

④在招标中，一般要求做标底，标底在评标定标中具有重要意义。

⑤允许具有相应资质的投标人就部分或全部招标内容进行投标，也可以联合投标，但应在

投标文件中明确一个总牵头单位承担全部责任。

（5）工程总承包招投标的特点

工程总承包招投标的主要特点如下。

①它是一种带有综合性的全过程的一次性招投标。

②投标人在中标后应当自行完成中标工程的主要部分（如主体结构等），对中标工程范围内的其他部分，经发包人同意，有权与分包投标人签订工程分包合同。

③分承包招投标的运作一般按照总承包招投标的规定执行。

3.建设工程招投标活动的基本原则

（1）合法原则

合法原则是指建设工程招投标主体的一切活动必须符合法律、法规、规章和有关政策的规定，即主体资格要合法、活动依据要合法、活动程序要合法、对招投标活动的管理和监督要合法。

（2）统一、开放原则

统一原则是指市场必须统一、管理必须统一、规范必须统一。

开放原则要求根据统一的市场准入规则，打破地区、部门和所有制等方面的限制和束缚，向社会开放建设工程招投标市场，破除地区和部门保护主义，反对一切人为的对外封闭市场的行为。

（3）公开、公平、公正原则

公开原则是指建设工程招投标活动应具有较高的透明度。具体包括建设工程招投标的信息公开，建设工程招投标的条件公开，建设工程招标、投标的程序公开，建设工程招投标的公开。

公平原则是指所有投标人在建设工程招投标活动中都享有均等的机会，具有同等的权利，履行相应的义务，任何一方都不受歧视。

公正原则是指在建设工程招投标活动中，按照同一标准实事求是地对待所有的投标人，不偏袒任何一方。

（4）诚实信用原则

诚实信用原则是指在建设工程招标投标活动中，招（投）标人应当以诚相待，讲求信义，实事求是，做到言行一致、遵守诺言、履行成约，不得见利忘义，投机取巧，弄虚作假，隐瞒欺诈，损害国家、集体和其他人的合法权益。

（5）求效、择优原则

求效、择优原则是建设工程招投标的终极原则。讲求效益和择优定标是建设工程招投标活动的主要目标。在建设工程招投标活动中，除了要坚持合法、公开、公正等前提性、基础性原则外，还必须贯彻求效、择优的目的原则。贯彻求效、择优原则，最重要的是要有一套科学合理的招投标程序和评标办法。

（6）招投标权益不受侵犯原则

招投标权益是当事人和中介机构进行招投标活动的前提和基础。因此，保护合法的招投标权益是维护建设工程招投标秩序、促进建筑市场健康发展的必要条件。

建设工程招投标活动当事人和中介机构依法享有的招投标权益,受国家法律的保护和约束。任何单位和个人不得非法干预招投标活动的正常进行,不得非法限制或剥夺当事人和中介机构享有的合法权益。

【案例分析】

序号	招投标的概念	解析
1	了解招投标	开放讨论对招投标的认识
2	熟悉关于招投标的关键词	项目、建设工程项目、工程项目承发包、招标、投标、串标、挂靠、开标、评标委员会、合同等

1.2 建设工程项目合同管理概述

【案例引入】

某施工单位根据领取的 2 000 m^2 两层厂房工程项目招标文件和全套施工图纸,采用低价策略编制了投标文件,并中标。该施工单位(乙方)于某年某月某日与建设单位(甲方)签订了该工程项目的固定价格施工合同。合同工期为 8 个月。甲方在乙方进入施工现场后,因资金短缺,无法如期支付工程款,口头要求乙方暂停施工一个月,乙方亦口头答应。工程按合同规定期限验收时,甲方发现工程质量有问题,要求返工。两个月后,返工完毕。结算时甲方认为乙方迟延交付工程,应按合同约定偿付逾期违约金。乙方认为临时停工是甲方要求的,乙方为抢工期,加快施工进度才出现了质量问题,因此延迟交付的责任不在乙方。甲方则认为临时停工和不顺延工期是当时乙方答应的,乙方应履行承诺,承担违约责任。在工程施工过程中,遭受了多年不遇的强暴风雨的袭击,造成了相应的损失,施工单位已经向监理工程师提出索赔要求,并附有与索赔有关的资料和证据。索赔报告中的基本要求如下。

①遭受多年不遇的强暴风雨的袭击属于不可抗力事件,不是施工单位造成的损失,故由业主承担赔偿责任。

②因暴风雨造成的损失现场停工 8 天,要求合同工期顺延 8 天。

③由于工程破坏,清理现场费 2.4 万元,业主应予支付。

④给已建部分工程造成破坏损失 18 万元,因由业主承担修复的经济责任,故施工单位不承担修复的经济责任。

问题:(1)你对合同管理有了解吗? 你知道哪些合同形式?

(2)你能说出招投标与管理的关系吗?

【理论知识】

1.2.1 建设工程合同管理体系

1. 建设工程合同的基本概念

建设工程合同是经济合同的一种,是广义承揽合同中的一种,它是一种诺成合同、有偿合同,它是承包人按照发包人的要求完成工程建设,交付竣工工程,发包人向承包人付报酬的合同。建设工程合同中明确了各方的权利和义务,强调双方在享有权利的同时必须履行相应的义务。

《中华人民共和国合同法》规定,在进行工程建设时,必须签订相关合同。如在可行性研究、勘察设计、工程招投标、工程施工时,签订工程咨询合同、勘察设计合同、施工承包合同等,工程实行工程监理的,发包人还应当与监理单位订立委托监理合同。

2. 建设工程合同类别的划分

（1）按承发包范围划分

①建设工程全过程发包合同。建设工程全过程承发包合同又称统包、一揽子承包、交钥匙合同。

②阶段承发包合同。阶段承发包合同是指发包人和承包人就建设过程中某一阶段或某些阶段的工作,如勘察设计、施工、材料设备供应等签订的合同。

③专项合同。专项合同指的是发包人和承包人就某建设阶段中的一个或几个专门项目签订承发包合同。

（2）按计价方式划分

业主与承包商签订的合同,按计价方式不同,可划分为固定价合同、可调价合同和成本加酬金合同三大类型。

1）固定价合同

固定价合同又可分为固定总价合同和固定单价合同。

①固定总价合同。这种合同通常适用于规模较小、风险不大、技术简单、工期较短的工程。

②固定单价合同。它是指合同中确定的各项单价在工程实施过程中不因价格变化而调整。

2）可调价合同

此种合同可分为可调总价合同和可调单价合同。

①可调总价合同。可调总价合同与固定总价合同基本相同,只是在固定总价合同基础上增加合同实施过程中因市场价格浮动等因素对承包价格调整的条款。

②可调单价合同。它是指合同中确定的各项单价在工程实施期间根据物价变化的实际情况进行调整。

3）成本加酬金合同

合同中确定的工程合同价,其工程成本部分按现行计价依据计算,业主实报实销,酬金部分则按工程成本乘以通过竞争确定的费率计算,将两者相加,确定总合同价。

①成本加固定百分比酬金合同。此合同中规定发包人对承包人支付的直接费、其他直接费和施工管理费等按实际成本全部据实补偿,同时按照实际成本的固定百分比给承包商一笔酬金作为承包商的利润。

②成本加固定酬金合同。此合同与成本加固定百分比酬金相似,其不同之处仅是承包商所得的酬金是固定的。

③成本加浮动酬金。签订合同时,双方首先确定限额成本、报价成本和最低成本,当实际

成本没有超过最低成本时,承包商花费的成本费用及应得酬金等都由业主支付,并与业主一起分享节约额;如果实际工程成本在最低成本和报价成本之间,则承包商可得到成本加酬金;如果实际工程成本在报价成本与最高限额成本之间,则承包商只能得到全部成本;如果实际成本超过最高限额成本,则超过部分业主不予支付。

3.建设工程中的主要合同关系

建设工程中的主要合同关系按时间顺序分别经历可行性研究、勘察设计、工程施工和运行等阶段;按专业可分为建筑工程、装饰工程、水电和通信工程、机械设备、安装工程等专业设计和施工活动。随着社会大生产和专业进一步细化,一个建设项目的建设需要十几个、二十几个甚至成百上千个单位,它们之间形成各种各样的经济关系,而合同是维系这些经济关系的纽带。因此可以说,工程项目的建设过程实质上是一系列经济合同的签订和履行的过程。

(1)业主的主要合同关系

业主作为建筑产品(服务)的买方,是工程最终的所有者,它可能是政府、企业、其他投资者,或几个企业的联合体、政府与企业的联合体。业主根据对工程的需求,确定工程项目的整体目标,这个目标是所有相关工程合同的核心。要实现工程目标,业主必须将建设工程的勘察设计、各专业工程施工、设备和材料供应等工作委托出去,必须与有关单位签订如下各种合同。

①咨询(监理)合同,即业主与咨询(监理)公司签订的合同。

②咨询(造价)合同,即业主与造价(或投资)咨询公司签订的合同。

③勘察设计合同,即业主与勘察设计单位签订的合同。

④工程施工合同,即业主与工程承包商签订的工程施工合同。

⑤供应合同,即业主与材料或设备供应商(厂家)签订的材料和设备供应合同。

⑥贷款合同,即业主与金融机构签订的合同。

(2)承包商的主要合同关系

承包商是工程施工的具体实施者,是工程承包合同的执行者,承包商通过投标接受业主的委托,签订工程承包合同。

①分包合同。对于大中型工程的承包商,常常必须与其他承包商合作才能完成施工总承包任务。承包商把从业主那里承接到的工程中的某些分项工程或工作分包给另一承包商来完成,并与其签订分包合同。总承包商在承包合同下可能订立了许多分包合同,而分包商仅完成总承包商的工程,向总承包商负责,与业主无合同关系。

②供应合同。承包商在工程施工中,对由自己进行采购和供应的材料和设备,必须与相应的供应商签订供应合同。

③运输合同。如果承包商在与供应商签订合同时,对所采购的材料、设备由承包商自己进行运输,则承包商须与运输单位签订运输合同。

④加工合同。即承包商将建筑配件、特殊构件的加工任务委托给加工单位而签订的合同。

⑤租赁合同。在建筑工程施工中,需要大量的施工设备、运输设备、周转材料,当承包商没有这些东西,而又不具备经济实力进行购置时,可以采用租赁的方式,与租赁单位签订租赁合同。

⑥劳务供应合同。现在的许多承包商没有自己的施工队伍,在承揽到工程时,须与劳务供

应商签订劳务合同,由劳务供应商向其提供劳务。

⑦担保或保险合同。承包商按施工合同要求对工程进行担保或保险,与担保或保险公司签订担保或保险合同。

(3)其他情况的合同关系

在实际运行当中,还有可能存在以下情况。

①各供应单位或分包商也可能把自己所承揽的工作分包出去,则其要签订各种形式的分包合同。

②承包商有时也承担工程(部分工程)的设计(如设计、施工总承包),如其要进行委托,则须与设计单位签订设计合同。

③如果工程付款条件苛刻,要求承包商带资承包,其经济实力有限,则其要与金融单位签订借(贷)款合同。

④在许多大型和特大型工程中,尤其是在业主要求全包的工程中,几个建筑企业经常组成联合体,进行联合投标,共同承接工程,它们之间要订立联营合同。

4. 建设工程合同体系

在工程实践中,对一个工程项目所签订的不同层次、不同种类的合同进行组合分析,就可以得到该工程的合同体系。

在该合同体系中,所有的合同都是为了完成业主的工程项目目标,都是围绕这一目标签订和实施的,由于这些合同之间存在着复杂的内部联系,故构成了该工程的合同网络。其中,工程承包合同是最有代表性、最普遍,也是最复杂的合同类型。它在工程项目的合同体系中处于主导地位,是整个工程项目合同管理的重点。无论是业主、监理工程师还是承包商,都将它作为合同管理的主要对象。

1.2.2 招投标与合同管理的关系

现代施工项目管理离不开对招投标工作的管理,招投标与合同管理是施工项目管理的重要组成部分。招投标的最终结果是签订施工承包合同,从而确定工程项目的价格、工期和质量等目标,规定发承包双方的责权利关系,而这些权利义务关系必须以合同为载体,所以合同管理必然是工程项目管理的核心。

综上,合同管理和招投标都是对经济事务进行的经济管理活动。从狭义上来说,招投标是合同管理的基础之一,是合同管理的前一个步骤;从广义上来说,招投标可以看作合同管理的一部分。其内在的区别与联系可以归纳为以下几点。

①从时间上来说,从狭义角度出发,对同一项经济事务,一般招投标比合同管理在时间上更加提前,招投标的成果一般是合同的重要构成部分和前提,合同是在招投标基础上的进一步明确以及双方意志的进一步细化。

②从内容上来说,招投标更加强调竞争性条款的成果,比如价格、其他优惠条件等,而合同管理的内容更加全面系统。

③从目的性来说,招投标的目的是比较、挑选出最合适的中标人作为项目的执行对象,而合同管理的目的是明确双方的责权利,并在此约定基础上实施好项目。

④招投标是个例管理,针对某个时期或特定时间段里发生的管理事件,而合约管理是一个系统的、期间性的管理活动,一般要持续到项目完工,或者更长的时间。

1.2.3 建设工程合同法律基础

任何一份合同都在一定的法律条件下起作用,受到该法律的保护与制约,该法律即被称为合同的法律基础或法律背景。

1.我国建设工程合同的法律体系

(1)我国法律体系概况

在我国,所有工程合同都必须以法律作为基础。这个法律体系不仅包括法律,还包括各种行政法规、地方法规;不仅包括建筑(设)领域的,还包括其他领域的法律和法规,如税法、会计法、外汇管制法、公司法等。它有如下几个层次。

①法律,指由全国人民代表大会及其常务委员会审议通过并颁布的法律。

②行政法规,指由国务院依据法律制定或颁布的法规。

③行业规章,指由住房和城乡建设部或(和)国务院的其他主管部门依据法律制定和颁布的各项规章。

④地方法规和地方部门的规章。

(2)建设工程合同关系的法律运用顺序

建设工程合同属于经济合同,具有一般经济合同的法律特点,同时又受到建设工程相关法规的制约。其中建设工程合同主要包括以下内容。

①工程承包合同。

②建设工程勘察设计合同。

③工程联营合同。

④建设工程中的其他合同,如购销合同、加工合同、运输合同、借款合同等。

除了上述法律问题外,由于建筑工程是一个非常复杂的社会生产活动,在合同的签订和实施过程中还会涉及其他非常复杂的法律问题。

2.国际工程合同的法律基础

在国际工程中,合同双方来自不同的国度,各自有不同的法律背景,这会导致对同一合同有不同的法律背景和解释,导致合同实施过程中的混乱和争执解决的困难。在合同中双方必须对适用合同关系的法律达成一致。对此有如下几种情况。

①合同双方都希望以本国法律作为合同的法律基础。

②如果采用本国法律的要求被否决,最好使用第三国(工业发达国家,如瑞士、瑞典等国)的法律作为合同的法律基础。

③在招标文件中,发包商(业主或总包商)常常凭借其主导地位规定,仅他们国家的法律适用于合同关系,而且这在合同谈判中往往难以修改,发包商不作让步。

④如果合同中没有明确规定合同关系所适用的法律,按国际惯例,一般采用合同签字地或项目所在地(即合同实际实施地)的法律作为合同的法律基础。

⑤通常分包合同选用的法律基础和总承包合同一致。

3. 法律基础的作用

在市场经济中,工程承包是一个法律行为,它受到一定的法律制约和保护,任何工程合同都在一定的法律背景下存在并起作用,法律基础对合同的实施和管理有如下两个作用。

①合同在其签订和实施过程中受到某个法律的制约和保护,则该合同的有效性和合同签订与实施带来的法律后果仍按这个法律判定。

②对一份有效的工程合同,除合同作为双方的第一行为准则外,如果出现规定以外的情况,或出现合同本身不能解决的争执,或合同无效,应依据适用于合同关系的法律解决。

【案例分析】

序号	合同管理的概念	解析
1	了解合同管理	开放讨论对合同管理的认识
2	了解合同形式	固定价合同、可调价合同和成本加酬金合同
3	了解招投标与合同管理的关系	现代施工项目管理离不开对招投标工作的管理,招投标与合同管理是施工项目管理的重要组成部分

思考与练习

一、简述题

1. 怎样理解工程项目的概念?
2. 工程项目承发包的模式有哪些?
3. 建筑市场的主体和客体是什么?
4. 什么是工程项目招标?
5. 合同的形式有哪些?
6. 简述招投标与合同管理的关系。

单元2 建设工程招标

【单元目标】

知识目标	1. 能正确陈述招标程序、招标方式、招标文件内容 2. 能理解招标影响因素和招标文件编制注意事项 3. 能熟悉工程量清单计价方法	技能目标	1. 能够从招标人的角度完成招标过程 2. 能够从投标人的角度完成对招标文件的解读

【知识脉络图】

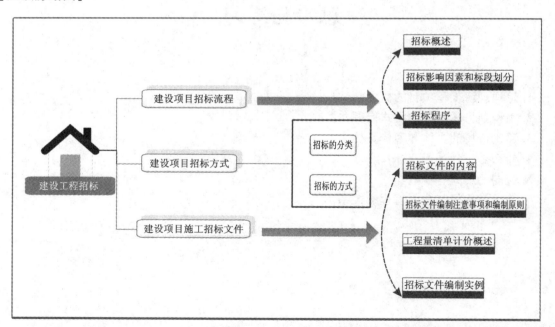

2.1　建设项目招标流程

【案例引入】

　　某化学公司为了扩大生产,想在某地区建造一新厂房,于是向有关部门申请办理各项审批手续。为了赶工期,在各项审批未批准前,该公司对新厂房的建设进行了招标。后期招标过程中,招标单位自行编制了招标文件并进行发布,在 A、B、C、D、E 五个投标人中,发现投标人 C 与本公司存在其他业务联系,遂直接与投标人 C 签订了施工合同。

　　问题:通过本节理论知识的学习,从招标流程角度指出上述案例中某化学公司的做法有哪些不当之处。

【理论知识】

2.1.1　招标概述

　　招标是指招标人事前公布工程、货物或服务等发包业务的相关条件和要求,通过发布广告或发出邀请函等形式,召集自愿参加竞争者投标,并根据事前规定的评选办法选定承包商的市场交易活动。在建筑工程施工招标中,招标人要根据投标人的投标报价、施工方案、技术措施、人员素质、工程经验、财务状况及企业信誉等进行综合评价,择优选择承包商,并与之签订合同。

　　1.招投标活动的原则

　　建设工程招投标活动的基本原则是建设工程招投标活动应遵循的普遍的指导思想或准则。根据《中华人民共和国招投标法》规定,这些原则包括公开、公平、公正和诚实信用。

　　(1)公开原则

　　公开原则就是要求招投标活动具有高度的透明性,招标信息、招标程序必须公开,即必须做到招标通告公开发布,开标程序公开进行,中标结果公开通知,使每一个投标人获得同等的信息,在信息量相等的条件下进行公平的竞争。

　　(2)公平原则

　　公平原则要求给予所有投标人完全平等的机会,使每一个投标人享有同等的权利并承担同等的义务,招标文件和招标程序不得含有任何对某一方歧视的要求和规定。

　　(3)公正原则

　　公正原则就是要求在选定中标人的过程中,评标机构的组成必须避免任何倾向性,评标标准必须完全一致。

　　(4)诚实信用原则

　　诚实信用原则也称诚信原则。这条原则要求投标招标当事人应以诚实、守信的态度行使权利,履行义务,以维护双方的利益,双方当事人都必须以尊重自身利益的同等态度尊重对方利益,同时必须保证自己的行为不损害第三方利益和国家、社会的公共利益。招投标法规定应该实行招标的项目不得规避招标,招标人和投标人不得有串通投标、泄露标底、骗取中标、非法转包等行为。

2. 招标的基本法律规定

随着我国建筑市场的发育成熟以及与国际接轨,我国的招投标制度也逐步完善,国家和政府通过立法对招投标活动进行了规范。全国人大通过的建筑法、招投标法等法律,各部委制定的《建设工程质量管理条例》《工程建设项目施工招标投标办法》《评标委员会和评标方法暂行规定》等法律以及各省市的有关政策规定都对招投标活动进行了具体的规定。

(1)招标范围

《中华人民共和国招投标法》规定,在中华人民共和国境内进行下列工程建设项目,包括项目的勘察、设计、施工、监理以及与工程建设有关的重要设备、材料等的采购,必须进行招标。

①大型基础设施、公用事业等关系社会公共利益、公众安全的项目。

②全部或者部分使用国有资金或者国家融资的项目。

③使用国际组织或者外国政府投资贷款、援助资金的项目。

2000年5月1日,国家计委制定的《工程建设项目招标范围和规模标准规定》具体规定:施工单项合同估算价在200万元人民币以上的;重要设备、材料等货物的采购,单项合同估算价在100万元人民币以上的;勘察、设计、监理等服务的采购,单项合同估算价在50万元人民币以上的;单项合同估算价低于前三项规定的标准,但项目总投资额在3 000万元人民币以上的,达到上述规模的必须进行招标。

《中华人民共和国招投标法》第六十六条规定,涉及国家安全、国家秘密、抢险救灾或者属于利用扶贫资金实行以工代赈、需要使用农民工等特殊情况,不适宜进行招标的项目,按照国家有关规定可以不进行招标。

《招投标法实施条例》第九条进一步明确,有下列情形之一的,可以不进行招标。

①需要采用不可替代的专利或者专有技术。

②采购人依法能够自行建设、生产或者提供。

③已通过招标方式选定的特许经营项目投资人依法能够自行建设、生产或者提供。

④需要向原中标人采购工程、货物或者服务,否则将影响施工或者功能配套要求。

⑤国家规定的其他特殊情形。

由于我国幅员辽阔,各地情况千差万别,为了适应当地实际情况,各省、市、自治区都根据《中华人民共和国招投标法》的基本规定,制定了具体的实施细则。其中对招标范围的规定也做法不一。如有的规定,凡属国有和集体所有制企业投资建设的项目或国有和集体经济组织控股的建设项目必须实行招标,其他项目则由建设单位自主决定是否进行招标;有的规定,除抢险救灾等特殊工程外,所有的新建、扩建、改建的建设项目都必须进行招标;有的规定,建筑面积在一定限额(如500 m²)以上或投资、造价在一定限额以上(如造价50万元以上)的建设项目必须进行招标,限额以下可以不招标等。

非法律法规规定必须招标的项目,建设单位可自主决定是否进行招标,任何组织或个人不得强制要求招标。同时,若建设单位自愿要求招标,招投标管理机构应予以支持。

(2)建设项目招标的条件

为了建立和维护正常的建设工程招投标秩序,建设工程招标必须具备一定的条件,不具备这些条件就不能进行招标。原国家计委、建设部等部委联合制定的《工程建设项目施工招标投标办法》规定,依法必须招标的工程建设项目,应当具备下列条件才能进行施工招标。

①招标人已经依法成立。

②初步设计及概算应当履行审批手续的,已经批准。

③相应资金或资金来源已经落实。

④有招标所需的设计图纸及技术资料。

当然,对于建设项目不同建设任务的招标,其条件可以有所不同或有所侧重。

建设工程勘察、设计招标的条件如下。

①设计任务书或可行性研究报告已获批准。

②具有设计所必需的可靠基础资料。

建设监理招标的条件如下。

①初步设计和概算已获批准。

②工程建设的主要技术工艺要求已确定。

③项目已纳入国家计划或已向有关部门备案。

建设工程材料、设备供应招标的条件如下。

①建设资金(含自筹资金)已按规定落实。

②具有批准的初步设计或施工图设计所附的设备清单,专用、非标设备应有设计图纸、技术资料等。

从实践来看,人们常常希望招标能对工程建设实施起把关作用,因而赋予其很多前提条件,这在一定时期是必要的,但招投标的使命只是或主要解决一个建设项目如何发包的问题。从这个意义上讲,只要建设项目合法有效地确立了,并已具备了实施项目的大条件,就可以进行招标。

根据实践经验,对建设项目招标的条件,最基本、最关键的是要把握住以下两点。

①建设项目合法成立,按照国家有关规定需要履行项目审批手续的,已履行了审批手续。

②建设资金已基本落实,工程任务承接者确定后能实际开展运作。

(3)招标代理

为了确保招投标活动的质量,真正达到选拔最优秀的承包商和建设投资最低的目的,各地的政府招投标主管部门还对招标人的招标资质进行了规定。

建设工程招标人的招标资质主要由以下两方面标准确定。

①招标人是否有与招标项目相适应的数量和各级别的技术、经济等专业技术人员。

②招标人是否具有编制招标文件和组织招标活动的能力。

若招标人不具备上述条件,无相应的招标资质,就不容许自行组织招标,而必须委托具有相应资质的招标代理机构代理招标。

建设工程招标代理,是指工程建设单位,将建设工程招标事务委托给具有相应资质的中介服务机构,由该中介服务机构在招标人委托授权的范围内,以招标人的名义,独立组织建设工程招标活动,并由建设单位接受招标活动的法律效果的一种制度。这里,代替他人进行建设工程招标活动的中介服务机构,称为招标代理人。

建设工程招标人委托建设工程中介服务机构作为自己的代理人,必须有委托授权行为。

委托授权是建设工程招标人作为被代理人,委托表示将代理权授予代理人的单方行为。被代理人一方一旦授权,代理人就取得了招标代理权。建设工程招标当事人委托授予代理权,应当采用书面形式。授权委托书应当具体载明代理人的姓名或者名称、代理事项、代理的权限范围和代理的有效期限,并且由委托人签名盖章。授权委托书授权不明,代理人凭借授权不明的授权委托书与善意的第三者(相对人)进行了不符合被代理人本意的招标事务,其效果仍应归属被代理人,因此致使第三人(相对人)受损害的,被代理人应向受害人负赔偿责任,代理人负连带责任。

招标代理人受招标人委托代理招标,必须签订书面委托代理合同。授权委托书和委托代理合同关系十分密切,但两者不是一回事。授权委托书和委托代理合同的主要区别:授权委托书体现单方面法律行为,委托合同体现双方法律行为。所谓委托代理合同,是指招标人委托招标代理机构实行资质管理。招标代理机构必须按照有关规定,在资质证书容许的范围内展开业务活动。招标代理的资质主要根据以下条件确定。

①机构的营业场所和资金情况。

②技术、经济专业人员数量、称职和工作经验情况。

③机构在招标代理方面的工作业绩。

超级代理属于一种无权代理行为,不受法律保护。

(4)招投标管理

建设工程招投标管理机构是指经政府或政府编制主管部门批准设立的隶属于同级建设行政主管部门的省、市、县(市)建设工程招投标办公室。招标人和投标人在建设工程招投标活动中,负有接受招投标管理机构的管理和监督的义务。

建设工程招投标管理机构在受建设行政主管部门委托对本行政区域招投标工作行使统一归口管理的职权的同时,对本行政区域的建设工程招投标活动行使具体的管理职责。这些职责包括以下几方面。

①办理建设工程项目报建登记。

②审查发放招标组织资质证书、招标代理人及标底编制的单位的资质证书。

③接受招标人申报的招标申请书,对招标工程应当具备的招标条件、招标人的招标资质或招标代理人的招标代理资质、采用的招标方式进行审查认定。

④接受招标人申报的招标文件,对招标文件进行审查认定,对招标人要求变更发出的招标文件进行审批。

⑤对投标人的投标资质进行复查。

⑥对评标定标办法进行审查认定,对招投标活动进行全过程监督,对开标、评标、定标活动进行现场监督。

⑦核发或者与招标人联合发出中标通知书。

⑧查处建设工程招投标方面的违法行为,依法受委托实施相应的行政处罚。

2.1.2　招标影响因素和标段划分

1.工程项目施工招标的影响因素

（1）招标范围和数量的影响因素

1）施工内容的专业要求

专业要求不高的,常规通用项目可以采用总包的形式;专业要求比较高的项目,可以进行专业分包。在招标方式上,也可以根据情况进行区分,如将土建施工和设备安装分别招标;土建施工可采用分开招标方式,在较广泛的范围内选择技术水平高、管理能力强而报价又合理的承建单位实施;而设备安装工作由于专业技术要求比较高,可采用邀请招标方式选择技术能力强的单位完成。

2）施工现场条件

划分合同标段时应充分考虑施工过程中几个独立承建单位同时施工的交叉干扰,以利于监理单位对各合同标段的协调管理。基本原则是现场施工过程中尽可能避免平面或不同高程的作业干扰。同时还需要考虑各合同标段施工过程中在时间、空间上的衔接,避免因交叉带来的工作推诿和扯皮,保证施工总进度计划目标的实现。

3）按专业划分合同包

承建企业往往在某一方面有其专长,如果按专业划分合同包,可以增加对某一专项施工有特长的承包单位的吸引力,甚至还可能招请到有专利施工技术的企业来完成特定工程部位的施工任务。

（2）合同类型选取的影响因素

每一发包工作内容选用哪种合同类型,应根据工程项目特点、技术经济指标以及确保工程成本、工期和质量的要求等因素综合考虑后决定。

1）项目规模和复杂程度

中小型工程一般可选用总价合同方式承包。规模大、工期长且技术复杂的大中型工程项目,由于施工过程中可能遇到的不确定因素较多,通常采用单价合同承包。

2）工程设计的具体、明确程度

施工图设计完成后进行招标的中小型工程,图纸、工作内容和工程量在施工过程中不会有较大的变化,在不影响施工顺利进行的前提下陆续发放施工图纸。由于招标文件中的工作内容详细程度不够,为了合理地分担合同履行过程中的风险及取得有竞争的报价,一般应采用单价合同。

3）施工技术

如果发包的工作内容采用没有可遵循规范、标准和定额的新技术或新工艺施工,为了避免投标人盲目地提高承包价格,或由于对施工难度估计不足而导致亏损,较为保险的做法是采用成本加酬金合同。

（3）对施工要求的紧迫程度

某些紧急工程,特别是灾后修复工程,要求尽快开工且工期较紧。此时可能仅有施工方案,还没有设计图纸。由于不可能让承建单位合理地报出承包价格,只能采用成本加酬金合同,以议标方式确定施工单位。

2. 招标项目标段的划分

一般情况下一个项目应当作为一个整体进行招标,但是对于大型项目,作为一个整体进行招标会因为符合招标条件的潜在投标人数量太少而大大降低招标的竞争性,这时应该将招标项目划分为若干个标段分别进行招标。但是也不能将标段划分得过细或过多,这样将失去对实力雄厚的潜在招标人的吸引力。标段的划分应考虑以下几方面。

1)招标项目的专业要求

如果招标项目的各部分内容专业要求接近,则该项目可以考虑作为一个整体进行招标。如果专业要求相距甚远,可以划分为不同的标段分别进行招标,如可以将一个项目分为土建工程、设备安装工程、土石方工程分别招标,但不允许将单位工程肢解为分部、分项工程进行招标。

2)招标项目的复杂程度

若项目各部分内容相互干扰比较大,各个独立的承包商之间协调管理比较困难,可以考虑将整个项目发包给一个承包商,由该承包商进行分包后统一协调管理。

3)工程各项工作的衔接

标段的划分要避免在平面或立面交接工作责任不清的情况。如果项目各项工作的衔接、交叉、配合少,责任清楚,则可以划分为几个标段分包发包。

2.1.3 招标程序

1. 公开招标程序

(1)建设工程项目报建

为了控制建设项目严格按建设程序进行,强化建筑市场管理,各地均根据《工程建设项目报建管理办法》的规定,实行了报建制度。在建设工程项目的立项批准文件或年度投资计划下达后,检核单位根据《工程建设项目报建管理办法》规定的要求进行报建,并由建设行政主管部门审批。具备招标条件的,可开始办理建设单位资质审查。

建设工程项目报建是建设单位招标活动的前提,报建范围包括各类房屋建筑(包括新建、改建、扩建、翻建、大修等)、土木工程(包括道路、桥梁、房屋基础打桩等)、设备安装、管道线路铺设和装饰等建设工程。报建的内容主要包括工程名称、建设地点、投资规模、资金来源、当年投资额、工程规模、发包方式、计划开竣工日期和工程筹建情况等。

但随着形势和环境的变化,各地政府对建设程序的控制方式发生了一定变化,因此部分地区的报建制度已被弱化或取消。

(2)审查招标人资质

招标申请前,招投标管理机构要审查招标人是否具备招标条件,不具备条件的招标人须委托具备相应资质的有招标代理资质的中介机构代理招标,招标人应与中介机构签订委托代理招标的协议,并报招标管理机构备案。

(3)招标申请

"建设工程招标申请表"由招标人填写,并经上级主管部门批转后,连同"工程建设报建审查记录"报招标管理机构审批。

申请表的主要内容包括工程名称、建设地点、招标建设规模、结构类型、招标范围、招标方式、要求施工企业等级、施工前期准备情况（征地拆迁情况、三通一平情况、勘察设计情况等）、招标机构组织情况等。

（4）资格预审文件、招标文件的编制与报审

公开招标时,只有通过资格预审的施工单位才可以报名参加招标,资格预审文件和招标文件须经招标管理机构审查,审查同意后可刊登资格预审（招标报名）通告、招标文件。

（5）刊登资格通告、招标公告

公开招标应通过报刊、广播、电视、电脑网络等新闻媒介发布"资格预审（招标报名）通告"或"招标公告"。

（6）资格预审

潜在投标人报名参加投标前,其相关资质应按资格预审条件由招标人或招标代理机构进行审查,审查合格者可以报名。

（7）发售文件

将招标文件、图纸和有关技术资料发售给通过资格预审并获得投标资格的投标人,投标人收到招标文件、图纸和有关资料后,应认真核对,并以书面形式予以确定。

（8）现场踏勘

对于建设工程项目,招标人应组织投标人进行现场踏勘,以便投标人了解工程场地和周围环境情况。

（9）招标预审会

招标预审会的目的在于澄清招标文件的疑问,解答投标人勘察现场时对招标文件所提出的疑问和问题。

（10）投标文件的编制与送交

投标人根据招标文件的要求编制投标文件,并在密封盒签章后,于招标截止时间前送达规定的地点。

（11）开标

在投标截止后,按规定时间、地点在投标人法定代表人或授权代理人在场的情况下进行开标,把所有投标者递交的投标文件启封公布,对标书的有效性予以确认。

（12）评标

由招标人及招标人邀请的有关经济、技术专家组成评标委员会,在招标管理机构和公证机构监督下,依据评标原则、评标方法,对投标人的技术标和商务标进行综合评价,并按优先次序确定中标候选单位。

（13）定标

中标候选单位确认后,招标人可以对其进行必要的询标,然后根据情况最终确认中标单位,但在确定中标人之前,招标人不得与投标人就投标价格、投标方案等实质性内容进行谈判。同时,依法必须招标的项目,招标人应该确定排名第一的中标候选人为中标人。排名第一的中标候选人放弃中标、因不可抗力提出不能履行合同,或者招标文件规定应当提交履约保证金而

在规定的期限内未能提交的,招标人可以确定排名第二的中标候选人为中标人。

（14）中标通知

中标单位选定并由招标管理机构审查后,招标人向中标单位发出"中标通知书",并把结果通知其他投标人。中标单位在接到通知后,把有关图纸资料退还招标人,索回投标保证金。

（15）合同签订

中标单位在接到"中标通知书"后,应在招标文件规定的时间内与建设单位签订承包合同。若招标文件规定必须交纳合同履约保证金的,中标单位应及时交纳,未按招标文件及时交纳履约保证金和签订合同的,将被没收投标保证金,并承担违约的法律责任。

以上公开招标程序依照建设工程项目具体情况会有一定变化,其中一些程序,如发售招标文件、现场踏勘等环节不是必备环节。

2.邀请招标程序

邀请招标程序与公开招标程序的主要差异是邀请招标无须发布资格预审通告和招标公告,无须进行资格预审。因为邀请招标的投标人是预先通告调查、考查选定的,投标邀请书是由招标人直接发给投标人的。除此之外,邀请招标的程序完全与公开招标相同。

3.议标程序

议标应按下列程序进行。

①项目报建（同公开招标）。

②审查招标人资质（同公开招标）。

③招标申请。招标人向招标管理机构提出议标申请,申请中应当说明发包工程任务的内容、申请议标的理由、对议标投标人的要求及拟邀请的议标人等,并应当同时提交能证明其要求议标的工程符合规定的有关证明文件和材料以及招投标人的条件,然后对照有关规定,确定其是否符合议标条件。符合条件的,予以批准。

④议标文件的编制与审查。议标申请批准后,招标人编写议标文件或者拟议合同草案,并报招标管理机构审查。议标也应编制标底,作为议标文件或者拟议合同草案的组成部分,应经招标管理机构审定。

⑤发议标邀请书及招标文件。

⑥投标文件的编制与递交（同公开招标）。

⑦协商谈判。招标人与议标投标人在招标管理机构的监督下,就议标文件的要求或者拟议合同草案进行协商谈判。议标工程的中标价格原则上不得高于审定后的标底价格。招标人不得以垫资、垫材料作为议标的条件,也不允许以一个议标投标人的条件要求或者限制另一个议标人。

⑧授标。议标双方达成一致后,经招投标管理机构审查,确认其程序和结果合法后,签发"中标通知书"。经招标管理机构审批,擅自进行议标或议标双方在议标过程中弄虚作假的,议标结果无效。

【案例分析】

序号	建设项目招标流程	某化学公司不当做法	解析
1	建设项目报建	为了赶工期,在各项审批未批准前,该公司对新厂房的建设进行了招标	建设项目报建是招标活动合法的前提,应当在各项审批通过之后开始进行招标
2	编制招标文件	后期招标过程中,招标单位自行编制了招标文件并进行发布	招标人只有具备了自行招标的能力方能自行编制招标文件
3	投标人的资格预审		发放招标文件前,应对投标人进行资格预审
4	发放招标文件		
5	开标、评标与定标	发现投标人C与本公司存在其他业务联系,遂直接与投标人C签订了施工合同	应当按照招投标法相关规定以及招标文件的说明,经过严格的开标、评标后方能定标,之后才能签订合同
6	签订合同		

2.2 建设项目招标方式

【案例引入】

某房地产公司计划在北京市昌平区开发 60 000 m² 的住宅项目,可行性研究报告已经通过国家计委批准,自筹资金,资金尚未完全到位,仅有初步设计图纸,因急于开工、组织销售,在此情况下决定采用邀请招标的方式,随后向7家施工单位发出了投标邀请书。

问题:

(1)建设工程施工招标的必备条件有哪些?

(2)本项目在上述条件下是否可以进行工程施工招标?

(3)《中华人民共和国招投标法》中规定的招标方式有哪几种?

(4)通常情况下,哪些工程项目适宜采用邀请招标的方式进行招标?

【理论知识】

2.2.1 招标的分类

1.按建设阶段分类

工程项目建设过程可分为建设决策阶段、勘察设计阶段和施工阶段。因而按工程项目建设程序,招标可分为以下五种形式。

(1)项目可行性研究招标

这种招标是建设单位为选择科学、合理的投资开发建设方案,为进行项目的可行性研究,通过投标竞争寻找满意的咨询单位的招标。投标人一般为工程咨询单位。中标人最终的工作成果是项目的可行性研究报告。

(2)勘察、设计招标

勘察、设计招标指根据批准的可行性研究报告,择优选定承担项目勘察、方案设计或扩初的勘察设计单位的招标。勘察和设计是两种不同性质的工作,由勘察单位和设计单位分别完成,也可由具有勘察资质的设计单位独家承担。施工图设计可由方案设计或扩初中标单位承担,一般不再进行单独招标。

(3)建设监理招标

工程施工招标前,一般要首先选定建设监理单位。对于依法必须招标的工程建设项目的建设监理单位,必须通过招标确定。

(4)工程施工招标

工程施工招标是指在工程项目的初步设计或施工图设计完成后,用招标的方式选择施工单位的招标。

(5)材料、设备招标

当项目中包含有专业性强、价值高的材料或设备时,建设单位可能会独立进行材料、设备的招标。

2. 按承包范围分类

(1)项目总承包招标

项目总承包招标即选择项目总承包人的招标。这种招标又可分为两种类型:一是指工程项目实施阶段的全过程招标;二是指工程项目建设全过程的招标。前者是在设计任务书完成后,从项目勘察、设计到交付使用进行一次性招标;后者则是从项目的可行性研究到交付使用一次性招标。建设单位提出项目投资和使用要求及竣工、交付使用期限,项目的可行性研究、勘察设计、材料和设备采购、施工安装、生产准备和试生产、交付使用,均由一个总承包商负责承包,即所谓的"交钥匙工程"。

(2)施工总包招标

我国由于长期采取设计与施工分开的管理体制,目前具备设计、施工双重能力的施工企业数量较少。因而在国内工程招标中,所谓项目总承包招标往往是指施工过程的总包招标,与国际惯例所指的总承包商有相当大的差距。

(3)专项工程承包招标

专项工程承包招标指在工程承包招标中,对其中某项比较复杂、专业性强或施工和制作要求特殊的单项工程进行单独招标。

3. 按工程专业分类

按照工程专业分类,常有房建工程施工招标、市政工程施工招标、交通工程施工招标、水利工程施工招标等。房建工程施工招标又可分为土建工程施工招标、安装工程施工招标和装饰工程施工招标等。除了施工招标,还有勘察、设计招标,建设监理招标和材料、设备采购招标等。

4. 按是否涉外分类

按照工程是否有涉外因素,可以将建设工程招标分为国内工程招标和国际工程招标。国际工程招标又可分为在国内建设的外资项目招标,国外设计、施工企业参与竞争的国内建设项目招标以及国内设计、施工企业参加的国外项目招标等。

2.2.2 招标的方式

根据《中华人民共和国招投标法》的规定,招标方式分为公开招标和邀请招标两种,这是由于《中华人民共和国招投标法》主要是为了规范政府公共项目而进行立法,为了达到政府公共项目采购的公平、公正、透明的要求。而从国际招标的方式来看,除了以上两种,还有其他一些类型的招标方式,如议标、两阶段招标等。

1. 公开招标

公开招标又称为无限竞争招标,是由招标人通过报刊、广播、电视等方式发布招标公告,有意的承包商接受资格预审,购买招标文件,参加投标的招标方式。

《工程建设项目施工招标投标办法》规定,依法应公开招标的项目如下。

①国务院发展计划部门确定的国家重点建设项目。

②省、自治区、直辖市人民政府确定的地方重点建设项目。

③全部使用国有资金投资或国有资金占控股或者主导地位的工程建设项目。

采用公开招标的项目,招标人不得以任何借口拒绝向符合条件的投标人出售招标文件;依法必须进行招标的项目,招标人不得以地区或者部门不同等借口违法限制任何潜在的投标人参加投标。

公开招标的优点主要体现在以下几个方面。

①公平。公开招标使对该招标项目感兴趣又符合投标条件的投标者都可以在公平竞争条件下,享有中标的权利与机会。

②价格合理。基于公开竞争,各投标者凭其实力争取合约,而不是由人为或特别限制规定售价,价格比较合理,而且公开招标让各投标者自由竞争。因此,招标者可获得最具竞争力的价格。

③改进品质。因公开招标中各竞争投标者的产品规格或施工方法不一,可以使招标者了解技术水平与发展趋势,促进其品质的改进。

④减少徇私舞弊。各项资料公开,经办人员难以徇私舞弊,更可避免人情关系。

⑤扩大货源范围。通过公开招标方式可获得更多投标者的报价,扩大供应来源。

公开招标是最具竞争力的招标方式,其参与竞争的投标人数量最多,只要符合相应的资质条件,投标人愿意便可参加投标,不受限制,因而竞争程度最为激烈。它可以为招标人选择报价合理、施工工期短、信誉好的承包商创造机会,为招标人提供最大限度的选择范围。

公开招标程序最严密、最规范,有利于招标人防范风险,保证招标的效果;有利于防范招投标活动操作人员和监督人员的舞弊现象。

公开招标是适用范围最为广泛、最有发展前景的招标方式。在国际上,招标通常都是指公开招标。在某种程度上,公开招标已成为招标的代名词。《中华人民共和国招投标法》规定,凡法律法规要求招标的建设项目必须采用公开招标的方式,若因某些原因需要采用邀请招标,必须经招投标管理机构批准。

公开招标也有缺点,主要体现在以下几点。

①采购费用较高。公开登报、招标文件制作与印刷、开标场所布置等均需花费大量财力与

人力。

②手续烦琐。从招标文件设计到签约,每一阶段都必须周详地准备,并且要严格遵循有关规定,不允许发生差错,否则容易引起纠纷。

③可能产生串通投标。凡金额较大的招标项目,投标者之间可能串通投标,做不实报价或任意提高报价,给招标者造成困扰与损失。

④其他问题。投标人报出不合理的低价,以致带来偷工减料、交货延误等风险。招标人事先无法了解投标企业或预先进行有效的信用调查,可能会产生意想不到的问题,如供应商倒闭、转包等。

2. 邀请招标

邀请招标又称有限竞争性招标。这种方式不发布公告,招标人根据自己的经验和所掌握的各种信息资料,向具备承担该项目工程施工能力的三个以上承包商发出招标邀请书,收到邀请书的单位参加投标。

邀请招标方式的优点如下。

①目标集中,招标的组织工作较容易,工作量较小。

②邀请招标程序上比公开招标简化,招标公告、资格审查等操作环节被省略,因此在时间上比公开招标短得多。

③邀请招标的投标人往往为三至五家,比公开招标少,因此评标工作量减少,时间也大大缩短。

邀请招标方式的缺点如下。

①由于参加的投标人较少,竞争性较差,使招标人对投标人的选择范围变小。

②如果招标人在选择邀请单位前所掌握的信息量不足,则会失去发现最适合承担该项目的承包商的机会。

由于邀请招标存在上述缺点,因此有关法规对依法必须招标的建设项目,采用邀请招标的方式招标进行了限制。

《工程建设项目施工招标投标办法》规定,国务院发展计划部门确定的国家重点建设项目和各省、自治区、直辖市人民政府确定的地方重点建设项目以及全部使用国有资金投资或者国有资金投资占控股或者主导地位的工程建设项目,应当公开招标,有下列情形之一的,经批准可以进行邀请招标。

①项目技术复杂或有特殊要求,只有少量几家潜在投标人可供选择的。

②受自然地域环境限制的。

③涉及国家安全、国家秘密或者抢险救灾,适宜招标但不宜公开招标的。

④拟公开招标的费用与项目的价值相比,不值得的。

⑤法律、法规规定不宜公开招标的。

国家重点建设项目的邀请招标,应当经国务院发展计划部门批准;地方重点建设项目的邀请招标,应当经各省、自治区、直辖市人民政府批准。

全部使用国有资金投资或者国有资金投资占控股或者主导地位的并需要审批的工程建设项目的邀请招标,应当经项目审批部门批准,但项目审批部门只审批立项的,由有关行政监督部门审批。

3.议标

议标又称为非竞争性招标或指定性招标,这种招标方式是建设单位邀请不少于两家(含两家)的承包商,通过直接协商谈判选择承包商的招标方式。

议标的优点:节省时间,容易达成协议,迅速开展工作,保密性好。

议标的缺点:竞争力差,无法获得有竞争力的报价。这种招标方式主要适用于不宜公开招标或邀请招标的特殊工程,诸如工程造价较低的工程、工期紧迫的特殊工程(如抢救工程等)、专业性强的工程、军事保密工程等。

有的意见认为议标不是招标的一种形式,招投标法也未对这种交易方式进行规范。但有一点是肯定的,议标不同于直接发包。从形式上看,直接发包没有"标",而议标是有"标"的。议标招标人事先须编制议标招标文件,有时还要标底,议标招标人也须有议标投标文件。议标在程序上也是有规范做法的。事实上,无论是国内还是国际,议标方式还是在一定范围内存在的,各地的招投标管理机构也把议标纳入管理范围。依法必须招标的建设项目,采用议标方式招标必须经招投标管理机构审批。议标的文件、程序和中标结果也须经招投标管理机构审查。

4.两阶段招标

从国际招标的方式来看,对技术复杂或者无法精确拟定技术规格的项目,招标人可以分两阶段进行招标。第一阶段,投标人按照招标公告或者投标邀请书的要求提交不带报价的技术建议,招标人根据投标人提交的技术建议确定技术标准和要求,编制招标文件。第二阶段,招标人向在第一阶段提交技术建议的投标人提供招标文件,投标人按照招标文件的要求提交包括最终技术方案和投标报价的投标文件。

两阶段招标不是一种独立的招标方式,两阶段招标既可用在公开招标中,也可用在邀请招标中。

【案例分析】

序号	问题	某房地产公司的不当做法	解析
1	建设工程施工招标的必备条件	资金尚未完全到位,仅有初步设计图纸	①招标人已经依法成立 ②初步设计及概算已履行审批手续 ③招标范围、招标方式和招标组织形式等已履行核准手续 ④有相应资金或资金来源落实 ⑤有招标所需的设计图纸及技术资料
2	本项目是否可以进行工程施工招标	不能	

序号	问题	某房地产公司的 不当做法	解析
3	招标方式		招标方式分为公开招标和邀请招标
4	邀请招标的适用范围	因急于开工、组织销售，在此情况下采用邀请招标的方式	①项目技术复杂或有特殊要求，只有少量几家潜在投标人可供选择的 ②受自然地域环境限制的 ③涉及国家安全、国家秘密或者抢险救灾，适宜招标但不宜公开招标的 ④拟公开招标的费用与项目的价值相比，不值得的 ⑤法律、法规规定不宜公开招标的

2.3 建设项目施工招标文件

【案例引入】

某建设项目实行公开招标，招标过程中出现了下列事件。

①招标方于5月8日起发售招标文件，文件中特别强调由于时间较紧，要求各投标人不迟于5月23日提交投标文件（即确定5月23日为投标截止时间），并于5月10日停止出售招标文件，6家单位领取了招标文件。

②招标文件中规定：如果投标人的报价高于招标控制价的15%，一律确定为无效标。

③5月15日招标方通知各投标人，原招标工程中的土方量增加20%，项目范围也进行了调整，各投标人据此对投标报价进行计算。

④招标文件中规定，投标人可以用抵押方式进行投标担保，并规定投标保证金金额为投标价格的5%，且不得少于100万元，投标保证金有效时期同投标有效期。

问题：通过对本节理论知识的学习，指出以上不正确的做法并加以改正。

【理论知识】

2.3.1 招标文件的范本及内容

招标文件是指由招标人或招标人委托的招标代理机构编制的，向潜在投标人发售的明确资格条件、合同条款、评标方法和投标文件相应格式的文件。招标文件是招投标活动中重要的法律文件，它规定了完整的招标程序和拟定合同的主要内容，提出了各项具体的技术标准和交易条件，是投标人编制投标文件、评标委员会评标的依据，也是招标人与中标人签订工程承包合同的基础。招标文件中的各项要求，对整个招标工作乃至承包发包双方都有约束力。

1. 工程施工招标文件范本

为规范招标文件的内容和格式，节约招标文件编写的时间，提高招标文件的质量，国家有关部门分别编制了工程施工招标文件范本,比如原建设部编制的《建设工程施工招标文件范本》《房屋建筑和市政基础设施工程施工招标文件范本》等。《中华人民共和国标准施工招标文件》适用于一定规模以上,且设计和施工不是由同一承包商承担的工程施工招标。招标人可以结合工程项目具体情况,对标准施工招标文件进行调整和修改;2010年,为了规范房屋建筑和市政工程施工招标资格预审文件、招标文件编制活动,促进房屋建筑和市政工程招投标公开、公平和公正,中华人民共和国住房和城乡建设部制定了《房屋建筑和市政工程标准施工招标资格预审文件》和《房屋建筑和市政工程标准施工招标文件》;2012年,颁布《中华人民共和国简明标准施工招标文件》;2013年,为了规范施工招标资格预审文件和招标文件编制活动,提高资格预审文件和招标文件的编制质量,促进招投标活动的公开、公平和公正,国家发展和改革委员会、财政部、住房和城乡建设部、铁道部、交通部、信息产业部、水利部、民用航空总发展局和广播电影电视总局联合发布了《标准施工招标资格预审文件》和《标准施工招标文件》暂行规定(2013年修订),适用于依法必须招标的工程建设项目。

这些"范本"对推进我国招投标工作起到了重要作用,在使用"范本"编制的具体工程项目的招标文件中,通用文件和标准条款不需要做任何改动,只需根据招标工程的具体情况,对投标人须知前附表、专用条款、技术规范、工程量清单和投标书附录等部分的内容重新进行编写,加上招标图纸即可构成一套完整的招标文件。

2.招标文件的内容

招标人根据招标项目的特点和需要编制招标文件,它是投标人编制投标文件和报价的依据,因此招标文件应当包括招标项目的技术要求、对投标人资格审查的标准、投标报价要求和评标标准等所有实质性要求和条件以及签订合同的主要条款。《工程建设项目施工招标投标办法》进一步规定,招标文件主要包括下列内容。

(1)招标公告和投标邀请书

招标公告适用于资格后审方式的公开招标,投标邀请书适用于采用邀请招标的项目。招标公告的主要内容如下。

①招标条件。

②工程建设项目概况与招标范围。

③资格后审的投标人资格要求。

④投标文件获取的时间、价格、方式和地点。

⑤投标文件递交的截止时间、地点。

⑥公告发布媒体。

⑦联系方式。

招标公告的制定参考实例如下所示。

招　标　公　告

招标序号:　建招 [ ] 号

一、_____(招标人)_____的建设项目_____(项目名称)_____已经主管部门批准建设,工程立项批准文号_____,资金来源_____。

二、_____(招标代理人)_____ 受业主委托具体负责本工程施工的招标事宜。

三、工程概况如下:

(1)建设地点;

(2)建筑规模;

(3)招标范围;

(4)工期要求;

(5)招标控制价;

(6)质量要求。

四、投标人资格要求:

(1)投标人资质类别和等级;

(2)项目经理资质类别和等级;

(3)项目经理与资质证书中载明的法定代表人、企业负责人或技术负责人不得为同一人;

(4)要求投标人是年度丽水市国有投资工程建设项目类预选承包商名录中的企业;市外企业项目经理要求是该预选承包商名录中的具有相应建造师资格的人员;

(5)其他。

五、本工程采用资格后审方式确定合格投标人。

六、招标文件索取途径:

(1)书面不记名索取:____年__月__日起在丽水市招投标中心不记名购买,每本收取工本费_____元人民币。

(2)网上下载:____年__月__日起在采购与招标网上发布并供下载(如需图纸请与招标代理机构联系)。

联系人:×××联系电话:××××

七、其他。

(1)本工程不接受挂靠或已有在建项目的项目经理参加投标;投标人或项目经理被认定有丽水市建设市场严重不良行为的,或项目经理是公务员或事业单位(投标单位是事业单位的除外)工作人员的,或项目经理在其他单位有注册或登记建设行业执(从)业资格的,或项目经理是其他项目第一预中标候选人的项目经理,并在公示期间或投诉有效期内的,谢绝参加本项目投标;投标人及其拟派的项目经理必须符合相关法律、法规、规章及规范性文件的有关规定。

(2)本工程投标□是□否采用高额保函担保。

(3)本工程评标采用电子评标辅助系统(具体见招标文件),投标人须购买"投标工具"专用光盘(注:试用阶段光盘无效),专用光盘2元/张,相关事宜请与_____联系(地址:××××电话:××××),并请各投标人认真详读"××市工程招标项目电子评标辅助系统注意事项"。

招标人:_____   招标代理机构:_____

地　　址：_____　　　　　　　地　　　址：_____
联系人：_____　　　　　　　联　系　人：_____
电　　话：_____　　　　　　　联系电话：_____

本公告发布时间：　年　月　日

（2）投标人须知

投标人须知是招标人对投标人投标时注意事项的书面阐述和告知。投标人须知包括两部分：第一部分是投标须知前附录；第二部分是投标须知正文，主要内容包括对总则、招标文件、投标文件、开标、评标、授予合同等方面的说明和要求。编制投标须知应遵循的基本要求如下。

①资金来源及到位情况应如实载明。

②给予的做标书时间不应短于 20 天。

③所有补充和答疑文件应经过监督管理机构备案后才能生效并发出。

④投标须知中具有合同约束力的各项规定，应与招标文件其他组成部分中的约定一致。

⑤投标人对招标工程量清单不得修改。

⑥通常情况下，招标工程应执行最新颁发的预算定额及其配套的计价管理办法；实行固定总价合同形式的招标工程，应明确允许计取合理的总价包干费（风险包干费）以及总价包干费涵盖的风险范围，也可以同时明确免于计取费用洽商变更的价值范围；以工程量清单形式实行单价合同招标的，不应出现包干要求，但在采用固定单价时，应当允许投标人计取一定的与通货膨胀等风险有关的风险费用（也可称为包干费）；习惯上技术措施费可由投标人根据施工组织设计纳入开办费或其他直接费中考虑。

⑦招标文件中不应再出现习惯上的有关降价让利的要求或说法。

⑧投标人应准备一份投标价格的明细构成分析。

⑨有获得某类质量奖项要求的，招标文件中应声明，与之有关的费用应包括在投标价格中。

⑩招标文件中的计划或要求工期不宜少于现行定额工期的 85%，有缩短定额工期标准要求的，招标文件中应明确。

⑪招标文件有效期应足够覆盖截标后的评标、决标、签订合同以及根据合同约定提交履约担保（如果有）所需的时间，以保证在中标人签订承包合同后，未能按合同约定提交履约担保（如果有）时，发包人选择的其他中标人的投标文件仍然在有效期内。

⑫工程量计算规则随选择的定额计价体系，选择其他工程量计算规则（包括香港标准工程量计算规则、英国标准工程量计算规则）的，应约定适用的子目划分和相应工料机等实体性消耗的依据标准。

⑬投标人资格条件不得带有排斥潜在投标人的内容。

⑭投标须知中应载明投标担保的方式。

⑮截标时间和开标时间应当一致。

⑯投标文件的封装要求或标准应当简洁、具体和详细，不易引起歧义，具有较强的实际可操作性，以方便投标人的投标工作。

⑰招标文件中必须载明详细的评标办法,明确地阐明评标和定标的具体和详细的程序、方法、标准等。

（3）评标办法

招标文件中必须注明将采取的评标办法。通常情况下,建设工程施工招标采取以下两种办法,即经评审的最低投标价法和综合评估法。

制定评标办法必须遵循以下原则。

①内容应具体、详细和明确,能够满足评标的需要。

②应说明专家组成及组成途径。

③应能够最大限度地满足招标文件规定的各项综合评价标准。

④对所需施工技术相对简单和比较成熟且规模不大(总建筑面积在 20 000 m^2 以内)的一般工程,可以采用合理低价中标的评标办法,其他工程宜优先采用综合评估方法。

⑤在适用的前提下,招标人可以以标底为基准,设立一个上限,幅度不宜低于 3%,超出上限者即失去中标资格。

⑥实行综合评估法评标的,评标办法中应当载明参与评分的各项技术、经济和其他反映投标人实力的因素、评分标准。

⑦评标办法中应载明判断投标价格是否低于其个别成本的程序、办法、标准等详细的规定。

⑧钢材、水泥、木材的"三材"指标不再作为定量评分的内容。

⑨各类荣誉奖项不得作为定量评标的评分内容。

⑩合理低价应当理解为能够满足招标文件的实质性要求且不低于个别成本的、经评审的最低的投标价格;同一个招标工程只有一个合理低价。

⑪招投标结果应当公示:评标办法或投标须知中应当声明,中标结果将在开标后一个具体的时间段后在交易中心及其相关网站上公示 5 个工作日,请各投标人予以监督,发现任何违法、违规(包括违背招标文件的约定)行为的投标人,可向招投标监督管理机构投诉等类似的说明。

⑫投标须知或评标办法中应同时申明招投标监督管理机构受理有关招投标工作违法、违规等不当行为或事件的投诉的条件。

⑬中标候选人不得多于 3 名,且应有排名次序。使用国有资金投资或国家融资的工程(依法必须实行公开招标的工程),招标人应当选择排名第一的投标人中标,当确定的中标人主动提出放弃中标机会、因不可抗力不能履行合同或不能按合同约定提交履约担保时,招标人依排名次序确定其他中标候选人为中标人。

（4）合同条款及格式

合同条款及格式可参考相应的建设工程施工示范文本。示范文本为非强制性使用文本。合同当事人可结合建设工程具体情况,根据示范文本订立合同,并按照法律法规规定和合同约定承担相应的法律责任及合同权利义务。当事人可结合建设工程具体情况,根据示范文本订立合同,并按照法律法规规定和合同约定承担相应的法律责任及合同权利义务。示范文本由合同协议书、通用合同条款和专用合同条款及附件四部分组成。

合同协议书主要包括工程概况、合同工期、质量标准、签约合同价和合同价格形式、项目经理、合同文件构成、承诺以及合同生效条件等重要内容,集中约定了合同当事人基本的合同权利义务。

合同条款分为通用合同条款和专用合同条款两部分。合同条款是招标人与中标人签订合同的基础。一方面要求投标人充分了解合同义务和应该承担的风险,以便在编制投标文件时加以考虑;另一方面允许投标人在投标文件中以及合同谈判时提出不同意见。合同格式包括合同协议书格式、履约担保格式和预付款担保格式。

通用合同条款具体条款为一般约定、发包人、承包人、监理人、工程质量、安全文明施工与环境保护、工期和进度、材料与设备、试验与检验、变更、价格调整、合同价格、计量与支付、验收和工程试车、竣工结算、缺陷责任与保修、违约、不可抗力、保险、索赔和争议解决。前述条款安排既考虑了现行法律法规对工程建设的有关要求,也考虑了建设工程施工管理的特殊需要。

专用合同条款是对通用合同条款原则性约定的细化、完善、补充、修改或另行约定的条款。合同当事人可以根据不同建设工程的特点及具体情况,通过双方的谈判、协商对相应的专用合同条款进行修改补充。在使用专用合同条款时,应注意以下事项。

①专用合同条款的编号应与相应的通用合同条款的编号一致。

②合同当事人可以通过对专用合同条款的修改,满足具体建设工程的特殊要求,避免直接修改通用合同条款。

③在专用合同条款中有横线的地方,合同当事人可针对相应的通用合同条款进行细化、完善、补充、修改或另行约定;如无细化、完善、补充、修改或另行约定,则填写"无"或画"/"。

选用示范合同文本的,应根据所选用的文本类别、版本,通过专用条款对合同文本中的通用条款进行补充和修订,招标人也可以自行拟定合同条款。

（5）工程量清单

工程量清单根据招标文件中包括的、有合同约束力的图纸以及有关工程量清单的国家标准、行业标准,合同条款中约定的工程量计算规则编制,是投标人投标报价的共同基础,它由封面、总说明、分部分项工程量清单、措施项目清单、其他项目清单、规费及税金项目清单组成。2012 年 12 月 25 日,住房和城乡建设部颁布实施《建设工程工程量清单计价规范》（GB 50500—2013）,对计价方式、工程量清单编制、招标控制价、投标报价、工程计量、合同条款调整等作了一般的规定,适用于建设工程承发包及实施阶段的计价活动。并且规定使用国有资金投资的建设工程发承包,必须采用工程量清单计价。招标工程量清单必须作为招标文件的组成部分,招标人对其准确性和完整性负责。

（6）设计图纸

设计图纸是合同文件的重要组成部分,是编制工程量清单以及投标报价的重要依据,也是进行施工及验收的依据。通常招标时的图纸并不是工程所需的全部图纸,在投标后还会陆续颁发新的图纸及对招标时图纸的修改。因此,在招标文件中,除了附上设计图纸外,还应该列明图纸目录。图纸目录以及相对应的图纸对施工过程中的合同管理以及争议解决发挥重要作用。

（7）技术标准和要求

技术标准和要求是制定施工技术措施的依据,也是检验工程质量的标准和进行工程管理的依据,招标人应根据建设工程的特点,自行决定具体的编写内容和格式。

编制技术标准和要求应遵循的要求如下。

①质量等级限于"优良"和"合格"两种。

②工程施工的一般要求应明确约定发包人对承包人的特别要求,与各类非实体性消耗,包括保险、保函、保修、成品保护、现场临时设施、大型机械设备、脚手架、保安和保卫、检验试验、定位放线、安全文明施工、质量奖项、风险分担、技术措施、对指定分包和指定供应商的配合和协调等有关的承包人的责任和义务及相关具体要求,以便投标人报价。

③关于工程施工的一般要求可根据工程规模和工程特点等进行编写,其篇幅应根据工程规模、工程特点以及招标人要求而定,但应达到要求具体明确、能方便投标人报价的程度。

④招标人在本部分中应尽可能给出主要材料设备的规格、质地、质量、色彩等详细的技术要求,以便投标人报价,尽可能减少材料设备暂估价项目的数量;涉及新材料、新技术、新工艺时,还应给出详细的施工工艺标准。

（8）投标文件格式

投标文件格式的主要作用是为投标人编制投标文件提供固定的格式和编排顺序,以便规范投标文件的编制,同时便于评标委员会评标。

2.3.2　招标文件编制注意事项和编制原则

1.招标文件编制注意事项

（1）招标文件应该体现工程建设项目的特点和要求

招标文件涉及的专业内容比较广泛,具有明显的多样性和差异性,编写一套适用于具体工程建设项目的招标文件,需要具有较强的专业知识和一定的实践经验,还要准确把握项目专业特点。编写招标文件时必须认真阅读研究有关设计和技术文件,与招标人充分沟通,了解招标项目的特点和需要,包括项目概况、性质、审批或核准情况、标段划分计划、资格审查方式、评标办法、承包模式、合同计划类型、进度时间节点要求等,这些内容需要充分反映在招标文件中。

（2）招标文件必须明确投标人实质性响应的内容

投标人必须完全按照招标文件的要求编写投标文件,如果投标人没有对招标文件的实质性要求和条件做出响应,或者响应不够完全,都可能导致投标人投标失败。所以,招标文件中需要投标人做出实质性响应的所有内容,如招标范围、工期、投标有效期、质量要求、技术标准和要求等,应具体、清晰、无争议。而且需要以醒目的方式提示,避免使用模糊的或者容易引起歧义的语句。

（3）保证招标文件格式、合同条款的规范一致

编制招标文件应保证格式文件、合同条款规范一致,从而保证招标文件逻辑清晰、表达准确,避免产生歧义和争议。招标文件合同条款部分如果采用通用合同条款和专用合同条款形式编写的,正确的合同条款编写方式为:"通用合同条款"应全文引用,不得删改;"专用合同条款"则应按其条款编号,内容根据工程实际情况进行修改和补充。

（4）防范招标文件中的违法、歧视性条款

编制招标文件必须熟悉和遵守招投标的相关法律法规，并及时掌握最新规定和有关技术标准，坚持公平、公正、遵纪守法的要求。严格防范招标文件中出现违法、歧视、倾向条款限制、排斥和保护潜在投标人的条款，并要公平合理划分招标人和投标人的风险责任。只有招标文件客观和公正才能保证整个招投标活动的客观与公正。

（5）投标有效期的规定

招标人应当在招标文件中规定投标有效期。投标有效期是指为保证招标人有足够的时间在开标后完成评标、定标、合同签订等工作而要求投标人提交的投标文件在一定时间内保持有效的期限。该期限由招标人在招标文件中载明，从提交投标文件的截止日期起，至中标通知书签发日期止。在此期限内，所有招标文件均保持有效。

（6）招标文件语言要求规范、简练

编制和审核招标文件时，语言文字要求规范、严谨、准确、简练、通顺，避免使用含义模糊或容易产生歧义的词语。招标文件的商务部分和技术部分一般由不同人员编写，应注意两者之间及各专业之间的相互结合与一致性，应交叉校核，检查各部分是否有不协调、重复和矛盾的内容，确保招标文件的质量。

2. 招标文件编制原则

招标文件是招标工作中最重要的文件之一。它是招标工作的源头，是具有法律效力的文件，是招标人和投标人必须遵守的行为准则。招标文件的编制应当遵守"合法、公正、科学、严谨"的原则，其编制是否合法、公正、科学、严谨，直接影响着招标工作的成败。

（1）合法性

合法是招标文件编制过程中必须遵守的原则。招标文件是招标工作的基础，也是今后签订合同的依据，因此招标文件中的每一项条款都必须是合法的。招标文件的编制必须遵守国家有关招投标工作的各项法律法规，如《中华人民共和国招投标法》《中华人民共和国政府采购法》《中华人民共和国合同法》等。如果项目涉及内容有国家标准或对投标人资格国家有明确要求的，招标人要依据法律法规的要求编制招标文件。如果招标文件的规定不符合国家的法律法规，就可能导致"废标"，给招投标双方都带来损失。

（2）公正性

招标是招标人公平、择优地选择中标人的过程。因此，招标文件的编制也必须充分体现公平、公正的原则。

首先，招标文件的内容对各投标人是公平的，不能具有倾向性，不能刻意排斥某类特定的投标人。《中华人民共和国招投标法》第二十条规定："招标文件不得要求或者标明特定的生产供应者以及含有倾向或者排斥潜在投标人的其他内容。"如对投标品牌进行限定、对投标人地域进行限定、对企业资质或业绩的加分有明显的倾向、技术规格中的内容暗含有利于或排斥特定的潜在投标人、评标办法不公平等，这些内容都会造成不公平竞争，影响项目的正常开展。有些项目的招标文件刚发布就招来投诉，主要就是因为编制文件时没有遵守公正性的原则，招标内容中有明显的倾向性。

其次，编制招标文件时还应注意恰当地处理招标人和各投标人的关系。在市场经济体制下,招标人既要尽可能地压低投标人的报价,也要考虑适当满足投标人在利润上的需求,不能将过多的风险转移到投标人一方。否则物极必反,投标人在高风险的压力下,或者对项目望而却步,退出竞争,或者提高投标报价,加大风险费,这样最终伤害的还是招标人的利益。

(3)科学性

招标文件要科学地体现出招标人对投标人的要求,编制时要遵守科学的原则。

首先,要科学合理地划分招标范围,如果业主有多个招标项目同时开展,且项目内容类似,应根据项目的特点进行整合,合并招标,这样不仅节约了招标人和投标人的成本,也节省了时间,提高了招标工作的效率。比如某学校的三个实训室项目,都是以采购台式电脑、投影机等设备为主,在实际操作中,某学校将这三个项目整合成一个标项进行招标,同样顺利地完成了招标工作,还方便了各投标人,减少了投标人的投标成本。

其次,应该科学合理地设置投标人资格,《中华人民共和国招投标法》第十八条规定:"招标人可以根据招标项目本身的要求,在招标公告或者投标邀请书中,要求潜在投标人提供有关资质证明文件和业绩情况,并对潜在投标人进行资格审查;国家对投标人的资格条件有规定的,依照其规定。招标人不得以不合理的条件限制或者排斥潜在投标人,不得对潜在投标人实行歧视待遇。"在设置资格条件时,应针对不同项目的行业特点,结合项目预算和市场情况等诸多客观因素,科学合理地设置资格条件,吸引实力强、产品知名度高、售后服务好的商家前来投标,这样才利于项目的正常开展。如果对投标人的资格设置过高的投标"门槛",会导致潜在投标人数量过少,甚至出现投标单位数量不足三家或无人投标的情况,最终导致"串标"或"流标";如果资格设置太低,又可能导致投标人数量过多,出现一个项目几十家投标单位,这样不仅增加了评标工作的工作量,也提高了质疑、投诉等情况发生的概率。而且一旦资格等级低、实力差的企业以低价中标后,将很难保证项目能保质、保量、按时完成,同样也达不到招标人的预期目标。

除此之外,科学合理地设置评标办法对招标结果也起着决定性的作用。同一项目,对同一份投标文件,采用不同的评标方法,就会产生完全不同的结果。因此,评标办法的制定也是招标文件编制中的一项重要工作,应遵守科学、合理的原则。在编制招标文件时,应当根据招标项目的不同特点,因地制宜地选用不同的评标办法,科学地评选出最适合的企业来实施项目。

(4)严谨性

招标文件编制得完善与否,对评标和决标工作的工作量、评标的质量和速度有着直接影响。招标文件包括投标须知、技术要求、清单、图纸、合同条款、评标办法等内容。招标文件的内容要尽可能量化,避免使用一些笼统的表述。内容力求统一,避免各部分之间出现矛盾,导致投标人对内容理解不一致,从而影响投标人的正常报价。而且如果招标文件出现内容不一致的问题,也会给后续的招标工作留下很多隐患,它有可能成为中标单位偷工减料、以次充好或提出索赔的依据,也可能成为落标者提出质疑和投诉的证据。因此,招标文件的编制一定要注意严谨性,文件各部分的内容要详尽、一致,用词要清晰、准确。尤其是招标文件中的合同条款,是投标人与中标人签订合同的重要依据,更应保证其严谨性。招标文件中的合同条款应详细写明项目涉及的所有事项,避免待中标后再与中标人进行谈判,增加无谓的工作量。

2.3.3　工程量清单计价概述

1. 工程量清单计量与计价基础知识

（1）工程量清单的含义

工程量清单是载明建设工程分部分项工程项目、措施项目和其他项目的名称和相应数量以及规费和税金项目等内容的明细清单。其中由招标人根据国家标准、招标文件、设计文件以及施工现场实际情况编制的称为招标工程量清单，而作为投标文件组成部分的已标明价格并经承包人确认的称为已标价工程量清单。招标工程量清单应由具有编制能力的招标人或受其委托具有相应资质的工程造价咨询人或招标代理人编制。采用工程量清单方式招标，招标工程量清单必须作为招标文件的组成部分，其准确性和完整性由招标人负责。招标工程量清单应以单位（项）工程为单位编制，由分部分项工程量清单、措施项目清单、其他项目清单、规费项目、税金项目清单组成。

（2）工程量清单的组成

一个建设项目工程量清单，按照《建设工程工程量清单计价规范》（2013版）中"工程计价表格"的规定，工程量清单由下列各种表格组成：封面，扉页，总说明，分部分项工程和单价措施项目清单与计价表，总价措施项目清单与计价表，其他项目清单与计价汇总表，暂列金额明细表，材料（工程设备）暂估单价及调整表，专业工程暂估单价及结算价表，计日工表，总承包服务费计价表，规费、税金项目计价表，发包人提供材料和工程设备一览表，承包人提供主要材料和工程设备一览表（适用于造价信息差额调价法）或承包人提供主要材料和工程设备一览表（适用于价格指数差额调价法）。

1）分部分项工程项目清单

分部分项工程是分部工程和分项工程的总称。分部工程是单位工程的组成部分，是按结构部位、路段长度及施工特点或施工任务将单位工程划分为若干部分的工程。例如，砌筑工程分为砖砌体、砌块砌体、石砌体、垫层分部工程。分项工程是分部工程的组成部分，系按不同施工方法、材料、工序及路段长度等分部工程划分为若干个分项或项目的工程。例如砖砌体分为砖基础、砖砌挖孔桩护壁、实心砖墙、多孔砖墙、空心砖墙、空斗墙等分项工程。

分部分项工程项目清单必须载明项目编码、项目名称、项目特征、计量单位和工程量。分部分项工程项目清单必须根据各专业工程计量规范规定的项目编码、项目名称、项目特征、计量单位和工程量计算规则进行编制。其格式如表2.1所示，在分部分项工程量清单的编制过程中，由招标人负责前六项内容的填列，金额部分在编制招标控制价或投标报价时填列。

表2.1　分部分项工程和单价措施项目清单与计价表

工程名称　　　　　标段　　　　　　　　　　　　　　　　　　　第　页共　页

序　号	项目编码	项目名称	项目特征描述	计量单位	工程量	金　额		
						综合单价	合　价	其中暂估价

注：为计取规费等的使用，可在表中增设"其中：定额人工费"。

2）措施项目清单

措施项目是指为完成工程项目施工，发生于该工程施工准备和施工过程中的技术、生活、安全、环境保护等方面的项目。

措施项目费用的发生与使用时间、施工方法或者两个以上的工序相关，如安全文明施工、夜间施工、非夜间施工照明、二次搬运、冬雨季施工、地上地下设施、建筑物的临时保护设施、已完工程及设备保护等。但是有些措施项目则是可以计算工程量的项目，如脚手架工程、混凝土模板及支架（撑）、垂直运输、超高施工增加、大型机械设备进出场及安拆、施工排水降水等，这类措施项目按照分部分项工程量清单的方式采用综合单价计价，更有利于措施费的确定和调整。措施项目中可以计算工程量的项目清单宜采用分部分项工程量清单的方式编制，列出项目编码、项目名称、项目特征、计量单位和工程量计算规则（如表2.2所示）；不能计算工程量的项目清单，以"项"为计量单位进行编制（如表2.3所示）。

表2.2　单价措施项目清单与计价表1

工程名称　　　　标段　　　　　　　　　　　　　　　　第　页共　页

序　号	项目编码	项目名称	项目特征描述	计量单位	工程量	金　额	
						综合单价	合　价
本页小计							
合　计							

注：本表适用于以综合单价形式计价的措施项目。

表2.3　措施项目清单与计价表2

工程名称　　　　标段　　　　　　　　　　　　　　　　第　页共　页

序号	项目编码	项目名称	计算基础	费率（%）	金额（元）	调整费率（%）	调整后金额（元）	备注
		安全文明施工						
		夜间施工						
		冬雨季施工						
		已完工程及设备保护						
		合计						

编制人（造价人员）：　　　　　复核人（造价工程师）：

注：①"计算基础"中安全文明施工费可为"定额基价""定额人工费"或"定额人工费＋定额机械费"，其他项目可为"定额人工费"或"定额人工费＋定额机械费"。

②施工方案计算的措施费，若无"计算基础"和"费率"的数值，也可只填"金额"数值，但应在"备注"栏说明施工方案出处或计算方法。

3）其他项目清单

其他项目清单是指分部分项工程量清单、措施项目清单所包含的内容以外，因招标人的特殊要求而发生的与拟建工程有关的其他费用项目和相应数量的清单。工程建设标准、工程的复杂程度、工程的工期、工程的组成内容、发包人对工程管理的要求等都直接影响其他项目清单的具体内容。其他项目清单包括暂列金额、暂估价（包括材料暂估单价、工程设备暂估单价、专业工程暂估价）、计日工、总承包服务费。其他项目清单宜按照表2.4的格式编制，出现未包含在表格中内容的项目，可根据工程实际情况补充。

表2.4 其他项目清单与计价汇总表

工程名称： 第 页共 页

序 号	项目名称	计量单位	金额(元)	备注
1	暂列金额			
2	暂估价			
2.1	材料暂估价			
3	计日工			
4	总承包服务费			
合 计				

注：材料（工程设备）暂估单价进入清单项目综合单价，此处不汇总。

①暂列金额。暂列金额是招标人在工程量清单中暂定并包括在合同价款中的一笔款项，用于工程合同签订时尚未确定或者不可预见的所需材料、工程设备、服务的采购、施工中可能发生的工程变更、合同约定调整因素出现时的合同价款调整以及发生的索赔、现场签证确认等的费用。不管采用何种合同形式，其理想的标准是一份合同的价格就是其最终的竣工结算价格，或者至少两者应尽可能接近。我国规定对政府投资工程实行概算管理，经项目审批部门批复的设计概算是工程投资控制的刚性指标，即使商业性开发项目也有成本的预先控制问题，否则无法相对准确地预测投资的收益和科学合理地进行投资控制，但工程建设自身的特性决定了工程的设计需要根据工程进展不断地进行优化和调整，业主需求可能会随工程建设进度出现变化，工程建设过程还会存在一些不能预见、不能确定的因素。消化这些因素必然会影响合同价格的调整，暂列金额正是因这类不可避免的价格调整而设立的，以便达到合理确定和有效控制工程造价的目标。设立暂列金额并不能保证合同结算价格就不会出现超过合同价格的情况，是否超出合同价格完全取决于工程清单编制人对暂列金额预测的准确性以及工程建设过程中是否出现了其他事先未预测到的事件。

暂列金额应根据工程特点，按有关计价规定估算，暂列金额可按照表2.5的格式列示。

表2.5　暂列金额清单与计价表

工程名称：

序　号	项目名称	计量单位	暂定金额（元）	备注
1				
2				
3				
合　计				

注：此表由招标人填写，如不能详列，也可只列暂定金额总额，投标人应将上述暂列金额计入投标总价中。

　②暂估价。暂估价是指招标人在工程量清单中提供的用于支付必然发生但暂时不能确定价格的材料、工程设备的单价以及专业工程的金额，包括材料暂估单价、工程设备暂估单价和专业工程暂估价，暂估价类似于FIDIC合同条款中的prime cost items（原始成本项目），在招标阶段预见肯定要发生，只是因为标准明确或者需要由专业承包人完成，暂时无法确定价格。暂估价数量和拟用项目应当结合工程量清单中的"暂估价表"予以补充说明。为方便合同管理，需要纳入分总分项工程量清单项目综合单价中的暂估价应只是材料、工程设备暂估单价，以方便投标人组价。

　专业工程的暂估价一般应是综合暂估价，同样包括人工费、材料费、施工机具使用费、企业管理费和利润，不包括规费和税金，总承包招标时，专业工程设计深度往往是不够的，一般需要交由专业设计人员设计。在国际社会，出于对提高可建造性的考虑，一般由专业承包人负责设计，以发挥其专业技能和专业施工经验的优势。这类专业工程交由专业分包人完成是国际工程施工的良好实践，目前在我国工程建设领域也已经比较普遍。公开透明地合理确定这类暂估价的实际金额的最佳途径，就是通过施工总承包人与工程建设项目招标人共同组织的招标。

　暂估价中的材料、工程设备暂估单价应根据工程造价信息或参照市场价格估算，列出明细表；专业工程暂估价应分不同专业，按有关计价规定估算，列出明细表。暂估价可按照表2.5和表2.6的格式列示。

表2.6　材料（工程设备）暂估单价表

序　号	材料（工程设备）名称、规格、型号	计量单位	数量		暂估（元）		确认（元）		差额（元）		备注
			暂估	确认	单价	合价	单价	合价	单价	合价	
合　计											

注：此表由招标人填写"暂估单价"，并在"备注"栏说明暂估价的材料，工程设备拟用在哪些清单项目上，投

标人应将上述材料、工程设备暂估价计入工程量清单综合单价报价中。

③计日工。计日工是在施工过程中，承包人完成发包人提出的工程合同范围以外的零星项目或工作，按合同中约定的单价计价的一种方式。计日工是为解决现场发生的零星工作的计价而设立的。国际上常见的标准合同条款中，大多数都设立了计日工(daywork)计价机制，计日工对完成零星工作所消耗的人工工时、材料数量、施工机械台班进行计量，并按照计日工表中填报的适用项目的单价进行计价支付。计日工适用的所谓零星项目或工作一般是指合同约定之外的或者因变更而产生的，工程量清单中没有相应项目的额外工作，尤其是那些难以事先商定价格的额外工作。

计日工应列出项目名称、计量单位和暂估数量，计日工可按照表2.7的格式列示。

表2.7　计日工报价表

工程名称：　　　　　　　　　　　　　　　　　　　　　　　　　　　　第　页共　页

编　号	项目名称	单　位	暂定数量	综合单价(元)	合价(元)
一	人　工				
1					
人工小计					
二	材　料				
1					
材料小计					
三	施工机械				
1					
施工机械小计					
总　计					

④总承包服务费。总承包服务费是指总承包人为配合协调发包人进行的专业工程发包，对发包人自行采购的材料、工程设备等进行保管以及施工现场管理、竣工资料汇总整理等服务所需的费用。招标人应预计该项费用并按投标人的投标报价向投标人支付该项费用。

4)规费、税金项目清单

规费项目清单应按照下列内容列项：社会保险费，包括养老保险费、失业保险费、医疗保险费、工伤保险费、生育保险费；住房公积金；工程排污费。出现计价规范中未列的项目，应根据省级政府或省级有关权力部门的规定列项。

税金项目清单应包括下列内容：营业税，城市维护建设税，教育费附加，地方教育附加。出现计价规范中未列的项目，应根据税务部门的规定列项。规费、税金项目计价表如2.8所示。

表2.8 规费、税金项目计价表

序　号	项目名称	计算基础	计算基数	计算费率(%)	金额(元)
1	规费	定额人工费			
1.1	社会保险费	定额人工费			
(1)	养老保险费	定额人工费			
(2)	失业保险费	定额人工费			
(3)	医疗保险费	定额人工费			
(4)	工伤保险费	定额人工费			
(5)	生育保险费	定额人工费			
1.2	住房公积金	定额人工费			
1.3	工程排污费	按工程所在地环境保护部门收取标准,按实际入			
	税金	分部分项工程费 + 措施项目费 + 其他项目费 + 规费 - 按规定不计税的工程设备金额			

(3)工程量清单编制的依据

①《建设工程工程量清单计价规范》(2013 版)和相关工程的国家计量规范。

②国家或省级、行业建设主管部门颁发的计价定额和办法。

③建设工程设计文件及相关资料。

④与建设工程有关的标准、规范、技术资料。

⑤拟定的招标文件。

⑥施工现场情况、地勘水文资料、工程特点及常规施工方案。

⑦其他相关资料。

(4)工程量清单编制的程序

建设项目工程量清单编制的程序,可用程序式表达如下:熟悉施工图纸→计算分部分项工程量、措施项目工程量、其他项目工程量→校审工程量→汇总分部分项工程量→填写工程量清单表→审核工程量清单→发送投标人计价(或招标人自行编制控制价)。

(5)工程量清单计价的适用范围

计价规范适用于建设工程发承包及其实施阶段的计价活动。使用国有资金投资的建设工程发承包,必须采用工程量清单计价;非国有资金投资的建设工程,宜采用工程量清单计价;不采用工程量清单计价的建设工程,应执行计价规范中除工程量清单等专门规定外的其他规定。

国有投资的项目包括全部使用国有资金(含国家融资资金)投资或以国有资金投资为主

的工程建设项目。

1)国有资金投资的工程建设项目

①使用各级财政预算资金的项目。

②使用纳入财政管理的各种政府性专项建设资金的项目。

③使用国有企事业单位自有资金,并且国有资产投资者实际拥有控制权的项目。

2)国有融资资金投资的工程建设项目

①使用国有发行债券所筹资金的项目。

②使用国家对外借款或者担保所筹资金的项目。

③使用国家政策性贷款的项目。

④国家授权投资主体融资的项目。

⑤国家特许的融资项目。

3)以国有资金(含国家融资资金)为主的工程建设项目

这类项目是指国有资金占投资总额50%以上,或虽不足50%但国有投资者实质拥有控股权的工程建设项目。

(6)工程量清单计价的作用

1)规范建设市场秩序

实行工程量清单计价是规范建设市场秩序、适应社会主义经济发展的需要,工程量清单计价是市场形成工程造价的主要形式,工程量清单计价有利于发挥企业自主报价的能力,实现由政府定价向市场定价的转变;有利于规范业主在招标中的行为,有效避免招标单位在招标中盲目压价的行为,从而真正体现公开、公平、公正的原则,适应市场经济规律。

2)促进建设市场有序竞争和健康发展

实行工程量清单计价,是促进建设市场有序竞争和健康发展的需要。工程量清单招投标,对招标人来说,由于工程量清单是招标文件的组成部分,招标人必须编制出准确的工程量清单,并承担相应的风险,促进招标人提高管理水平。由于工程量清单是公开的,可避免工程招标中弄虚作假、暗箱操作等不规范的行为。对投标人来说,要正确进行工程量清单报价,必须对单位工程成本、利润进行分析,精心选择施工方案,合理组织施工,合理控制现场费用和施工技术措施费用。此外,工程量清单对保证工程款的支付、结算都起到重要作用。

①利于职场转变。实行工程量清单计价,有利于我国工程造价政府管理职能的转变。实行工程量清单计价,将过去由政府控制的指令性定额计价转变为适应市场经济规律需要的工程量清单计价方法,由过去政府直接干预转变为对工程造价依法监督,有效地加强政府对工程造价的宏观控制。

②适应中国市场。实行工程量清单计价,是适应我国加入世界贸易组织,融入世界大市场的需要。随着我国改革开放的进一步加快,中国经济日益融入全球市场,特别是我国加入世界贸易组织后,建设市场进一步对外开放。国外的企业以及投资的项目越来越多地进入国内市场,我国企业走出国门海外投资和经营的项目也在增加。为了适应这种对外开放建设市场的形式,就必须与国际通行的计价方法相适应,为建设市场主体创造一个与国际管理接轨的市场竞争环境。工程量清单计价是国际通行的计价办法,在我国实行工程量清单计价,有利于提高

国内建设各方主体参与国际化竞争的能力。

2. 建设工程招标标底的编制

（1）标底的概念

标底是指招标人根据招标项目的整体情况编制的完成招标项目所需的全部费用，是依据国家规定的计价依据和计价办法计算出来的工程造价，是招标人对建设工程的期望价格。标底由成本、利润、税金等组成，一般应控制在批准的总概算及投资概算限额内。

（2）标底的编制原则

①根据国家公布的统一工程项目划分、统一计量单位、统一计算规则以及施工图纸、招标文件，并参照国家、行业或地方批准发布的定额，国家、行业、地方规定的技术标准规范以及要素市场价格确定工程量和编制标底。

②标底应作为招标人的期望价格。

③标底应由工程成本、利润、税金等组成，一般应控制在批准的建设项目投资估算或总概算（修正概算）价格以内。

④标底应考虑人工、材料、设备、机械台班等价格变化因素，还应包括管理费、其他费用、利润、税金以及不可预见费（特殊情况）、预算包干费、措施费（赶工措施费、施工技术措施费）、现场因素费用、保险等。采用固定价格的还应考虑工程的风险金等。

⑤一个工程只能编制一个标底。

⑥标底编制完成后应及时封存，在开标前应严格保密，所有接触过工程标底的人员都有保密责任，不得泄露。

（3）标底的编制依据

①国家的有关法律、法规以及国务院和省、自治区、直辖市人民政府建设行政主管部门制定的有关工程造价的文件及规定。

②工程招标文件中确定的计价依据和计价办法，招标文件的商务条款，包括施工合同中规定由工程承包方应承担义务而可能发生的费用以及招标文件的澄清、答疑等补充文件和资料。在标底计算时，计算口径和取费内容必须与招标文件中有关取费等的要求一致。

③工程设计文件、图纸、技术说明及招标时的设计交底，施工现场地质、水文、勘探及现场环境等有关资料以及按设计图纸确定的或招标人提供的工程量清单等相关基础资料。

④国家、行业、地方的工程建设标准，包括建设工程施工必须执行的建设技术标准、规范和规程。

⑤采用的施工组织设计、施工方案和施工技术措施等。

⑥工程施工现场地质、水文勘探资料，现场环境和条件及反映相应情况的有关资料。

⑦招标时的人工、材料、设备及施工机械台班等的要素市场价格信息以及国家或地方有关政策性调价文件的规定。

（4）标底的编制方法

①工料单价法。分部分项工程量的单价为直接费。直接费以人工、材料、机械的消耗量及其相应价格确定。间接费、利润、税金按照有关规定另行计算。

②综合单价法。分部分项工程量的单价为综合单价。综合单价综合计算完成分部分项工

程所发生的人工费、材料费、机械费、企业管理费、利润以及合同所约定应承担的风险费。

（5）标底的作用

①标底是招标人发包工程的期望值,是确定工程合同价格的参考依据。

②标底是评标委员会评标的参考值,是衡量、评审投标人投标报价是否合理的尺度和依据。

3.招标控制价的编制

（1）招标控制价的概念

按《建设工程工程量清单计价规范》（GB 50500—2013）的定义,招标控制价是指招标人根据国家或省级、行业建设主管部门颁发的有关计价依据和办法以及拟定的招标文件和招标工程量清单,结合工程具体情况编制的招标工程的最高投标限价,又称为拦标价。

（2）招标控制价的一般规定

①国有资金投资的建设工程招标,招标人必须编制招标控制价。国有资金投资的工程在进行招标时,根据《中华人民共和国招投标法》第二十二条第二款的规定,"招标人设有标底的,标底必须保密"。但实行工程量清单招标后,由于招标方式的改变,标底保密这一法律规定已不能起有效遏止哄抬招标价的作用,我国有的地区和部门已经发生了在招标项目上所有投标人的报价均高于标底的现象,致使中标人的中标价高于招标人的预算,给招标工程的项目业主带来了困扰。因此,为有利于客观合理地评审投标报价,避免哄抬标价,造成国有资产流失,招标人必须编制招标控制价作为招标人能够接受的最高交易价格。

②招标控制价应由具有编制能力的招标人或受其委托具有相应资质的工程造价咨询人编制和复核。招标控制价应由招标人负责编制,但当招标人不具备编制招标控制价的能力时,则应委托具有相应工程造价咨询资质的工程造价咨询人编制。所谓具有相应工程造价咨询资质的工程造价咨询人,是指根据《工程造价咨询企业管理办法》（建设部令第149号）的规定,依法取得工程造价咨询企业资质,并在其资质许可的范围内接受招标人的委托,编制招标控制价的工程造价咨询企业。取得甲级工程造价咨询资质的咨询人可承担各类建设项目的招标控制价编制,取得乙级（包括乙级暂定）工程造价咨询资质的咨询人,则只能承担5 000万元以下的招标控制价的编制。工程造价咨询人不得同时接受招标人和投标人对同一工程的招标控制价和投标报价的编制。

③招标控制价超过批准的概算时,招标人应将其报原概算审批部门审核。我国对国有资金投资项目实行的是投资概算控制制度,项目投资原则上不能超过批准的投资概算。在工程招标发包时,当编制的招标控制价超过批准的概算时,招标人应当将其报原概算审批部门重新审核。

④招标人应当在发布招标文件时公布招标控制价,同时应将招标控制价及有关资料报送工程所在地或有该工程管辖权的行业管理部门工程造价管理机构备查。招标控制价的编制特点和作用决定了招标控制价不同于标底,无须保密。为体现招标的公开、公平、公正性,防止招标人有意抬高或压低工程造价,给投标人以错误信息,因此规定招标人应在招标文件中如实公布招标控制价,包括招标控制价各组成部分的详细内容,不得对所编制的招标控制价进行上浮或下调,并应将招标控制价报工程所在地工程造价管理机构备查。

⑤投标人经复核认为招标人公布的招标控制价未按照《建设工程工程量清单计价规范》的规定编制的,应在招标控制价公布5天内向投标监督机构和工程造价管理机构投诉。

⑥当招标控制价复查结论与原公布的招标控制价误差大于±3%时,应当责成招标人改正。

⑦招标人根据招标控制价复查结论需要重新公布招标控制价时,其公布的时间至招标文件要求提交投标文件截止时间不足15天的,应相应延长投标文件的截止时间。

除此之外,招标控制价还起着控制投标报价的作用,投标人的投标报价高于招标控制价的,其投标应予以拒绝。根据《中华人民共和国政府采购法》第二条和第四条的规定,财政性资金投资的工程属政府采购范围,政府采购工程进行招投标的,适用招投标法。

国有资金投资的工程,其招标控制价相当于政府采购中的采购预算。因此,本条根据《中华人民共和国政府采购法》第三十条,规定在国有资金投资工程的招投标活动中,投标人的投标报价不能超过招标控制价,否则其投标将被拒绝。

(3)招标控制价的编制依据

招标控制价应根据下列依据编制与复核。

①《建设工程工程量清单计价规范》。

②国家或省级、行业建设主管部门颁发的计价定额和计价方法。

③建设工程设计文件及相关资料。

④拟定的招标文件及招标工程量清单。

⑤与建设项目相关的标准、规范、技术资料。

⑥施工现场情况、工程特点及常规施工方案。

⑦工程造价管理机构发布的工程造价信息,当工程造价信息没有发布时,参照市场价。

⑧其他的相关资料。

(4)招标控制价的作用

①招标控制价作为招标人能够接受的最高交易价,可以使招标人有效控制项目投资,防止恶性投标带来的投资风险。

②有利于增强招投标过程的透明度。招标控制价的编制淡化了标底作用,避免了招标过程中的弄虚作假、暗箱操作等违规行为,消除了因工程量不统一而引起的标价上的误差,有利于正确评标。

③由于招标控制价与招标文件同步编制并作为招标文件的一部分与招标文件一同公布,有利于引导投标方投标报价,避免了投标方无标底情况下的无序竞争。

④招标人在编制招标控制价时通常按照政府规定的标准,即招标控制价反映的是社会平均水平。招标时,招标人可以清楚地了解最低中标价同招标控制价相比能够下浮的幅度,可以为招标人判断最低投标价是否低于成本价提供参考依据。

⑤招标控制价可以为工程变更新增项目确定单价提供计算依据。招标人可在招标文件中规定:当工程变更项目合同价中没有相同或类似项目时,可参照招标时招标控制价编制原则编制综合单价,再按原招标时中标价与招标控制价相比下浮相同比例确定工程变更新增项目的单价。

⑥招标控制价可作为评标时的参考依据,避免出现较大的偏离。设置招标控制价克服了无标底评标时对投标人的报价评审缺乏参考依据的问题,招标控制价是招标人根据工程量清单计价规范、国家或省级、行业建设主管部门颁发的计价定额和计价办法、费用或费用标准,建设工程设计文件及相关资料,招标文件中的工程量清单及有关要求,工程造价管理机构发布的工程造价信息(工程造价信息没有发布的按市场价)、施工现场实际情况及合理的常规施工方法等其他相关资料编制的。这说明了招标控制价能反映工程项目和市场实际情况,而且反映的是社会平均水平,由于目前绝大多数施工企业尚未制定反映其实际生产水平的企业定额,不能用企业定额作为评标的依据,因而用招标控制价作为评标的参考依据,具有一定的科学性和较强的可操作性。

（5）招标控制价的产生及其与标底的区别

招标控制价是伴随我国招投标的实践,为解决标底招标和无标底招标的问题而产生的。《中华人民共和国招投标法》自2000年1月实施以来,对我国的招投标管理产生了深远的影响,其中第二十二条规定:"招标人设有标底的,标底必须保密。"因为标底是招标单位的绝密资料,不能向任何相关人员泄露。我国国内大部分工程在招标评标时,均以标底上下的一个幅度(5%～10%)为判断投标是否全面的条件。

但在实践操作中,设标底招标存在如下弊端。

①设标底时易发生泄露标底及暗箱操作的问题,失去招标的公平、公正性。

②编制的标底价一般为预算价,科学合理性差,较难考虑施工方案、技术措施对造价的影响,容易与市场造价水平脱节。

③将标底作为衡量投标人报价的基准,导致投标人尽力地去迎合标底,往往招投标过程反映的不是投标人的实力,而是投标人编制预算文件的能力,或者各种合法或非法的"投标策略"。

实践中,一些工程项目在招标中出现了所有投标人的投标报价均高于招标人的标底的情况,即使是最低的报价,招标人也不可能接受,但由于缺乏相关制度规定,招标人不接受,又产生了招标的合法性问题,为解决这种矛盾,各地相继推出了"无标底招标",新问题也随之出现,主要体现在以下几点。

①容易出现围标、串标现象,各投标人哄抬价格,给招标人带来投资失控的风险。

②容易出现低价中标后偷工减料,不顾工程质量,以此来降低工程成本;或先低价中标,后高额索赔等。

③评标时,招标人对投标人的报价没有参考依据和评判标准。

为解决上述标底招标和无标底招标的问题,在《建筑工程工程量清单计价规范》中新的招标方式下,不再使用标底的称谓,而统一定义为"招标控制价"。

设立招标控制价招标与设标底招标、无标底招标相比,优势体现在以下几方面。

①可有效控制投资,防止恶性哄抬报价带来的投资风险。

②提高了透明度,避免了暗箱操作等违法活动的产生。

③可使各投标人自主报价、公平竞争,符合市场规律。

④既设置了控制上限,又尽量减少了招标人对评标基准价的影响。

《建筑工程工程量清单计价规范》提出招标控制价以来,社会各方对其褒贬不一,一般认为招标控制价的实质就是通常所称的标底。但招标控制价与标底有明显的区别,这主要表现在以下几方面。

①招标控制价是事先公布的最高限价,投标价不会高于它;标底是密封的,开标唱标后公布,不是最高限价,投标价和中标价都有可能突破它。

②招标控制价只起到了最高限价的作用,投标人的报价都要低于该价,而且招标控制价不参与评分,也不在评标中占有权重,只是作为一个对具体建设项目工程造价的参考;但标底在评标过程中一般参与评标,在评标中占有权重。

③投标人自主报价,不受标底左右。

④评标时,投标报价不能超过招标控制价,否则废标;标底是招标人期望的中标价,投标价格越接近这个价格越容易中标。当所有的竞标价格过分低于标底价格或者过分高出标底价格时,发包人可以宣布流标,不承担责任,但过分低于标底价格的情况工程中几乎不会出现。

从信息经济学角度分析招标控制价的产生,在项目招投标阶段,招标人与投标人之间存在信息不对称,招标人要综合考虑投标人的业绩、资质、报价等选择投标人,另一方面,投标人不了解招标人的标底价格或期望价格,另外也存在对招标人的选择问题,希望选择信誉高、有资金实力的招标人,而招标控制价的设立在一定程度上减少了招标人与投标人之间的信息不对称。首先,投标人只需根据自己的企业实力、施工方案等报价,不必与招标人进行心理较量,揣测招标人的标底,提高了市场交易效率。其次,招标控制价的公布,减少了投标人的交易成本,使投标人不必花费人力、财力去套取招标人的标底。从招标人角度看,可以把工程投资控制在招标控制价范围内,提高了交易成功的可能性,因而,公开招标控制价无论从招标人还是投标人角度看都是有利的。

(6)编制招标控制价应注意的问题

①招标控制价不宜设置过高。在招标文件中,公开招标控制价,也为投标人围标、串标创造了条件,由于招标控制价的设置实际上是"最高上限",不是"最底下限",其价位是社会平均水平,因而公开了招标控制价,投标人就有了报价的目标,招标人与投标人之间存在价格信息不对称,只要投标人相互串通"协定"一家中标单位(或投标人联合起来轮流"坐庄"),投标人不用考虑中标机会概率,就能达到较高的预期利润。因此,招标控制价不宜过高,只要投标不超过招标控制价都是有效投标,可以防止投标人围绕这个最高限价串标、围标。

②招标控制价不宜设置过低。如果公布的招标控制价远远低于市场平均价,就会影响招标效率,可能出现无人投标的情况,因为按此价格投标将无利可图,不按此投标又成为无效投标,结果使招标人不得不改招标控制价进行二次招标。

另外,如果招标控制价设置太低,从经济学角度分析,若投标人能够提出低于招标控制价的报价,可能是因其实力雄厚、管理先进,确实能够以较其他投标者低得多的成本建设该项目,但更可能的情况是,该投标人并无明显优势,而是恶性低价抢标,最终提交的工程质量不能满足招标人要求,或中标后在施工过程中以变更、索赔等方式弥补成本。

2.3.4 招标文件编制实例

1. 封面

略。

2. 目录

略。

3. 正文

第一章 招标公告

湖南省某中心学校招标公告

招标序号:建招 ［××］ 号

一、_____湖南省某中心学校_____的建设项目_____（项目名称）_____已经主管部门批准建设,工程立项批准文号×××,资金来源__中央和省级专项资金__。

二、_____湖南省某建设咨询有限公司_____受业主委托具体负责本工程施工的招标事宜。

三、工程概况如下。

(1)建设地点:湖南省×××市×××县。

(2)建筑规模:6 000平方米。

(3)招标范围:湖南省某中心学校运动场改造项目的施工。

(4)工期要求:2016年9月底完工。

(5)招标控制价:×××。

(6)质量要求:必须符合现行国家有关工程施工质量验收规范和标准的要求,达到合格标准。

四、投标人资格要求如下。

(1)投标人资质类别和等级:具备建设行政主管部门颁发的市政公用工程或房屋建筑工程施工总承包叁级及以上资质,安全生产许可证处于有效期;并在人员、设备、资金等方面具备相应的施工能力。

(2)项目经理资质类别和等级:市政公用工程或建筑工程专业贰级及以上注册建造师执业资格,具备有效的B类安全生产考核合格证书且无在建工程。

(3)项目经理与资质证书中载明的法定代表人、企业负责人或技术负责人不得为同一人。

(4)本次招标不接受联合体投标。

(5)其他:凡列入湖南省××市××县住建局发文"不得在××县境内承揽工程的施工企业"不得参加本项目的投标。

五、本工程采用资格后审方式确定合格投标人。

六、招标文件索取途径如下。

(1)请从2016年5月12日—2016年6月2日15:30(北京时间,下同)在××建设工程信息网进行网上下载/获取招标文件、图纸及工程量清单。如通过网络下载,其招标文件、图纸及工程量清单与书面招标文件、图纸及工程量清单具有同等法律效力。

（2）招标文件每套售价<u>400</u>元，投标人必须在递交投标文件时交纳。

（3）澄清答疑采用网上答疑方式。招标人对招标文件、工程量清单的澄清答疑均在××建设工程信息网"重要公示"栏目上发布，投标人自行下载。

七、投标文件递交。

（1）投标文件递交的截止时间（投标截止时间）及开标时间：2016年6月2日15时30分。

（2）投标文件递交的形式：纸质投标文件。

（3）未在规定时间内递交到指定地点的投标文件，招标人不予受理。

（4）投标人授权委托人必须为拟任本项目的项目负责人，项目负责人须亲自到场参加投标。

（5）投标截止时，投标人数量在12家（含12家）以内时，确定所有投标人参加投标；当投标人超过12家时，将于投标截止时间（即开标时间）在××县公共资源交易中心公开随机抽取9家入围单位。

八、其他。

（1）本工程不接受挂靠或已有在建项目的项目经理参加投标；投标人或项目经理被认定有××市建设市场严重不良行为的，或项目经理是公务员或事业单位（投标单位是事业单位的除外）工作人员的，或项目经理在其他单位有注册或登记建设行业执（从）业资格的，或项目经理是其他项目第一预中标候选人的项目经理，并在公示期间或投诉有效期内的，谢绝参加本项目投标；投标人及其拟派的项目经理必须符合相关法律、法规、规章及规范性文件的有关规定。

（2）本工程评标采用电子评标辅助系统（具体见招标文件），投标人须购买"投标工具"专用光盘（注：试用阶段光盘无效），专用光盘2元/张，相关事宜请与_____××_____联系（地址：××××，电话：××××），并请各投标人认真详读"××市工程招标项目电子评标辅助系统注意事项"。

九、联系方式。

招标人：招标代理机构：

地　　址：　　　　　　　　　　　　　　　　地　　　址：

联系人：　　　　　　　　　　　　　　　　　联　系　人：

电　　话：　　　　　　　　　　　　　　　　联系电话：

本公告发布时间：　　年　月　日

第二章　投标人须知

投标人须知前附表

条款号	条款名称	编列内容
1.1.1	招标人	……

续表

条款号	条款名称	编　列　内　容
1.1.2	招标代理机构	……
1.1.3	项目名称	××××中心学校运动场改造项目
1.1.4	建设地点	××××
1.2.1	资金来源	政府资金
1.2.2	出资比例	100%
1.2.3	资金落实情况	已落实
1.3.1	招标范围	××××中心学校运动场改造项目的施工,关于招标范围的详细说明见第七章"技术标准和要求"及施工图纸和工程量清单
1.3.2	计划工期	计划工期:2016年9月底完工 有关工期的详细要求见第七章"技术标准和要求"
1.3.3	质量要求	质量标准:必须符合现行国家有关工程施工质量验收规范和标准的要求,达到合格标准 关于质量要求的详细说明见第七章"技术标准和要求"
1.4.1	投标人资质条件和信誉	资质条件: ①具有独立法人资格并依法取得企业营业执照,营业执照处于有效期;潜在投标人按照××市建筑业企业诚信管理体系(××建发〔2013〕82号)文件要求,须具有有效的《诚信管理手册》;湖南省以外建筑企业依据湘建建〔2010〕136号文件要求还应办理入湘备案登记手续 ②具备建设行政主管部门颁发的<u>市政公用工程或房屋建筑工程施工总承包叁级及以上</u>资质,安全生产许可证处于有效期;并在人员、设备、资金等方面具有相应的施工能力 财务要求:不作资格条件 业绩要求:不作资格条件 信誉要求:在最近三年内无骗取中标或严重违约的情形 项目负责人资格:<u>市政公用工程或建筑工程专业贰级及以上</u>注册建造师执业资格,具备有效的B类安全生产考核合格证书且无在建工程;施工项目部关键岗位其他人员具体要求详见本项目招标文件第二章投标人须知前附表第10.14.1项要求 其他资格要求: 1.凡列入××县住建局发文"不得在××县境内承揽工程的施工企业"不得参加本项目的投标 2.投标人须提供在招标公告期内由检察机关出具的无行贿犯罪档案查询结果告知函,查询对象为企业法定代表人和项目负责人
1.4.2	是否接受联合体投标	■不接受 □接受,应满足下列要求: 联合体资质按照联合体协议约定的分工认定

条款号	条款名称	编 列 内 容
1.9.1	踏勘现场	■不组织 □组织,踏勘时间: 年 月 日 踏勘集中地点:
1.10.1	投标预备会	不召开(网上答疑澄清)
1.10.2	投标人提出问题的截止时间和提问方式	截止时间:对招标文件有异议,应在投标截止时间__10__日前;对资格审查文件有异议,应在提交资格审查申请文件截止时间__2__日前 投标人的提问方式:在××建设工程信息网上提问
1.10.3	招标人澄清或者修改文件的时间和发布方式	澄清或者修改的内容可能影响资格审查申请文件或者投标文件编制的,应在提交资格审查申请文件截止时间至少__3__日前,或者投标截止时间至少__15__日前;不足__3__日或者__15__日的,招标人应当顺延提交资格审查申请文件或者投标文件的截止时间 澄清或者修改的内容不影响资格审查申请文件或者投标文件编制的,应当在递交资格审查申请文件投标截止时间__3__天前 招标人澄清文件发布方式:在《××建设工程信息网》上发布
1.11	分 包	■不允许 □允许,分包内容要求: 　　分包金额要求: 　　接受分包的第三人资质要求: 当分包工程量达到法律法规规定的招标限额时,应当通过招标确定分包单位。招投标应依法接受相应的招投标行政监管机构的监督
1.12	偏 离	■不允许 □允许,可偏离的项目和范围见第七章 　　"技术标准和要求": 　　允许偏离最高项数: 　　偏差调整方法:
2.1	构成招标文件的其他材料	略
2.2.1	投标人要求澄清招标文件的截止时间和提问方式	招标人应当从收到异议之日起__3__日内做出答复;做出答复前,应当暂停招投标活动 招标人要求澄清招标文件的提问方式:在××建设工程信息网答疑专区提出和要求澄清,过期不予受理。
2.2.2	投标截止时间	2016年__6__月__2__日__15__时__30__分
2.2.3	投标人确认收到招标文件澄清的时间	不需确认,投标单位自行在××建设工程信息网下载

条款号	条款名称	编　列　内　容
2.3.2	投标人确认收到招标文件修改的时间	不需确认,投标单位自行在××建设工程信息网下载
3.1.1	构成投标文件的其他材料	开标时要求提交的证书及证明原件如下: (1)营业执照副本 (2)资质等级证书副本 (3)企业安全生产许可证副本 (4)有效的《诚信管理手册》 (5)建造师注册证书、B类安全生产考核合格证书 (6)技术负责人职称证书 (7)施工员、安全员、质量员岗位资格证书;安全员安全考核合格证书C证 (8)省外企业关键岗位人员如持有外省住房和城乡建设主管部门颁发的岗位资格证书,提供其证书真伪查询官方网站网址,或提供由省级住房和城乡建设主管部门出具的证书真实性证明。省外企业由企业所在地(市)级及以上建设行政主管部门提供施工项目部关键岗位人员无在建工程证明 (9)企业基本户开户许可证、投标保证金转入托管账号证明材料及信誉保证金转入托管账号证明材料 (10)参加投标活动的人员提供其属于投标企业正式在职人员的有效证明(如:社会保险等资料) (11)投标人须提供在招标公告期内由检察机关出具的无行贿犯罪档案查询结果告知函,查询对象为企业法定代表人和项目负责人 …… 说明: (1)如果以上原件正在年检,则必须提供年检单位出具的有效盖章证明原件 (2)投标人应将以上原件装入密封袋内单独提交,原件需列详细清单 (3)修改为施工项目部关键岗位人员证书原件按投标人实际配备的施工项目部岗位人员核查,但投标人必须按照湘建建〔2015〕57号文件规定满足本项目建设规模和招标文件所要求的最低岗位人员配备标准 (4)投标人已按相关建设行政主管部门或其委托的招投标监管机构要求已进行了原件备案的,其可不提供原件,但须提供已备案的证明材料
3.3.1	投标有效期	___90___天,从投标截止时间算起

条款号	条款名称	编 列 内 容
3.4.1	投标保证金	投标保证金的形式:银行转账 投标保证金的金额:贰万陆仟元整 递交方式:投标保证金必须是从投标人单位的基本账户转入投标保证金的托管账户管理。招标人不接受以现金方式提交的投标保证金,以现金方式提交的投标保证金无效。联合体投标的,其投标保证金由牵头人递交 投标保证金的托管账户: 开户户名:××县建设工程招投标管理办公室 开户银行:建设银行××支行 账　　号:××××××××× (1)递交投标保证金时,必须在银行进账单上注明"××项目"的投标保证金,如果没注明是"××项目"的投标保证金,由此造成无法查实是否到账的,后果由投标人自行负责 (2)请将投标保证金于2016年5月25日至2016年5月31日17:00时转入投标保证金的托管账户管理,以到账为准
3.5.2	近年财务状况的年份要求	以投标人上一年度经会计事务所认定的资产负债表、损益表和审计报告为准;从每年的1月1日至4月30日,如投标人无法提供上一年度上述资料,则可以再上一年度的上述资料为准,否则相应评审项目不予计分;从每年的5月1日开始至12月31日,投标人应当提供上一年度上述资料,否则相应评审项目不予计分;如投标人能够提供上一年度的上述资料而没有提供,且造成评审计分有利于该投标人的,应当按弄虚作假处理
3.5.3	近年完成的类似项目的年份要求	＿＿3＿＿年(指提交投标文件截止时间前36个月)
3.5.5	近年发生的诉讼及仲裁情况的年份要求	＿＿3＿＿年(指提交投标文件截止时间前36个月)
3.6.3	签字和(或)盖章要求(适用于合理定价评审抽取法)	(1)投标文件封面、投标函、招标文件第八章"投标文件格式"规定处及招标人发布的合理价及其组成部分的规定处必须同时由投标人的法定代表人或其委托代理人签字和加盖单位章 (2)投标人必须对招标人发布的合理价及其组成部分进行逐页盖章确认,格式及要求详见招标文件第五章 (3)上述签字盖章要求CA认证,电子签章(本项目不适用) (4)其他要求
3.6.4	投标文件份数	投标函:正本一份,副本四份 商务标:正本一份,副本四份

续表

条款号	条款名称	编列内容
3.6.5	装订要求	按照投标人须知第 3.1.1 项规定的投标文件组成内容,投标文件应按以下要求装订: 分册装订,共分 __2__ 册,分别为: (1)投标函部分,包括投标函目录的内容 (2)商务标部分,包括商务标目录的内容 每册采用胶装方式装订,装订应牢固、不易拆散和换页,不得采用活页装订,提倡双面打印 提示:招标人根据项目情况可对商务标部分中的"分部分项工程量清单/施工措施项目清单综合单价分析表"的份数、装订和密封另作要求 投标文件的密封和标记: 将 2 册投标文件整齐叠好,再用包装纸密封成一个大包装,包装外注明"投标项目名称、投标单位名称"并加盖公章
4.1.2	投标文件提交形式	纸质标书现场递交
	递交的《电子投标文件》回执单	
4.2.2	投标文件递交地点	××县公共资源交易中心会议室
4.2.3	是否退还投标文件	■否
5.1	开标时间和地点	开标时间:同投标截止时间 开标地点: ××县公共资源交易中心会议室
5.2	开标程序 投标文件的提交检查	现场检查
	开标顺序	按照投标人现场递交投标文件的先后顺序开标
6.1.1	评标委员会的组建	评标委员会构成: __5__ 人,其中招标人代表 __/__ 人,专家 __5__ 人; 评标专家确定方式:××县专家库中随机抽取 招标人评委资格:进入评标委员会的招标人代表应当具备评标专家相应的或者类似的条件和水平
7.1	是否授权评标委员会确定中标人	□是 ■否,推荐的中标候选人数: __3__ 人
7.3.1	履约担保	履约担保的形式:履约保证金 履约担保的金额:中标价的 10%
10	需要补充的其他内容	
10.1	词语定义	

条款号	条款名称	编 列 内 容
10.1.1	类似项目	□房屋建筑工程(结构、规模、面积、层次、跨度、工程地点等相近) □道路工程(道路等级、路面类型、工程地点等相近) □桥梁工程(结构类型、桥跨、工程地点等相近) ■其他市政工程(专业、规模、工程地点等相近)
10.1.2	不良行为记录	不良行为记录包括工程质量、安全生产、市场行为等方面的情况。省住房和城乡建设厅发布的《湖南省建筑市场责任主体不良行为记录》是确认本省行政区域内不良行为记录的依据,其有效期限统一按省住房和城乡建设厅发布《湖南省建筑市场责任主体不良行为记录》的时间计算 本省行政区域外符合以下两种情形之一的不良行为记录,作为我省在房屋建筑和市政工程招标评标中的扣分依据:(1)住房和城乡建设部统一在全国公布的;(2)由外省(自治区、直辖市)建设行政主管部门在当地建筑市场信息平台上统一公布的,其认定标准、认定程序、结果运用与我省规定基本一致,且直接运用于招投标,在评标时采取单项次扣分的。对外省不良行为记录认定标准、认定程序、结果运用与我省规定差别较大,且不直接运用于招投标,在评标中不采取单项次扣分的(如只综合运用于信用等级评价),不作为我省在房屋建筑和市政工程招标评标中的直接扣分依据。本省行政区域外不良行为记录扣分有效期统一按照我省规定执行。当外省相关部门没有确定不良行为记录程度为一般或严重时,按照我省认定标准确认 省外企业应当在资格审查申请文件中如实反映和提供企业及其拟任项目负责人有效期限内符合上述规定的不良行为记录,并附企业注册所在地省级建设行政主管部门的证明文件原件和相关官方网站下载资料。当投标人未按要求提供相关资料时,不良行为记录项目扣5分 企业不良行为记录扣分有效期为6个月,拟任项目负责人和技术负责人不良行为记录扣分有效期为24个月,其他人员扣分有效期按不良行为记录的相关规定计算 投标人提供相应的情况、证明、文件等资料与经查实的事实不相符合,且对该投标人有利的,按照《湖南省房屋建筑和市政工程施工招投标人资格审查办法》规定第二十三条第1项规定,认定其为不合格投标人
10.1.3	工程获奖情况 (合理定价 评审抽取法)	(1)上年度和上两年度情况记录以颁布新文件或新证书的日期为界线更新 (2)在招投标过程中,以资格审查备案前生效的文件或证书为准,评标前不更新 (3)项目经理流动后,其获奖项目可计异地项目经理分和原企业分,但不得计异地企业分 (4)由投标人根据企业及建造师情况自行统计得分,得分表后附证书、文件扫描件 (5)由评标委员会根据投标人统计得分及所提供的证书、文件进行核实后确定各投标人实际得分

条款号	条款名称	编　列　内　容
10.2	合理价(适用于合理定价评审抽取法)	
		合理价:壹佰叁拾捌万伍仟叁佰柒拾肆元壹角贰分(¥1 385 374.12元) 详见本招标文件附件:(与招标文件同时发布) 分部分项工程费:RMB¥:＿＿＿＿元 措施项目费:RMB¥:＿＿＿＿元 其中:安全文明施工费 RMB¥:＿＿＿＿元 其他项目费:RMB¥:＿＿＿＿元 其中:专业工程暂估价 RMB¥:＿＿＿＿元 暂列金额(不包括计日工部分)RMB¥:＿＿＿＿元 规　费:RMB¥:＿＿＿＿元 税　金:RMB¥:＿＿＿＿元 补充费用项目:RMB¥:＿＿＿＿元 投标人在投标截止时间__10__天前,可对合理价及其组成内容向招标人或招标代理机构提出异议;招标人对合理价及其组成内容若有调整,则在投标截止时间__15__日前在××建设工程信息网公示,投标人自行查阅,不另行通知 投标人应当在投标文件中按照招标文件规定的招标项目范围、合理价及其组成内容以及详细清单、工程量增减的计价原则等予以确认,投标人不提出确认的不得进入公开随机抽取程序,按废标处理
10.3	技术标评审	
技术标	■不编制	投资额在200万元以下的建设项目可不编制施工组织设计文件
	□编　制	按照技术标评审标准分为合格或不合格投标人
10.4	电子投标文件(本项目不适用)	
		标书内容:投标文件、资格审查申请文件(未明确开标后资格审查) 标书递交:服务平台网上传递,开标现场U盘备用 回执单形式:在回执单上加盖投标人单位公章
10.5	计算机辅助评标(本项目不适用)	
		分析标书的内部特征,检验标书数据一致性和准确性,对不平衡报价进行比较,并对所有投标单位的商务标采取自动评审,最后由专家评委对系统评审结果进行审核认定
10.6	投标人代表出席开标会	
	身份验证	按照本须知第5.1款的规定,招标人邀请所有投标人参加开标会。投标人委托代理人必须为拟任本项目的项目负责人,其须亲自到场参加投标;湖南省外投标人还必须由企业法定代表人(或技术负责人)和项目负责人到场参加投标,并在招标人按开标程序进行点名时,向招标人提交法定代表人(或技术负责人)身份证明文件或法定代表人授权委托书,出示本人身份证,以证明其出席,否则,招标人不予受理

条款号	条款名称	编列内容
10.7	中标公示	
		在中标通知书发出前,招标人将中标候选人的情况在本招标项目招标公告发布的同一媒介和交易中心予以公示,公示期不少于 3 天(日历日)
10.8	知识产权	
		构成本招标文件各个组成部分的文件,未经招标人书面同意,投标人不得擅自复印和用于非本招标项目所需的其他目的。招标人全部或者部分使用未中标人投标文件中的技术成果或技术方案时,需征得其书面同意,并不得擅自复印或提供给第三人
10.9	重新招标的其他情形	
		除投标人须知正文第8条规定的情形外,除非已经产生中标候选人,在投标有效期内同意延长投标有效期的投标人少于三个的,招标人应当依法重新招标
10.10	同义词语	
		构成招标文件组成部分的"通用合同条款""专用合同条款""技术标准和要求"和"工程量清单"等章节中出现的措辞"发包人"和"承包人",在招投标阶段应当分别按"招标人"和"投标人"进行理解
10.11	监 督	
		本项目的招投标活动及其相关当事人应当接受有管辖权的建设工程招投标行政监督部门依法实施的监督
10.12	解释权	
		构成本招标文件的各个组成文件应互为解释,互为说明;如有不明确或不一致,构成合同文件组成内容的,以合同文件约定内容为准,且以专用合同条款约定的合同文件优先顺序解释;除招标文件中有特别规定外,仅适用于招投标阶段的规定,按招标公告(投标邀请书)、投标人须知、评标办法、投标文件格式的先后顺序解释;同一组成文件中就同一事项的规定或约定不一致的,以编排顺序在后者为准;同一组成文件不同版本之间有不一致的,以形成时间在后者为准。按本款前述规定仍不能形成结论的,由招标人负责解释
10.13	建设工程交易服务费和招标代理服务费	
		(1)招标人和中标人在中标通知书发出之前,招标人和中标人须向××县公共资源交易中心交纳交易服务费,收费标准按湖南省物价局湘价服〔2014〕33号文件规定 (2)招标代理服务费的币种:人民币。 (3)招标代理服务费的支付方式: □招标人支付 ■中标人支付 (4)招标代理服务费的支付时间:
10.14	招标人补充的其他内容	
10.14.1	施工项目部关键岗位人员要求	

续表

条款号	条款名称	编列内容
		(1) 施工项目部关键岗位人员指项目负责人、技术负责人、施工员、安全员、质量员 (2) 投标人应按照国家和省级有关法律法规、规范标准和湘建建〔2015〕57号文《湖南省建设工程施工项目部和现场监理部关键岗位人员配备管理办法》规定配备施工项目部关键岗位人员。其中施工项目部关键岗位人员数量不得低于湘建建〔2015〕57号文规定的最低配备标准，即至少项目负责人 1 人、技术负责人 1 人、施工员 1 人、安全员 1 人、质量员 1 人(允许同时参加多个标段的投标时，应分不同标段按要求分别列出) (3) 施工项目部关键岗位人员不得同时在二个及二个以上的建设工程项目中任职 (4) 施工项目部关键岗位人员必须是本企业在职人员(提供近 6 个月劳动保障部门出具的社保证明) (5) 关键岗位人员应持有相应的岗位资格证书，岗位资格证书注明了单位名称的，应与投标人一致。即项目负责人(项目经理)为市政公用工程专业贰级及以上注册建造师执业资格，具备有效的 B 类安全生产考核合格证书；技术负责人具有市政专业中级及以上职称；施工员具有岗位资格证书；安全员具有岗位资格证书和安全考核合格证书C证；质量员具有岗位资格证书 (6) 省外企业关键岗位人员如持有外省住房和城乡建设主管部门颁发的岗位资格证书，其证书应能通过互联网查询真伪，或提供由省级住房和城乡建设主管部门出具的证书真实性证明。省外企业由企业所在地地(市)级及以上建设行政主管部门提供施工项目部关键岗位人员无在建工程证明 (7) 省内企业关键岗位人员在建工程情况和省外企业关键岗位人员在湖南省内在建工程情况以湖南省建筑工程监管信息平台查询为准 (8) 施工项目部关键岗位人员必须是《诚信管理手册》登记人员，否则按不合格处理 (9) 其他：……
10.14.2	其他要求	(1) 中标通知书发出以前，中标候选人及其拟项目负责人和技术负责人的情况发生变化，致使其达不到合格投标人资格条件的，取消其中标候选人资格 (2) 投标人在投标文件中有隐瞒事实、弄虚作假的行为，或有不按招标文件的要求如实提供有关情况、文件、证明等资料的行为，或有所提供的有关情况、文件、证明等资料与经查实的事实不符的行为，且上述行为对该投标人有利的，按照不合格投标人处理。已被列为中标候选人的，取消其中标候选人资格。已中标的，依据有关法律法规规章的规定处理 (3) 招标文件中所设置的内容、条款及未尽事宜，均以国家、省、市或建设行政主管部门颁发的招投标有关规定为准 (4) 投标人对招标人(包括招标代理机构)发售的资格审查文件、招标文件内容有异议的应在提交资格审查申请文件截止时间 2 日前、投标截止时间 10 日前向招标人或招标代理机构提出，否则视为认可招标文件的内容和条款
11	是否提供纸质投标文件	□否 ■是

续表

条款号	条款名称	编 列 内 容
……	……	

第三章　评标办法(略)

第四章　合同条款(略)

第五章　工程量清单(略)

第六章　图　纸(略)

第七章　技术标准和要求(略)

第八章　投标文件格式(略)

【案例分析】

序　号	事　件	不当做法	解析
1	事件①	招标文件发出之日起至投标文件截止时间不妥;招标文件发售之日至停售之日的时间不妥	《工程建设项目施工招标投标办法》规定招标文件发出之日起至投标文件截止时间不得少于 20 天,招标文件发售之日至停售之日最短不得少于 5 日
2	事件②	招标文件中规定的招标控制价上浮 15% 不妥	《13 清单规范》规定招标控制价为最高价,不得上浮下浮
3	事件③	通知各投标人调整土方量的时间不妥	《招投标办法》规定改变招标工程范围应在投标截止之日 15 个工作日前通知投标人
4	事件④	招标文件中规定的投标保证金的数额不妥	《工程建设项目施工招标投标办法》规定投标保证金数额不得超过项目估算价的 2%,且最高不得超过 80 万元人民币

思考与练习

一、选择题

1. 下列施工项目不属于必须招标范围的是(　　)。

A. 大型基础设施项目　　　　　　　B. 使用世界银行贷款的建设项目

C. 政府投资的经济适用房建设项目　D. 施工主要技术采用特定专利的建设项目

2.《工程建设项目招标范围和规模标准规定》中规定重要设备、材料等货物的采购,单项合同估算价在(　　)万元人民币以上的,必须进行招标。

A. 20　　　　　　　B. 50　　　　　　　C. 150　　　　　　　D. 100

3. 按照《中华人民共和国招投标法》及其相关规定,必须进行施工招标的工程项目是

（　　）。

　　A. 施工企业在其施工资质许可范围内自建自用的工程

　　B. 属于利用扶贫资金实行以工代赈需要使用农民工的工程

　　C. 施工主要技术采用特定的专利或者专有技术的工程

　　D. 经济适用房工程

　　4.《中华人民共和国招投标法》规定,招投标活动应当遵循公开、公平、公正和诚实信用的原则。公开原则,首先要求招标信息公开,其次还要求（　　）公开。

　　A. 评标方式　　　　　B. 招投标过程　　　　C. 招标单位　　　　　D. 投标单位

　　5. 招标文件应当规定一个适当的投标有效期,以保证招标人有足够的时间完成评标和与中标人签订合同。在此时间内,投标人有义务保证投标文件的有效性。投标有效期的起始计算时间为（　　）。

　　A. 投标人提交投标文件截止之日　　　　　B. 招标人确定评标之日

　　C. 投标人接到招标文件之日　　　　　　　D. 招标文件开始发出之日

　　6. 与邀请招标相比,公开招标的最大优点是（　　）。

　　A. 节省招标费用　　　　　　　　　　　B. 招标时间短

　　C. 减小合同履行过程中承包不违约的风险　D. 竞争激烈

　　7. 招标公告的内容不包括（　　）。

　　A. 招标条件　　　　　　　　　　　　　B. 项目概况与招标范围

　　C. 发布公告的媒介　　　　　　　　　　D. 资格预审文件的获取

　　8.《中华人民共和国招投标法》规定,建设工程招标方式有（　　）。

　　A. 公开招标　　　　B. 议标　　　　　C. 国际招标　　　　　D. 行业内招标

　　E. 邀请招标

　　9. 邀请招标的邀请对象数目不应少于（　　）家。

　　A. 2　　　　　　　　B. 3　　　　　　　C. 5　　　　　　　　D. 7

二、简述题

1. 简述推行招投标制度的意义。

2. 法律规定哪些项目发包必须进行招标?

3. 哪些项目可以实行邀请招标? 需履行什么手续?

4. 简述公开招标的程序。

5. 工程项目投标文件应作为废标处理的情况有哪些?

6. 招标文件的组成有哪些?

三、案例分析题

1. 某省重点工程项目计划,由于工程复杂,技术难度高,一般施工队伍难以胜任,业主自行决定采取邀请招标方式。

问题:分析企业自行决定采取邀请招标方式的做法是否妥当并说明理由。

2. 某建设项目概算已批准,项目已被列入地方年度固定资产投资计划,并得到规划部门批准,根据有关规定采用公开招标。确定招标程序如下,如有不妥,请改正。

（1）向建设部门提出招标申请。

（2）得到批准后,编制招标文件,招标文件中规定外地区单位参加投标需垫付工程款,垫付比例可作为评标条件;本地区单位不需要垫付工程款。

（3）对申请投标单位发出招标邀请函(4 家)。

（4）投标文件递交。

（5）由地方建设管理部门指定有经验的专家与本单位人员共同组成评标委员会。为得到有关领导支持,各级领导占评标委员会的 1/2。

（6）召开投标预备会,由地方政府领导主持会议。

（7）投标单位报送投标文件时,A 单位在投标截止时间之前 3 小时,在原报方案的基础上,又补充了降价方案,被招标方拒绝。

（8）由政府建设主管部门主持,公正处派人监督,召开开标会,会议上只宣读 3 家投标单位的报价(另一家投标单位退标)。

（9）由于未进行资格预审,故在评标过程中进行资格审查。

（10）评标后评标委员会将中标结果直接通知了中标单位。

（11）中标单位提出因主管领导生病等原因 2 个月后再签订承包合同。

3.国有企业××机场有限责任公司,全额利用自有资金新建××机场航站楼,建设地点为 A 市 B 区 C 路 D 号。经市发展和改革委员会批准(批准文号:G 发改〔2008〕×××号),工程建筑面积为 120 000 m²,批准的设计概算为 9 800 万元,批准的施工招标方式为公开招标,可以自行组织招标。该招标为单体建筑,地下 3 层,地上 3 层。根据有关规定和工程实际需要,招标人拟定的招标方案概括如下:自行组织招标;采用施工总承包方式选择一家施工总承包企业;要求投标人具有房屋建筑工程施工总承包特级资质,并至少具有一项规模相近的航站楼类似工程施工业绩;不接受联合体投标;采用资格后审方法;计划 2014 年 3 月 1 日开工建设,2016 年 3 月 1 日竣工投入使用;为降低潜在投标人的投标成本,相关文件均免费发放,也不收取图纸押金,且为避免文件传递出现差错,所有文件往来均不接受邮寄;给予潜在投标人准备投标文件的时间为从招标文件开始发售之日起 30 个日历日。该公司租用某写字楼作为办公场所,能够满足本次招标开、评标等招投标活动的需要(A 市没有建设工程交易中心),联系方式均已落实。该工程现已具备施工总承包条件,拟于 2013 年 11 月 13 日通过网络媒体发布邀请不特定潜在投标人参与投标竞争的公告。为加快招标进度,公告第二天即开始发放相关文件。

问题:请根据上述资料及有关规定对公告内容的要求,编写该工程施工总承包招标邀请不特定潜在投标人参与投标竞争的公告(要求逻辑合理、文件通顺、文字简洁)。

单元3　建设工程投标

【单元目标】

知识目标	1.理解投标的组织与程序 2.掌握投标文件的编制 3.熟悉投标文件的内容与投标报价技巧	技能目标	能够从投标人的角度完成招标文件的解读,能够完成投标过程

【知识脉络图】

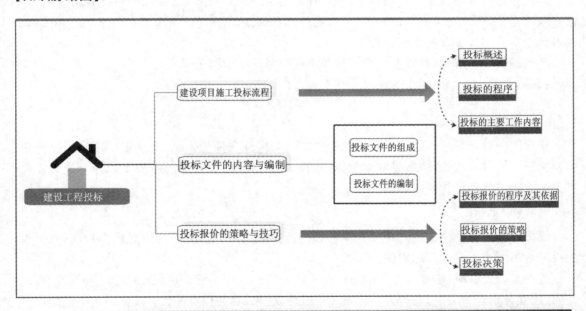

3.1 建设项目施工投标流程

【案例引入】

    某办公楼工程全部由政府投资兴建,该项目为该市建设规划的重点项目之一,且已列入地方年度投资计划,概算已经主管部门批准,施工图纸及有关技术资料齐全。现决定对该项目进行施工招标。因估计除本市施工企业参加投标外,还可能有外省市施工企业参加,故招标人委托咨询机构编制了两个标底,准备分别用于对本市企业和外省市企业标价的评定。

    招标人在公开媒体上发布资格预审公告,其中说明 3 月 10 日和 3 月 11 日 9 ~ 16 时在市建筑工程交易中心发售资格预审文件。最终有 A、B、C、D、E 五家承包商通过了资格预审。根据资格预审合格通知书的规定,承包商于 4 月 5 日购买了本次招标的招标文件。4 月 12 日,招标人就投标单位对招标文件提出的所有问题召开答疑会,统一作了书面答复。随后招标人组织各投标单位进行了现场踏勘。到招标文件所规定的投标截止日 4 月 20 日下午 16 时之前,这五家承包商均按规定时间提交了投标文件和投标保证金。

    4 月 21 日上午 8 时整,在市建筑工程交易中心正式开标。开标时,由招标人检查投标文件的密封情况,确认无误后,由工作人员当面拆封,由唱标人宣读五家承包商的投标价格、工期和其他主要内容。

    按照招标文件中规定的综合评价标准,评标委员会进行评审后,确定承包商 B 为中标人。招标人于 4 月 30 日发出中标通知书,由于是外地企业,承包商于 5 月 2 日收到中标通知书,最终双方于 6 月 2 日签订了书面合同。

    问题:在该项目的招标过程中哪些程序不符合招投标的相关规定?

【理论知识】

3.1.1 投标概述

    建设工程投标是指承包商根据业主的要求或以招标文件为依据,在规定期限内向招标单位递交投标文件及报价,争取工程承包权的活动,包括勘察、设计、监理、施工以及与建设工程有关的重要设备和材料的采购等。

    1. 投标人

    投标人即投标单位,按照《中华人民共和国招投标法》的规定,投标人必须是响应招标、参加投标竞争的法人或者其他组织。

    进行工程投标时,需要有专门的机构和人员对投标的全部活动过程加以组织和管理,实践证明,建立一个强有力的、内行的投标班子是投标获得成功的根本保证。投标班子一般由以下各种类型的人才组成。

    (1)经营管理类人才

    经营管理类人才是指专门从事工程承包经营管理,制定和贯彻经营方针与规划,负责投标工作的全面筹划和具有决策能力的人员,主要包括企业的经理、副经理、总经济师等。

（2）专业技术类人才

专业技术类人才主要是指工程及施工中的各类技术人员，诸如建筑师、土木工程师、电气工程师、机械工程师等各类专业技术人员。他们应拥有相关领域最新的专业知识、熟练的实际操作能力，以便在工程项目投标时能从本公司的实际技术能力水平出发，考虑切实可行的专业实施方案。

（3）商务金融类人才

商务金融类人才主要是指具有金融、贸易、税法、保险、采购、保函、索赔等专业知识的人员，财务人员要懂税收、保险、外汇管理和结算等方面的知识。

一个投标班子仅仅做到个体素质良好是不够的，还需要各方人员的共同协作，充分发挥团队的力量，并要保持投标班子成员的相对稳定，不断提高其整体素质和水平。同时，建筑企业要根据本企业的情况建立企业定额，还应逐步采用和开发投标报价的软件，使投标报价工作更加快速、准确。

2. 联合体

大型建设项目往往不是一个投标单位所能完成的，所以法律允许几个投标单位组成一个联合体，共同参与投标，但对联合体投标的相关问题做出了明确规定。

（1）联合体的法律地位

联合体是由多个法人或者经济组织组成的，但它在投标时是作为一个独立的投标单位出现的，具有独立的民事权利能力和民事行为能力。

（2）联合体的资质

组成联合体的各方均应具备相应的投标资格，由同一专业的单位组成的联合体，按照资质等级较低的单位确定资质等级。这是为了促使资质优秀的投标单位组成联合体，防止以高等级资质获取招标项目，而由资质等级低的投标单位来完成。

（3）联合体各方的权利和义务

根据《中华人民共和国招投标法》第31条第2款规定："联合体各方应当签订共同投标协议，明确约定各方拟承担的工作和责任，并将共同投标协议连同投标文件一并提交招标人。联合体中标的，联合体各方应当共同与招标人签订合同，就中标项目向招标人承担连带责任。"

所谓连带责任，是指在同一债权债务关系中，两个以上的债务人中，任何一个债务人都有向债权人履行债务的义务。债权人可以向其中任何一个或者多个债务人请求履行债务，可以请求部分履行。负有连带责任的债务人不得以债务人之间对债务分担比例有约定来拒绝部分或全部履行债务。连带债务人中一个或者多人履行了全部债务后，其他连带债务人对债权人的履行义务即行解除。但是，对连带债务人内部关系而言，根据内部约定，债务人清偿债务超过其应承担的份额的，有权向其他连带债务人追偿。

联合体各方在中标后承担的连带责任包括以下两种情况。

①联合体在接到中标通知书但未与招标人签订合同前，除不可抗力外，联合体放弃中标项目的，其已提交的投标保证金不予退还，给招标人造成的损失超过投标保证金数额的，还应当就超过部分承担连带赔偿责任。

②中标的联合体除不可抗力外，不履行与招标人签订的合同时，履约保证金不予退还，给

招标人造成的损失超过履约保证金数额的,还应当对超过部分承担连带赔偿责任。

3. 建设工程投标的要求

(1)对投标人的要求

①投标人应为独立的法人实体且具备承担招标项目的能力,具有招标文件要求的资质条件或者类似项目的施工经验,按照招标文件的要求编制投标文件,对招标文件提出的要求和条件做出实质性的响应。

②投标人在最近三年没有骗取合同以及其他经济方面的严重违法行为。

③投标人近几年有较好的安全记录,投标当年没有发生重大质量事故和特大安全事故。

④投标人财产状况良好,没有处于财产被接管、破产或其他关、停、并、转状态。

⑤投标人不得相互串通投标报价,不得排挤其他投标人的公平竞争,损害招标人或者他人的合法权益。

⑥禁止投标人向招标人或者评标委员会成员采用行贿的手段谋取中标。

⑦投标人不得以低于合理预算成本的报价竞标,不得以他人名义投标或者以其他方式弄虚作假,骗取中标。

(2)投标文件的内容要求

投标文件应当对招标文件提出的招标项目的价格、项目进度计划、技术规范、合同的主要条款等做出响应,不得遗漏、回避,更不能对招标文件进行修改或者提出任何附带条件。对于建设工程施工招标,投标文件还应包括拟派出的项目负责人与主要技术负责人员的简历、业绩和拟用于完成工程项目的机械设备等内容。投标单位拟在中标后将中标项目的非主体、非关键性工作进行分包的应在投标文件中载明。

投标文件送交后,在投标截止日期之前,投标单位可以进行补充、修改或撤回,但必须以书面形式通知招标单位。补充、修改的内容亦为投标文件的组成部分。

(3)投标时间的要求

投标文件应在招标文件中规定的截止时间之前送达规定地点,在截止时间后送达的投标文件,招标单位应拒收。因此,以邮寄方式送交投标文件的,投标单位应留出足够的邮寄时间,以保证投标文件在截止时间之前送达,另外,如发生地点方面的错送、误送,其后果皆由投标单位自行承担。

(4)保密要求

由于投标是一次性的竞争行为,为保证其公正性,就必须对当事人各方提出严格的保密要求:投标文件及其修改、补充的内容都必须以密封的形式送达,招标单位签收后必须原样保存,不得开启。对于标底和潜在投标单位的名称、数量以及可能影响公平竞争的其他有关招投标的情况,招标单位都必须保密,不得向他人透露。

(5)投标单位数量的要求

当投标单位少于三家时,就会缺乏有效竞争,投标单位可能会提高承包条件,损害招标单位的利益,从而与招标目的相违背,所以必须重新组织招标。这也是国际上通行的做法,在国外,这种情况称为"流标"。

3.1.2　投标的程序

投标的程序应与招标程序相适应、相配合。从投标人的角度看,建设工程投标的一般程序主要经历以下几个环节。

①向招标人申报资格审查,提供有关文件资料。

②购领招标文件和有关资料,交纳投标保证金。

③组织投标班子,委托投标代理人。

④参加现场踏勘和投标预备会。

⑤编制、递送投标书。

⑥接受评标组织就投标文件中不清楚的问题进行的咨询,举行澄清会谈。

⑦接受中标通知书,签订合同,提供履约担保,分送合同副本。

具体投标流程如图3.1所示。

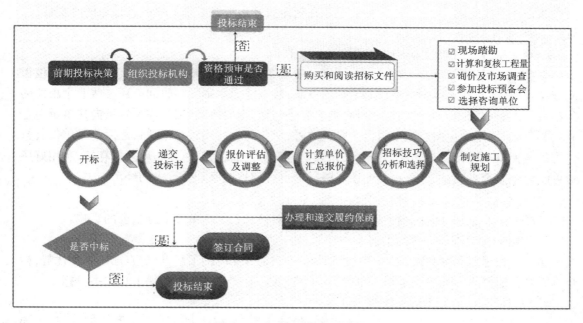

图3.1　建设工程投标流程图

3.1.3　投标的主要工作内容

投标的前期工作包括获取招标信息与前期投标决策,从众多招标信息中确定具体的投标对象。这一阶段的工作主要注意以下问题。

1. 投标前期工作

（1）获取信息

搜集并跟踪投标信息是经营人员的重要工作，经营人员应建立广泛的信息网络，不仅要关注各招标机构公开发行的招标公告和公开发行的报刊、网络媒体，还要建立与建设管理部门、建设单位、设计院、咨询机构的良好联系，以便尽早了解建设项目的信息，为投标工作早作做准备，经营人员注意了解国家、省、市发改委的有关政策，预测投资动向和发展规划，从而把握经营方向，为企业进入市场做好准备。

（2）选择投标项目

对于建筑施工企业，并不是所有的招标项目都适合。如果参加中标概率小或者赢利能力差的项目投标，既浪费经营成本，又有可能失去其他更好的机会。所以，投标班子的负责人要在众多的招标信息中选择适合的项目投标，在选择项目时要结合企业、项目和市场的具体情况综合考虑。

1）确定信息的可靠性

目前，国内建设工程在招标信息的真实性、公平性、透明度、业主支付工程款、合同的履行等方面存在不少问题，因此参加投标的企业在确定投标对象时必须认真分析信息的真实性、可靠性。

2）对业主进行必要的调查研究

对业主的调查了解是非常重要的，特别是业主单位的工程款支付能力。有些业主单位长期拖欠工程款，导致承包企业不仅不能获取利润，甚至连成本都无法收回。还有些业主单位的工程负责人利用职权与分包商或者材料供应商等勾结，索要巨额回扣，或者直接向建筑承包企业索要贿赂，致使承包企业苦不堪言。除此之外，承包商还必须对获得项目之后业主单位履行合同的各种风险进行认真的评估分析。风险是客观存在的，利润总是与风险并存的，利用好风险可以为企业带来效益，但不良的业主风险同样也可使承包商蒙受重大的经济损失。

3）对承包市场情况、竞争形势进行分析

市场处于发展繁荣阶段或者处于不景气阶段对投标人的决策有十分重要的影响。

4）对竞争对手进行必要的了解

通过对竞争对手的数量、实力、在建工程和拟建工程状况的了解，确定自己的竞争优势，初步判断中标的概率。如果竞争对手很多，实力又很强，就要考虑是否值得下功夫去投标。

5）对招标项目的工程情况作初步分析

应了解工程的水文地质条件、勘测深度和设计水平、工程控制性工期和总工期，如果工程规模、技术要求超过本企业的技术等级，就不能参加投标。

6）对本企业实力的评估

投标人应对企业自身的技术、经济实力、管理水平和目前在建工程项目的情况有清醒的认识，确认企业能够满足投标项目的要求。如果接受超出自身能力的项目，就可能导致巨大的经济损失，并损害企业信誉，在竞争激烈的市场上给以后的工作埋下很大的隐患。另外，如果企业施工任务饱和，对赢利水平低、风险大的项目可以考虑放弃。

2.资格预审

投标人在确定了投标项目之后,应当按照招标公告或投标邀请书中所提出的资格审查要求,如资质要求、财务要求、业绩要求、信誉要求、项目经理资格等,向招标人申报资格审查。参加资格预审时,投标人应注意以下几个方面的问题。

①应注意资格预审有关资料的积累工作。平时要将一般资格预审的有关资料随时存入计算机内,并予以整理,以备今后填写资格预审申请文件之用。对于过去业绩与企业介绍最好印成精美图册。此外,每竣工一项工程,宜请该工程项目业主和有关单位开具证明工程质量良好的鉴定书,作为业绩的有力证明。如有各种奖状或者 ISO 9000 认证证书等,应备有彩色照片及复印件。总之,资格预审所需资料应平时有目的地积累,不能临时拼凑,否则可能因达不到业主要求而失去机会。

②加强填表时的分析。既要针对工程项目的特点,下功夫填好重点部位,又要反映出本公司的施工经验、施工水平和施工组织能力。这往往是业主考虑的重点。

③注意收集信息。在本企业拟发展经营业务的地区,注意收集信息,发现可投标的项目,并做好资格预审的申请准备。当认为本企业某些方面难以满足投标要求(如资金、技术水平、经验、年限等)时,则应考虑与适当的其他施工企业组成联合体来参加资格预审。

④做好递交资格预审申请后的跟踪工作。资格预审申请呈交后,应注意信息跟踪工作,以便发现不足之处,及时补送资料。

经过资格预审,没通过资格预审的投标人到此就完成了短暂的投标过程;通过资格预审的投标人继续后边的程序和工作。

3.购买与研究招标文件

申请者接到招标单位的资格预审通过通知书,就表明已具备并获得参加该项目投标的资格,如果决定参加投标,就应按招标单位规定的日期和地点凭邀请书或通知书及有关证件购买招标文件。

招标文件是业主对投标人的邀约邀请,它几乎包括了全部合同文件。它所确定的招标条件和方式、合同条件、工程范围和工程的各种技术文件,是承包商制定实施方案和报价的依据,也是双方商谈的基础。

招标人取得(购得)招标文件后,通常首先进行总体检查,重点是检查招标文件的完备性。一般要对照招标文件目录检查文件是否齐全,是否有缺页,对照图纸目录检查图纸是否齐全,然后进行全面分析。

①投标人须知分析。通过分析不仅可以掌握投标条件、招投标过程、评标的规则和各项要求,对投标报价工作做出具体安排,还可以了解投标风险,以确定投标策略。

②工程技术文件分析。即进行图纸会审、工程量复核、图纸和规范中的问题分析,了解招标的具体工程项目范围、技术要求、质量标准。在此基础上做好施工组织和计划,确定劳动力的安排,进行材料、设备的分析,为编制合理的实施方案、确定投标报价奠定基础。

③合同评审。分析的对象是合同协议书和合同条件,从合同管理的角度,研究招标文件最重要的工作是合同评审。合同评审是一项综合的、复杂的、技术性很强的工作,它要求合同管

理者必须熟悉合同相关的法律、法规、谙熟合同条款,对工程环境有全面的了解,有合同管理的实际工作经验和经历。

④业主提供的其他文件。如场地资料,包括地质勘探钻孔记录和测试的结果;场地内和周围环境的情况报告(场地地貌图、水文测量资料、水文地质资料);场地及周围自然环境的公开的参考资料;场地地表以下的设备、设施、地下管道和其他设施的资料;毗邻场地和在场地上的建筑物、构筑物和设备的资料等。

4. 参加现场踏勘和投标预备会

(1)参加现场踏勘

现场踏勘主要是指去工地现场进行勘察,目的是让投标人对工程项目所在地的地理、地质、水文、材料和周围的环境有充分的了解,并据此进行投标报价和制订施工规划。

(2)参加投标预备会

现场踏勘完成后,为了解答各投标单位对招标文件、图纸和现场踏勘等各方面的疑问,要组织投标预备会,又称为答疑会或者标前会议。一般在现场踏勘之后的1~2天内举行,投标预备会的目的除了解答投标人对招标文件和在现场提出的问题,还要对图纸进行交底和解释。投标人要充分利用这次会议,提出自己关心的问题,作为以后报价的基础。

现阶段,为防止串标等不法活动,一般不组织现场踏勘和投标预备会环节。

5. 编制实施方案

施工方案是承包商按照自己的实际情况(如技术装备水平、管理水平、资源供应能力、资金等)确定的,在具体条件下全面、安全、高效地完成合同所规定的工程任务的技术、组织措施和手段。

(1)实施方案的作用

①投标报价的依据。不同的实施方案有不同的工程预算成本,自然就有不同的报价。

②评标的重要内容。虽然施工方案及施工组织文件不作为合同文件的一部分,但在投标文件中承包商必须向业主说明拟采用的实施方案和工程总的进度安排。业主以此评价承包商投标的科学性、安全性、合理性和可靠性。这是业主选择承包商的重要决定因素。

(2)实施方案的内容

①施工方案。如工程施工所采用的技术、工艺、机械设备、劳动组织及各种资源的供应方案等。

②工程进度计划。在业主招标文件中确定的总工期计划控制下确定工程总进度计划,包括总的施工顺序,主要活动工期安排计划,工程中主要里程碑事件的安排计划等。

③现场的平面布置方案。如现场道路、仓库、各种临时设施、水电管网、围墙、门卫等的布置。

④施工中所采用的质量保证体系以及安全、健康和环境保护等措施。

⑤其他方案。如设计和采购方案(对总承包合同)、运输方案、设备的租赁、分包方案。

招标人将根据这些资料评价投标人是否采取了充分合理的措施,保证按期完成工程施工任务。另外,施工规划对投标人自己也十分重要,因为进度安排是否合理、施工方案选择是否恰当,与工程承包和报价有密切关系。制定施工规划的依据是设计图纸、规范、经过复核的工程量清单、现场施工条件、开竣工日期要求、机械设备来源、劳动力来源等。编制一个好的施工规划可以大大降低标价,提高竞争力。编制的原则是在保证工期和工程质量的前提下,尽可能使工程承包价最低,投标价格合理。

6. 确定投标报价

投标报价是承包商采用投标方式承揽工程任务时,计算和确定承包该工程的投标价格,是投标人投标时响应招标文件要求所报出的对已标价工程量清单汇总后标明的总价。报价一经确认,即成为有法律约束力的合同价格。

根据国家政策法规的规定,从2003年7月1日起,建设工程招投标中的投标报价活动全面推行建筑工程工程量清单计价的报价方法。因此招标人必须按照计价规范的规定编制建设工程工程量清单,并列入招标文件中提供给投标人,投标人也必须按照规范的要求填报工程量清单计价表并据此进行投标报价。

(1)投标报价的一般规定

①投标报价应由投标人或受其委托具有相应资质的工程造价咨询人员编制。投标报价应由投标人负责编制,但当投标人不具备编制投标报价的能力时,则应委托具有相应工程造价咨询资质的工程造价咨询单位编制。

②投标人应依据计价规范的规定自主确定投标报价。投标报价编制和确定的最基本特征是投标人自主报价,它是市场竞争形成价格的体现,但投标人自主决定报价时应遵循国家的相关政策、规范、标准及招标文件的要求。

③投标报价不得低于成本。在评标过程中,评标委员会发现投标人的报价明显低于其他投标报价或者在设有标底时明显低于标底,使得其投标报价可能低于其个别成本的,应当要求该投标人做出书面说明并提供相关证明材料。投标人不能合理说明或者不能提供相关证明材料的,由评标委员会认定该投标人低于成本报价竞标,其投标应作为废标处理。

④投标人必须按照招标文件的工程量清单填报价格。实行工程量清单招标,招标人在招标文件中提供工程量清单,其目的是使各投标人在投标报价中具有共同的竞争平台。因此,要求投标人在投标报价时填写的工程量清单中的项目编码、项目名称、项目特征、计量单位、工程量必须与招标工程量清单一致。

⑤投标人的投标报价高于招标控制价的应予废标。招标控制价作为招标人能够接受的最高交易价,投标人的投标报价高于招标控制价的,其投标应作为废标,予以拒绝。

(2)投标报价的编制

投标报价按规范的规定与要求,根据招标人提供的统一的工程量清单进行填报与编制,综合单价中应包括招标文件中划分的应由投标人承担的风险范围及其费用,招标文件中没有明确的应提请招标人明确。

分部分项工程和措施项目中的单价项目,应根据招标文件和招标工程量清单项目中的特征描述确定综合单价计算。

措施项目中的总价项目金额应根据招标文件及投标时拟定的施工组织设计或施工方案,采用综合单价计价方式自主确定,其中安全文明施工费必须按国家或省级、行业建设主管部门的规定计算,不得作为竞争性费用。

其他项目应按下列规定报价。

①暂列金额应按招标工程量清单中列出的金额填写。

②材料、工程设备暂估价应按招标工程量清单中列出的单价计入综合单价。

③专业工程暂估价应按招标工程量清单中列出的金额填写。

④计日工应按招标工程量清单中列出的项目和数量,自主确定综合单价并计算计日工金额。

⑤总承包服务费应根据招标工程量清单中列出的内容和提出的要求自主确定。

规费和税金必须按国家或省级、行业建设主管部门的规定计算,不得作为竞争性费用。

招标工程量清单和计价表中列明的所有需要填写单价和合价的项目,投标人均应填写且只允许有一个报价。未填写单价和合价的项目,可视为此项费用已包含在已标价工程量清单中其他项目的单价和合价之中。当竣工结算时,此项目不得重新组价予以调整。

投标总价应当与分部分项工程费、措施项目费、其他项目费和规费、税金的合计金额一致。标价的计算必须与招标文件中规定的合同形式相协调。

7. 编制投标文件

投标文件应完全按招标文件规定的要求进行编制,投标文件应当对招标文件提出的实质性要求和条件做出响应,一般不能带有任何附加条件,否则可能导致投标无效。

(1)投标文件内容

①投标书(投标函)。

②投标书附录。

③投标保函(投标保证书、担保书等)。

④法定代表人资格证明文件。

⑤授权委托书。

⑥已标价的工程量清单报价表。

⑦施工规划或施工组织设计。

⑧施工组织机构表及主要工程管理人员人选及其简历、业绩。

⑨拟分包的工程和分包商的情况(如有)。

⑩其他附件及资料。

(2)编制投标文件注意事项

①对招标文件要研究透彻,重点是投标须知、合同条件、技术规范、工程量清单及图纸等。

②为编制好投标文件和投标报价,应收集现行定额标准、取费标准及各类标准图集,收集掌握政策性条件文件及材料和设备价格等情况。

③在投标文件编制中,投标单位应依据招标文件和工程技术规范的要求,根据施工现场情况编制施工方案或施工组织设计。

④按照招标文件中规定的各种因素和依据计算报价,并仔细核对,确保准确,在此基础上正确运用报价技巧和策略,并用科学方法做出报价决策。

⑤填写各种投标表格。招标文件所要求的每一种表格都要认真填写,尤其是需要签章的

一定要按要求完成,否则有可能会导致废标。

⑥投标文件的封装。投标文件编写完成后要按招标文件要求的方式分装、贴封、签章。

8. 递交投标文件

投标文件编制完成,经核对无误,由投标人的法定代表人签字盖章后,分类装订成册封入密封袋中,派专人在投标截止日期之前送到招标人指定的地点,并领取回执作为凭证。在投标截止时间之前应按招标文件要求提交投标保证金或投标保函,否则按无效标处理。

招标人收到投标文件后,应当签收保存,不得开启。投标人在递交投标文件后,投标截止时间之前,可以对所递交的投标文件进行补充、修改或撤回,并书面通知招标人,所递交的补充、修改或撤回通知必须按照招标文件的规定编制、密封和标识。补充、修改的内容作为投标文件的组成部分。如果投标人在投标截止时间之后撤回投标文件,投标保证金将被没收。

递送投标文件不宜太早,因市场情况在不断变化,投标人需要根据市场行情及自身情况对投标文件进行修改,递送投标文件的时间在招标人接受投标文件截止日期前两天为宜。

9. 参加开标会以及评标期间的澄清

投标人必须按规定的日期参加开标会,投标单位的法人代表或授权代表应签名报到以证明出席开标会议,投标单位未派代表出席开标会议的视为自动弃权,其投标文件将不予启封、不予唱标、不予参加评标。

投标人参加开标会议要注意其投标文件是否被正确启封、宣读,对于被错误地认定为无效的投标文件或唱标出现的错误应当场提出异议。

在评标期间,评标委员会要求澄清投标文件中不清楚的问题的,投标人应积极予以说明、解释、澄清。一般可以采用向投标人发出书面询问,由投标人书面做出说明或澄清的方式,也可以采用召开澄清会的方式,所说明、澄清和确认的问题,经招标人和投标人双方签字后作为投标书的组成部分。在澄清会谈中投标人不得更改标价、工期等实质性内容,开标后和定标前提出的任何修改声明或附加优惠条件一律不得作为评标的依据。但对于确定为实质上响应招标文件要求的投标文件在进行校核时发现的计算上或累计上的计算错误可以予以修正。

10. 中标与签约

业主确定中标人后,向中标人发出中标通知书,中标单位应接受招标人发出的中标通知书,未中标的投标人有权要求返还其投标保证金。招标人与中标人应当自中标通知书发出之日起 30 日之内,按照招标文件和中标人的投标文件签订书面合同,中标人向招标人提交履约保函或履约保证金,招标人同时退还中标人的投标保证金。招标人和中标人不得另行订立违背招标文件和中标文件实质性内容的其他协议。

中标人如拒绝在规定时间内提交履约担保和签订合同,招标人报请招投标管理机构批准同意后取消其中标资格,并按规定不退还中标人的投标保证金,并考虑在其余投标人中重新确定中标人。招标人与中标人签订正式合同后,应按要求将合同副本分送有关主管部门备案。

【案例分析】

序 号	建设项目投标流程	不当做法	解 析
1	招标人编制招标文件	编制两个标底	一个工程只能编制一个标底
2	资格预审	招标人出售资格预审文件的时间过短	自招标文件或资格预审文件开始出售之日起到停售之日止,最短不得少于5个工作日
3	现场踏勘与答疑会	答疑会在前	现场踏勘应该安排在答疑会之前
4	送交投标文件	招标时限过短	自招标文件发出之日起到投标人提交投标文件截止之日止,最短不得少于20个工作日
5	开标	开标时间迟于投标截止时间	开标时间应与投标人提交投标文件截止时间一致
6	检查标书密封情况	招标人独自检查	不应由招标人检查标书密封情况,应由投标人或者其推选的代表检查投标文件的密封情况,也可以由招标人委托的公证机构检查并公证
7	签订合同	签订合同日期过迟	招标人和中标人应当自中标通知书发出之日起30日内,按照招标文件和中标人的投标文件签订书面合同

3.2 投标文件的内容与编制

【案例引入】

某工程项目评标时发现,B 施工单位投标报价明显低于其他投标单位报价且未能合理说明理由;D 施工单位投标报价大写金额小于小写金额;F 施工单位投标文件提供的检验标准和方法不符合招标文件的要求;H 施工单位投标文件中某分项工程的报价有个别漏项;其他施工单位的投标文件均符合招标文件的要求。

问题:判别 B、D、F、H 四家施工单位的投标是否为有效标并说明理由。

【理论知识】

3.2.1 投标文件的组成

投标文件是承包商参与投标竞争的重要凭证,是评标、决标和订立合同的依据,是投标人素质的综合反映,是投标人取得经济效益的重要因素。可见,投标人应对编制投标文件的工作倍加重视。投标文件的编写要完全符合招标文件的要求,也要对招标文件做出实质性的响应,否则将会导致废标。一般情况下,投标文件包含以下几部分。

1. 投标函

投标函是指投标人按照招标文件的条件和要求,向招标人提交的有关报价、质量目标等承诺和说明的函件,是投标人为响应招标文件相关要求所做的概括性函件。一般位于投标文件的首要部分,其内容和格式必须符合招标文件的规定。

投标函包括投标人告知招标人本次所投的项目具体名称和具体标段以及本次投标的报价、承诺工期和达到的质量目标等,投标函内容及样式见表3.1。

表3.1　投标函样式

投标函

致:(招标人名称)

经申请,我单位被批准参与单位的工程施工投标。我们仔细阅读招标文件,考察施工现场,学习工程图纸,研究技术规范、合同条件,认真落实工程成本,针对工程制定了施工方案,我们决定以投标报价×××元(大写)×××元(小写);计划工期为×××。按照国家现行及相关专业质量验收规范验收,工程质量达到标准,承担该项工程施工任务。项目经理为国家级注册建造师。

本工程采用商品混凝土的承诺:_____。

如果我们的投标文件被采纳,成为中标单位,我们将及时与招标人签订《建设工程施工合同》,遵照施工组织设计的安排,组织施工队伍、机具材料进驻施工现场,按招标要求及时开工。

投标人:(单位公章)

法定代表人:(签字或盖章)

日期:　　年　月　日

投标人填报投标函附录,共同构成合同文件的重要组成部分,主要内容是对投标文件中涉及关键性或实质性的内容条款进行说明或强调。

投标人填报投标函附录时,在满足招标文件实质性要求的基础上,可以提出比招标文件要求更有利于招标人的承诺。一般以表格形式摘录列举,见表3.2。其中"序号"一般是根据所列条款名称在招标文件合同条款中的先后顺序进行排列;"条款名称"为所摘录条款的关键词;"合同条款号"为所摘录条款名称在招标文件合同条款中的条款号;"约定内容"是投标人投标时填写的承诺内容。

工程投标函附录所约定的合同重点条款应包括工程缺陷责任感、履行担保金额、发出开工通知期限、逾期竣工违约金、逾期竣工违约金限额、提前竣工的奖金、提前竣工的奖金限额、价格调整的差额计算、工程预付款、材料、设备预付款等对于合同执行中需投标人引起重视的关键数据。

表3.1说明投标函附录除对以下合同重点条款摘录外,也可以根据项目的特点、需要,并结合合同执行者重视的内容进行摘录,这有助于投标人仔细阅读并深刻理解招标文件重要的条款和内容。如采用价格指数进行价格调整时,可增加价格指数和权重表等合同条款,由投标人填报。

表 3.2　投标函附录样式

序　号	条款内容	合同条款号	约定内容	备　注
1	项目经理	1.1.2.4	姓名：	
2	工期	1.1.4.3	日历天	
3	缺陷责任期	1.1.4.5		
4	承包人履约担保金额	4.2		
5	分包	4.3.4	见分包项目表	
6	逾期竣工违约金	11.5	元/天	
7	逾期竣工违约金最高限额	11.5		
8	质量标准	13.1		
9	价格调整的差额计算	16.1.1	见价格指数权重表	
10	预付款额度	17.2.1		
11	预付款保函金额	17.2.2		
12	质量保证金扣留百分比	17.4.1		
		17.4.1		

备注:投标人在响应招标文件中规定的实质性要求和条件的基础上,可做出其他有利于招标人的承诺。此类承诺可在本表中予以补充填写。

2. 法定代表人身份证明

在招投标活动中,法定代表人代表法人的利益行使职权,全权处理一切民事活动。投标文件中法定代表人身份证明见表 3.3,一般应包括投标人名称、单位性质、地址、成立时间、经营期限等投标人的一般资料,除此之外还应有法定代表人的姓名、性别、年龄、职务等有关法定代表人的相关信息和资料。法定代表人身份证明应加盖投标人的法人印章。

若投标人的法定代表人不能亲自签署投标文件进行投标,则法定代理人须授权代理人全权代表其在投标过程和签订合同中执行一切与此相关的事项。

授权委托书中应写明投标人名称、法定代表人姓名、代理人姓名、授权权限和期限等,见表3.4。授权委托书一般规定代理人不能再次委托,即代理人无转委托权。法定代表人应在授权委托书上亲笔签名。根据招标项目的特点和需要,也可以邀请投标人对授权委托书进行公证。

《中华人民共和国招投标法》第三十一条规定,两个以上法人或其他组织可以组成一个联合体,以一个投标人的身份共同投标。联合体各方均应当具备承担招标项目的相应能力;国家有关规定或者招标文件对投标人资格条件有规定的,联合体各方均应当具备规定的响应资格条件。由同一专业的单位组成的联合体,按照资质等级较低的单位确定资质等级。联合体各方应当签订共同投标协议,明确各方拟承担的工作和责任,并将共同投标协议连同投标文件一并提交招标人。联合体中标的,联合体各方应当共同与招标人签订合同,就中标项目向招标人承担连带责任。招标人不得强制投标人组成联合体共同投标,不得限制投标人之间的竞争。

表 3.3　法定代表人身份证明式样

法定代表人身份证明书

投标人名称:＿＿＿＿＿＿＿＿＿＿＿＿

单位性质:＿＿＿＿＿＿＿＿＿＿＿＿

地　　址:＿＿＿＿＿＿＿＿＿＿＿＿

成立时间:××年×月×日

经营期限:

姓　　名:＿＿＿性别:＿＿＿年龄:＿＿＿职务:＿＿＿

系(投标人单位名称)的法定代表人。

特此证明。

投标人:(盖公章)

日期:　年　月　日

表 3.4　授权委托书式样

授权委托书

本人(姓名)系 (投标人名称)的法定代表人,现委托(姓名)为我方代理人。代理人根据授权,以我方名义签署、澄清、说明、补正、递交、撤回、修改 (项目名称)施工投标文件、签订合同和处理有关事宜,其法律后果由我方承担。

委托期限:

代理人无转委托权。

附:法定代表人身份证明

投标人:(盖单位章)

法定代表人:(签字)

身份证号码:

委托代理人:(签字)

身份证号码:

年　月　日

　　《工程建设项目施工招标投标办法》中规定,两个以上法人或者其他组织可以组成一个联合体,以一个投标人的身份共同投标。联合体各方签订共同投标协议后,不得再以自己的名义单独投标,也不得组成新的联合体或参加其他联合体在同一项目中投标。联合体参加资格预审并获通过的,其组成的任何变化都必须在提交投标文件截止之日前征得招标人的同意。如果变化后的联合体削弱了竞争,含有事先未经过资格预审或者资格预审不合格的法人或者其他组织,或者使联合体的资质降到资格预审文件中规定的最低标准以下,招标人有权拒绝。联合体各方必须指定牵头人,并且具有授权其代表所有联合体成员法定代表人签署相关协议的授权书。联合体投标的,应当以联合体各方或者联合体中牵头人的名义提交投标保证金。以联合体中牵头人名义提交的投标保证金,对联合体各成员具有约束力。

凡联合体参与投标的,均应签署并提交联合体协议书,见表3.5。

表3.5 联合体协议书

联合体协议书:
牵头人名称:
法定代表人:
法定住所:
成员二名称:
法定代表人:
法定住所:
……
鉴于上述各成员单位经过友好协商,自愿组成(联合体名称)联合体,共同参加(招标人名称)(以下简称招标人)(项目名称)标段(以下简称本工程)的施工投标并争取赢得本工程施工承包合同(以下简称合同)。现就联合体投标事宜订立如下协议。
1.(某成员单位名称)为(联合体名称)牵头人。
2.在本工程投标阶段,联合体牵头人合法代表联合体各成员负责本工程投标文件的编制活动,代表联合体提交和接收相关的资料、信息及指示,并处理与投标和中标有关的一切事务;联合体中标后,联合体牵头人负责合同订立和合同实施阶段的主办、组织和协调工作。
3.联合体将严格按照招标文件的各项要求,递交投标文件,履行投标义务和中标后的合同,共同承担合同规定的一切义务和责任,联合体各成员单位按照内部职责的部分,承担各自所负的责任和风险,并向招标人承担连带责任。
4.联合体各成员单位内部的职责分工如下。
按照本条上述分工,联合体成员单位各自所承担的合同工作量比例如下。
……
5.投标工作和联合体在中标后工程实施过程中的有关费用按各自承担的工作量分摊。
6.联合体中标后,本联合体协议是合同的附件,对联合体各成员单位有合同约束力。
7.本协议书自签署之日起生效,联合体未中标或者中标时合同履行完毕后自动失效。
8.本协议书一式×份,联合体成员和招标人各执一份。
<div align="right">牵头人名称:(盖单位章) 法定代表人或其委托代理人:(签字) 成员二名称:(盖单位章) 法定代表人或其委托代理人:(签字) …… ××年×月×日</div>
备注:本协议书由委托代理人签字的,应附法定代表人签字的授权委托书。

联合体协议书的内容如下。

①联合体成员的数量:联合体协议书中首先必须明确联合体成员的数量。其数量必须符

合招标文件的规定,否则将视为不响应招标文件的规定,而作为废标。

②牵头人和成员单位名称:联合体协议书中应明确联合体牵头人,并规定牵头人的职责、权利和义务。

③联合体内部分工:联合体协议书一项重要内容是明确联合体成员的职责分工和专业工程范围,以便招标人对联合体各成员专业资质进行审查,并防止中标后联合体成员产生纠纷。

④签署:联合体协议书应按招标文件规定进行签署和盖章。

3. 投标保证金

(1)投标保证金的形式

投标保证金是指投标人按照招标文件的要求向招标人出具的,以一定金额表示的投标责任担保。招标人为了防止因投标人撤销或者反悔投标的不正当行为而使其蒙受损失,一次要求投标人按规定形式和金额提交投标保证金,并作为投标文件的组成部分,见表3.6。投标人不按招标文件要求提交投标保证金的,其投标文件作废标处理。投标保证金采用银行保函形式的,银行保函有效期应长于投标有效期,一般应超出投标有效期30天。招标人可以在招标文件中要求投标人提交投标保证金。投标保证金除现金外,可以是银行出具的银行保函、保兑支票、银行汇票或现金支票。投标保证金具体提交的形式由招标人在招标文件中确定。

1)现金

对于数额较小的投标保证金而言,可采用现金方式提交。但对于数额较大的采用现金方式提交就不太合适。因为现金不易携带,不方便递交,在开标会上清点大量现金不仅浪费时间,操作手段也比较原始,既不符合我国的财务制度,也不符合现代的交易支付习惯。

2)银行保函

开具保函的银行性质及级别应满足招标文件的规定,并采用招标文件提供的格式。投标人应根据招标文件要求单独提交银行保函正本,并在投标文件中附上复印件或将银行保函正本装订在投标文件正本中。一般,招标人会在招标文件中给出银行保函的格式和内容,且要求保函主要内容不能改变,否则将以不符合招标文件的要求作废标处理。

3)银行汇票

银行汇票是汇款人将款项存入当地出票银行,由出票银行签发的票据,交由汇款人转交给异地收款人,异地收款人再凭银行汇票在当地银行兑取汇票。投标人应在投标文件中附上银行汇票复印件,作为评标时对投标保证金评审的依据。

4)支票

支票是出票人签发的,委托办理支票存款业务的银行或者其他金融机构在见票时无条件支付确定的金额给收款人或者持票人的票据。投标保证金采用支票形式,投标人应确保招标人收到支票后在招标文件规定的截止时间之前,将投标保证金划拨到招标人指定账户,否则,投标保证金无效。投标人应在投标文件中附上支票复印件,作为评标时对投标保证金评审的依据。

表 3.6 投标保证金文件

投标保证金

保函编号：

（招标人名称）：

鉴于（投标人名称）（以下简称"投标人"）参加你方（项目名称）标段的施工投标，（担保人名称）（以下简称"我方"）受该投标人委托，在此无条件地、不可撤销地保证：一旦收到你方提出的下述任何一种事实的书面通知，在 7 日内无条件地向你方支付总额不超过（投标保函额度）的任何你方要求的金额：

1. 投标人在规定的投标有效期内撤销或者修改其投标文件。

2. 投标人在收到中标通知书后无正当理由而未在规定期限内与贵方签署合同。

3. 投标人在收到中标通知书后未能在招标文件规定期限内向贵方提交招标文件所要求的履约担保。

本保函在投标有效期内保持有效，除非你方提前终止或解除本保函。要求我方承担保证责任的通知应在投标有效期内送达我方。保函失效后请将本保函交投标人退回我方注销。

本保函项下所有权利和义务均受中华人民共和国法律管辖和制约。

担保人名称：（盖单位章）

法定代表人或其委托代理人：（签字）

地　　址：

邮政编码：

电　　话：

传　　真：

年　　月　　日

备注：经过招标人事先的书面同意，投标人可采用招标人认可的投标保函格式，但相关内容不得背离招标文件约定的实质性内容。

投标保证金金额通常有相对比例金额和固定金额两种方式。相对比例金额是以投标总价作为计算基数，投标保证金金额与投标报价有关；固定金额是招标文件规定投标人提交统一金额的投标保证金，投标保证金与报价无关。为避免招标人设置过高的投标保证金额，《工程建设项目施工招标投标办法》规定，投标保证金一般不得超过项目估算价的 2%，但最高不得超过 80 万元人民币。投标保证金有效期应当与投标有效期一致。《工程建设项目勘察设计招投标办法》规定，保证金数额一般不超过勘察设计费投标报价的 2%，最多不超过 10 万元人民币；《政府采购货物和服务招投标管理办法》规定，投标保证金数额不得超过采购项目概算的 1%。

（2）投标保证金的作用

投标保证金起着约束招标人和投标人行为、规范招投标各阶段的工作，维护招标人与投标人的合法权益的作用，主要表现在以下四个方面。

①对投标人的投标行为产生约束作用，保证招投标活动的严肃性。招投标是一项严肃的法律活动，投标人的投标是一种要约行为，投标人作为要约人，向招标人（受要约人）递交投标文件之后，即意味着向招标人发出了要约。在投标文件递交截止时间至招标人确定中标人的

这段时间内,投标人不能要求退出竞标或者修改投标文件;而一旦招标人发出中标通知书,做出承诺,则合同即告成立,中标的投标人必须接受并受到约束,否则投标人就要承担合同订立过程中的缔约过失责任,还要承担投标保证金被招标人没收的法律后果。这实际上是对投标人违背诚实信用原则的一种惩罚,所以,投标保证金能够对投标人的投标行为产生约束作用,这是投标保证金最基本的功能。

②在特殊情况下,可以弥补招标人的损失。投标保证金一般定为投标总价的2%,这是个经验数字,因为实践中大量的工程招投标的统计数据表明,通常最低价与次低价的价格相差在2%左右。因此,如果发生最低标的投标人反悔而退出投标的情形,则招标人可以没收其投标保证金并授标给投标报价次低的投标人,用该投标保证金弥补最低价与次低价两者之间的价差,从而在一定程度上可以弥补或减少招标人所遭受的经济损失。

③督促招标人尽快定标。投标保证金对投标人的约束作用是有一定时间限制的,这一时间即投标有效期。如果超出了投标有效期,则投标人不对其投标的法律后果承担任何义务。所以,投标保证金只是在一个明确的期限内保持有效,从而可以防止招标人无限期地延长定标时间,影响投标人经营决策和合理调配自己的资源。

④从一个侧面反映和考察投标人的实力。

(3)投标保证金的退还

《工程建设项目施工招标投标办法》规定,招标人应在中标人签订合同后5个工作日内,向所有未中标的投标人退还投标保证金。但有下列情形之一者,投标保证金将被没收:投标人在招标文件中规定的投标有效期内撤回其投标;中标通知书发出后,中标人放弃中标项目,无正当理由不与中标人签订合同的;在签订合同时向招标人提出附加条件或者更改合同实质性内容的;拒不提交履约保证金(对于这种情况,招标人可取消其中标资格,并没收其投标保证金);投标人采用不正当的手段骗取中标。

投标保证金本身也有一个有效期的问题。如银行一般都会在投标保函中明确该保函在什么时间内保持有效,当然投标保证金的有效期必须大于或等于投标有效期。但《工程建设项目施工招标投标办法》规定,投标保证金的有效期应当与投标有效期一致。

4.投标报价

(1)投标报价的形式

投标报价即投标人根据招标文件中工程量清单及计价要求,结合施工现场实际情况及施工组织设计,按照企业工程施工定额或参照政府工程造价管理机构发布的工程定额,结合市场人工、材料、机械等要素价格信息进行投标报价,编制工程量清单计价表。

(2)工程量清单计价表组成

工程量清单计价表主要包括封面、总说明、汇总表、分部分项工程量清单与计价表、措施项目清单与计价表、其他项目清单与计价表、规费、税金项目清单与计价表。

投标人应按招标人提供的工程量清单填报价格。填写的项目编码、项目名称、项目特征、计量单位、工程量必须与招标人提供的一致。投标价由投标人自主确定,但不得低于成本。投标报价应由投标人或受其委托具有相应资质的工程造价咨询人编制。

工程量清单计价应采用统一的格式,工程量清单计价格式随招标文件发至投标人,由投标人填写。工程量清单计价格式由下列内容组成。

1）封面

封面由投标人按规定的内容填写、签字、盖章。封面格式见表3.7。

表3.7　封面格式

×× 工程 工程量清单报价表
投标人：（签字盖章） 法定代表人：（盖章） 资质等级：（盖业务专用章） 造价工程师及注册证号：（签字盖章） 编制人： 编制时间：

2）投标总价表

投标总价应按工程项目总价表合计金额填写，应当与分部分项工程费、措施项目费、其他项目费和规费、税金的合计金额一致。投标总价表格式见表3.8。

表3.8　投标总价表

招标人： 工程名称： 投标总价(小写)： （大写）： 投标人： （单位盖章） 法定代表人 或其授权人： （签字或盖章） 编制人： （造价人员签字盖专用章） 编制时间：　　　年　　　月　　　日

3）工程项目总价表

工程项目总价表应按各单项工程费汇总表的合计金额填写。工程项目总价表格式见表3.9。

表 3.9   工程项目总价表

序　号	单项工程名称	金额(元)	其　中		
			暂估价(元)	安全文明施工费(元)	规费(元)

4）单项工程投标报价汇总表

单项工程投标报价汇总表应按各单项工程投标报价汇总表的合计金额填写。单项工程投标报价汇总表格式见表 3.10。

表 3.10   单项工程投标报价汇总表

序　号	单项工程名称	金额(元)	其　中		
			暂估价(元)	安全文明施工费(元)	规费(元)

5）单位工程投标报价汇总表

单位工程投标报价汇总表根据分部分项工程量清单与计价表、措施项目清单与计价表、其他项目清单与计价汇总表、规费、税金项目清单与计价表的合计金额填写。单位工程投标报价汇总表格式见表 3.11。

表 3.11   单位工程投标报价汇总表

序　号	汇总内容		其中:暂估价(元)
1	分部分项工程		
2	措施项目		
2.1	安全文明施工费		
3	其他项目		
3.1	暂列金额		
3.2	专业工程暂估价		
3.3	计日工		
3.4	总承包服务费		
4	规费		
5	税金		
投标报价合计 = 1 + 2 + 3 + 4 + 5			

6)分部分项工程量清单与计价表

分部分项工程量清单与计价表是根据招标人提供的工程量清单填写的单价与合价得到的。分部分项工程费应依据综合单价的组成内容,根据招标文件中分部分项工程量清单项目的特征描述确定综合单价计算。

综合单价是完成一个规定计量单位的分部分项工程量清单项目所需的人工费、材料费、施工机械使用费和企业管理费和利润,综合单价中应考虑招标文件中要求投标人承担的风险费用。

招标文件中提供了暂估单价的材料,按暂估的单价计入综合单价。

分部分项工程量清单与计价表格式见表3.12。

表3.12　分部分项工程量清单与计价表

序　号	项目编码	项目名称	项目特征描述	计量单位	工程量	金　额		
						综合单价	合价	其中:暂估价(元)

7)措施项目清单与计价表

措施项目中的总价项目金额应根据招标文件及投标时拟定的施工组织设计或施工方案,采用综合单价计价的方式自主确定。措施项目中的安全文明施工费必须按国家或省级、行业建设主管部门的规定计算,不得作为竞争性费用。

8)其他项目清单与计价表

其他项目应按下列规定报价。

①暂列金额应按招标人在其他项目清单中列出的金额填写。

②材料、工程设备暂估价应按招标工程量清单中列出的单价计入综合单价。

③专业工程暂估价应按招标工程量清单中列出的金额填写。

④计日工应按招标工程量清单中列出的项目和数量,自主确定综合单价并计算计日工金额。

⑤总承包服务费应根据招标工程量清单列出的内容和提出的要求自主确定。

9)规费、税金项目清单与计价表

规费和税金应按国家或省级、行业建设主管部门的规定计算,不得作为竞争性费用。

5.施工组织设计

(1)施工组织设计的作用

施工组织设计主要含在技术标中,是投标文件的重要组成部分,是编制投标报价的基础,是反映投标企业施工计算水平和施工能力的重要标志,在投标文件中具有举足轻重的地位。

(2)施工组织设计的组成

投标人应结合招标项目的特点、难点和需求,研究项目技术方案,并根据招标文件统一格式和要求编制施工组织设计方案,方案编制必须层次分明,具有逻辑性,突出项目特点及招标人的需求点,并能体现投标人的技术水平和能力特长。技术方案尽可能采用图表形式,直观、准确地表达方案的意思和作用。施工组织设计方案主要由以下几个部分组成。

1)项目管理机构

项目管理机构包括企业为项目设立的管理机构和项目管理班子(项目经理或项目负责人、项目技术负责人等)。

2)施工组织设计

施工组织设计是指导拟建工程施工全过程各项活动的技术、经济和组织的综合性文件。它分为招投标阶段编制的施工组织设计和接到施工任务后编制的施工组织设计。前者深度和范围都不及后者,是初步的施工组织设计;如中标再行编制详细而全面的施工组织设计。初步的施工组织设计一般包括进度计划和施工方案等,主要包括以下内容。

①拟投入本工程的主要施工设备表。

②拟配备本工程的实验和检测仪器设备表。

③劳动力计划表。

④计划开、竣工日期和施工进度计划。

⑤施工总平面图。

⑥临时用地表。

⑦施工组织设计编制及装订要求。

在投标阶段编制的进度计划不是施工阶段的工程施工计划,可以粗略一些,一般用横道图表示即可。除招标文件专门规定必须用网络图外,一般不采用网络计划。在编制进度计划时要考虑和满足以下要求。

①总工期符合招标文件的要求。如果合同要求分期、分批竣工交付使用,则应标明分期、分批交付使用的时间和数量。

②表示各项主要工程的开始和结束时间。

③体现主要工序相互衔接的合理安排。

④有利于基本均衡地安排劳动力,尽可能避免现场劳动力数量急剧起落,这样可以提高工效和节省临时设施。

⑤有利于充分有效地利用施工机械设备,减少机械设备占用周期。

⑥便于编制资金流动计划,有利于降低流动资金占用量,节省资金利息。

施工方案的制定要从工期要求、技术可行性、保证质量、降低成本等方面综合考虑,选择和确定各项工程的主要施工方法和适用、经济的施工方案。

3)拟分包计划表

如有分包工程,投标人应说明工程的内容、分包人的资质及以往类似工程业绩等。

3.2.2　投标文件的编制

投标文件是否正确编制直接决定了投标人所递交的投标文件是否有效。因此,作为投标文件的编制人员应特别注意招标文件中对投标文件的编制要求。一般编制投标文件时应注意以下几个问题。

①投标人编制投标文件时必须使用招标文件提供的投标文件表格格式,但表格可以按同样格式扩展。投标保证金、履约保证金的方式,按招标文件有关条款的规定可以选择。投标人根据招标文件的要求和条件填写投标文件的空格时,凡要求填写的空格都必须填写,不得空着不填;否则,即被视为放弃意见。实质性的项目或数字如工期、质量等级、价格等未填写的,将被作为无效或作废的投标文件处理。将投标文件按规定的日期送交招标人,等待开标、决标。

②应当编制的投标文件"正本"仅一份,"副本"则按招标文件前附表所述的份数提供,同时要明确标明"投标文件正本"和"投标文件副本"字样。投标文件正本和副本如有不一致之处,以正本为准。

③投标文件正本与副本均应使用不能擦去的墨水打印或书写,各种投标文件的填写都要字迹清晰、端正,补充设计图纸要整洁、美观。

④所有投标文件均由投标人的法定代表人签署、加盖印鉴,并加盖法人单位公章。

⑤填报投标文件应反复校核,保证分项和汇总计算均无错误。全套投标文件均应无涂改和行间插字,除非这些删改是根据招标人的要求进行的,或者是投标人造成的必须修改的错误。修改处应由投标文件签字人签字证明并加盖印鉴。

⑥如招标文件规定投标保证金为合同总价的某百分比时,开投标保函不要太早,以防泄漏己方报价。但有的投标商提前开出并故意加大保函金额,以麻痹竞争对手的情况也是存在的。

⑦投标人应将投标文件的正本和每份副本分别密封在内层包封,再密封在一个外层包封中,并在内包封上正确标明"投标文件正本"和"投标文件副本"。内层和外层包封都应写明招标人名称和地址、合同名称、工程名称、招标编号,并注明"开标以前不得开封"。在内层包封上还应写明投标人的名称与地址、邮政编码,以便投标出现逾期送达时能原封退回。如果内外层包封没有按上述规定密封并加写标志,招标人将不承担投标文件错放或提前开封的责任,由此造成的提前开封的投标文件将被拒绝,并退还给投标人。投标文件递交至招标文件前附表所述的单位和地址。

【案例分析】

序 号	投标文件的问题	是否为有效标	解 析
1	B 施工单位投标报价明显低于其他投标单位报价且未能合理说明理由	无效标	B 单位的情况可以认定为低于成本报价
2	D 施工单位投标报价大写金额小于小写金额	有效标	该情况不属于重大偏差
3	F 施工单位投标文件提供的检验标准和方法不符合招标文件的要求	无效标	F 单位的情况可以认定为是明显的不符合技术规格和技术标准的要求,属重大偏差
4	H 施工单位投标文件中某分项工程的报价有个别漏项	有效标	该情况不属于重大偏差

3.3　投标报价的策略与技巧

【案例引入】

　　某投标单位通过资格预审后,对招标文件进行了仔细分析,发现业主所提出的工期要求过于苛刻,且合同条款中规定每拖延1天工期罚合同价的1‰。若要保证实现该工期要求,必须采取特殊措施,从而大大增加成本;还发现原设计结构方案采用框架剪力墙体系过于保守。因此,该投标单位在投标文件中说明业主的工期要求难以实现,因而按自己认为的合理工期(比业主要求的工期增加6个月)编制施工进度计划并据此报价;还建议将框架剪力墙体系改为框架体系,并对这两种结构体系进行了技术经济分析和比较,证明框架体系不仅能保证工程结构的可靠性和安全性、增加使用面积、提高空间利用的灵活性,而且可降低造价约3%。

　　该投标单位将技术标和商务标分别封装,在封口处加盖本单位公章和项目经理签字后,在投标截止日期前1天上午将投标文件报送业主。次日(即投标截止日当天)下午,在规定的开标时间前1小时,该投标单位又递交了一份补充材料,其中声明将原报价降低4%。但是,招标单位的有关工作人员认为,根据国际上"一标一投"的惯例,一个投标单位不得递交两份投标文件,因而拒收投标单位的补充材料。开标会由市招投标办的工作人员主持,市公证处有关人员到会,各投标单位代表均到场。开标前,市公证处人员对各投标单位的资质进行审查,并对所有投标文件进行审查,确认所有投标文件均有效后,正式开标。主持人宣读投标单位名称、投标价格、投标工期和有关投标文件的重要说明。

　　问题:该投标单位运用了哪几种报价技巧? 其运用是否得当? 请逐一加以说明。

【理论知识】

3.3.1　投标报价的程序及其依据

　　投标人在针对某一工程项目的投标中,最关键的工作是投标报价。一般情况下,在评标时投标报价中的分数占总分的70%～80%,甚至有的简单工程在投标时根本不需要提供施工组织设计,完全依据报价决定中标人。所以,投标报价是投标工作的重中之重,必须高度重视。

　　1. 工程项目投标报价的编制程序

　　工程项目投标报价的一般程序如图3.2所示。

　　2. 投标报价编制的依据

　　2012年12月25日,住房和城乡建设部颁布实施《建设工程工程量清单计价规范》(GB 50500—2013)(简称《计价规范》),按照《计价规范》的规定,全部使用国有资金投资或以国有资金投资为主的大、中型建设工程应实行工程量清单计价。

　　工程量清单计价是建设工程招投标活动中,按照国家统一的《计价规范》的要求及施工图设计文件,由招标人提供工程量清单,投标人根据工程量清单、企业定额、市场行情和本企业实际情况自主报价,经评审后合理低价中标的工程造价计价模式。这是国际上通行的招投标方式。投标报价应根据下列依据编制与复核。

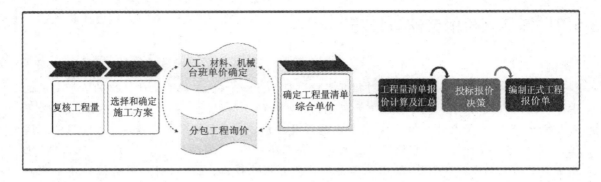

图 3.2　工程项目投标报价的编制程序

①《建设工程工程量清单计价规范》。

②国家或者省级、行业建设主管部门颁发的计价办法。

③企业定额,国家或省级、行业建设主管部门颁发的计价定额和计价办法。

④招标文件、招标工程量清单及其补充通知、答疑纪要。

⑤建设工程设计文件及相关资料。

⑥施工现场情况、工程特点及投标时拟定的施工组织设计或施工方案。

⑦与建设项目相关的标准、规范、技术资料。

⑧市场价格信息或工程造价管理机构发布的工程造价信息。

⑨其他相关资料。

3.3.2　投标报价的策略

1. 报价策略概述

投标策略是指投标过程中,投标人根据竞争环境的具体情况而制定的行动方针和行为方式,是投标人在竞争中的指导思想,是投标人参加竞争的方式和手段。投标报价是承包商根据业主的招标条件,以报价的形式参与建筑工程市场竞争、争取承包项目的过程。报价是影响承包商投标成败的关键。合理的报价不仅对业主有足够的吸引力,而且应使承包商获得一定的利益。报价是确定中标人的条件之一,但不是唯一的条件,企业不能单纯追求报价最低,应当在评价标准和项目自身条件所决定的标价高低的因素上充分考虑报价的策略。

在下列情况下报价可高一些。

①施工条件差(如场地狭窄、地处闹市)的工程。

②专业要求高的技术密集型工程,而本公司有这方面专长,声望也高。

③总价低的小工程以及自己不愿意做而被邀请投标时,不便于不投标的工程。

④特殊的工程,如港口码头工程、地下开挖工程等。

⑤业主对工期要求紧的工程。

⑥投标对手少的工程。

⑦支付条件不理想的工程。

在下列情况下报价应低一些。

①施工条件好的工程,工作简单、工程量大而一般公司都可以做的工程,如大量的土方工程、一般房屋建筑工程等。

②本公司目前急于打入某一市场、某一地区,或虽已在某地区经营多年但即将面临没有工程的情况,且机械设备等无工地转移。

③附近有工程而投标项目可利用该工程的设备、劳务或有条件短期内突击完成的。

④投标对手多、竞争力强的工程。

⑤非急需工程。

⑥支付条件好的工程,如现汇支付。

2. 常见报价策略

在实际工作中经常采用的投标报价策略与技巧有不平衡报价法、计日工法、多方案报价法、增加建议方案法、突然降价法、先亏后盈法等。

(1)不平衡报价法

不平衡报价法(unbalanced bids)也叫前重后轻法(front loaded)。不平衡报价是指一个工程项目的投标报价,在总价基本确定后,如何调整内部各个项目的报价,以期既不提高总价,不影响中标,又能在结算时得到更理想的经济效益。一般可以在以下几个方面考虑采用不平衡报价法。

①能够早日结账收款的项目(如开办费、土石方工程、基础工程等)可以报高一些,以利资金周转,后期工程项目(如机电设备安装工程、装饰工程等)可适当降低。

②经过工程量核算,预计今后工程量会增加的项目,单价适当提高,这样在最终结算时可多赚钱,而将工程量可能减少的项目单价降低,工程结算时损失不大。

但是上述两点要统筹考虑,针对工程量有错误的早期工程,如果不可能完成工程量表中的数量,则不能盲目抬高报价,要具体分析后再定。

③设计图纸不明确,估计修改后工程量要增加的,可以提高单价,而工程内容说不清的,则可降低一些单价。

④暂定项目(optional items),又叫任意项目或选择项目,对这类项目要具体分析,因这一类项目要开工后再由业主研究决定是否实施,由哪一家承包商实施。如果工程不分标,只由一家承包商施工,则其中肯定要做的单价可高一些,不一定做的则应低一些。如果工程分标,该暂定项目也可能由其他承包商实施时,则不宜报高价,以免抬高总包价。

⑤在单价包干混合制合同中,有些项目业主要求采用包干报价时,宜报高价。一则这类项目多半有风险,二则这类项目在完成后可全部按报价结账,即可以全部结算回来,而其余单价项目则可适当降低。

但是,不平衡报价一定要建立在对工程量表中工程量仔细核对分析的基础上,特别是对报低单价的项目,如工程量执行时增多将造成承包商的重大损失,同时一定要控制在合理幅度内(一般可以在10%左右),以免引起业主反对,甚至导致废标。如果不注意这一点,有时业主会挑选出报价过高的项目,要求投标者进行单价分析,而围绕单价分析中过高的内容压价,以致承包商得不偿失。

（2）计日工法

如果是单纯报计日工的报价,可以报高一些,以便在日后业主用工或使用机械时可以多赢利。但如果招标文件中有一个假定的"名义工程量",则需要具体分析是否报高价。总之,要分析业主在开工后可能使用的计日工数量确定报价方针。

（3）多方案报价法

对一些招标文件,如果发现工程范围不很明确,条款不清楚或很不公正,或技术规范要求过于苛刻时,只要在充分估计投标风险的基础上,按多方案报价法处理。即按原招标文件报一个价,然后再提出:"如某条款（如某规范规定）作某些变动,报价可降低多少……",报一个较低的价,这样可以降低总价、吸引业主;或是对某些部分工程提出按"成本补偿合同"方式处理,其余部分报一个总价。

（4）增加建议方案法

有时招标文件中规定,可以提出建议方案（alternatives）,即可以修改原设计方案,提出投标者的方案。投标者这时应组织一批有经验的设计和施工工程师,对原招标文件的设计和施工方案仔细研究,提出更合理的方案以吸引业主,促成自己的方案中标。这种新的建议方案可以降低总造价或提前竣工或使工程运用更合理。但要注意的是,对原招标方案一定要标价,以供业主比较。增加建议方案时,不要将方案写得太具体,保留方案的技术关键,防止业主将此方案交给其他承包商,同时要强调的是,建议方案一定要比较成熟,或过去有这方面的实践经验。因为投标时间不长,如果仅为中标而匆忙提出一些没有把握的建议方案,可能引起很多后患。

（5）突然降价法

报价是一项保密性很强的工作,但是对手往往通过各种渠道、手段来刺探情况,因此在报价时可以采取迷惑对方的手法。即按一般情况报价或表现出自己对该工程兴趣不大,到快投标截止时,再突然降价。如鲁布革水电站引水系统工程突然降低8.04%,取得最低标,为以后中标打下基础。采用这种方法时,一定要在准备投标报价的过程中考虑好降价的幅度,在临近投标截止日期前,根据情报信息与分析判断,再作最后决策。如果由于采用突然降价法而中标,因为开标只降总价,在签订合同后可采用不平衡报价的思想调整工程量表内的各项单价或价格,以期取得更高的效益。

（6）先亏后盈法

有的承包商为了打进某一地区,依靠国家、某财团和自身的雄厚资本实力,而采取一种不惜代价、只求中标的低价报价方案。应用这种手法的承包商必须有较好的资信条件,并且提出的施工方案也先进可行,同时要加强对公司情况的宣传,否则即使标价低,业主也不一定选择。如果其他承包商遇到这种情况,不一定和这类承包商硬拼,而努力争第二、三标,再依靠自己的经验和信誉争取中标。

3.3.3　投标决策

投标决策是指承包商为实现其生产经营目标,针对工程招标项目,寻求并实现最优化投标行动方案的行动。承包商应对投标项目有所选择,特别是投标项目比较多时,投哪个标不投哪个标以及投一个什么样的标,这都关系到中标的可能性和企业的经济效益。

1.投标决策分类

投标决策分为前期阶段和后期阶段,主要包括以下三方面内容:针对项目招标是否投标;倘若投标,是投什么性质的标;投标过程中如何采用正确的策略和技巧,以达到中标的目的。

(1)是否投标

投标决策的首要任务是在获取招标信息后,对是否参加投标进行分析和论证并做出抉择,它是投标决策产生的前提。承包商通常要综合考虑各方面的情况,如承包商当前的经营状况和长远目标、参加投标的目的、影响中标机会的内容、外部因素等。具体要考虑的投标条件包括以下两点。

①承包招标项目的可能性和可行性,即是否有能力承包该项目,能否抽调出管理力量、技术力量参加项目实施,竞争对手是否有明显的优势等。

②招标项目的可靠性,如项目审批是否已经完成,资金是否已经落实等,招标项目的承包条件是否适合本企业,影响中标机会的内、外部因素是否对投标有利。

(2)投标性质

建设工程投标存在着不同的风险,由于投标人对风险的态度不同,所以投标的方案性质可能是风险标、保险标、赢利标、保本标这几种。

1)风险标

明知工程承包难度大、风险大,且技术、设备、资金上都有未解决的问题,但由于队伍窝工,或因为工程赢利丰厚,或为了开拓新技术领域而决定参加投标,同时设法解决存在的问题,即是风险标。投标后,如果问题解决得好,可取得较好的经济效益,锻炼出一支好的施工队伍,使企业更上一层楼;解决得不好,企业的信誉就会受到损害,严重者可能导致企业亏损乃至破产。因此,投风险标必须谨慎。

2)保险标

对可以预见的情况,如技术、设备、资金等重大问题都有了解决的对策之后再投标,称之为保险标。企业经济实力较弱,经不起失误的打击,则往往投保险标。当前,我国施工企业多数都愿意投保险标,特别是在国际工程承包市场上投保险标。

3)赢利标

如果招标工程既是本企业的强项,又是竞争对手的弱项;或建设单位意向明确;或本企业任务饱满,只有利润丰厚才考虑让企业超负荷运转,此类情况下的投标称为赢利标。

4)保本标

当企业无后继工程,或已出现部分窝工时,必须争取中标,但招标的工程项目本企业又无优势可言,竞争对手又多,因此就是投保本标或者投薄利标。

2.投标决策的方法

在投标决策中,可以借助一些决策理论和方法,这里介绍利用决策树法选择投标项目。

(1)决策树的构成

决策树的构成有四个要素:决策点、方案枝、状态节点、概率枝,如图3.3所示。

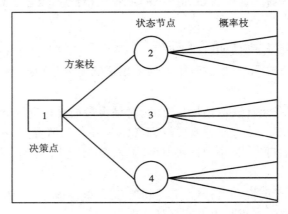

图3.3　决策树

(2)决策树的分析方法

1)绘制树形图

顺序是从左向右分层展开,绘制树形图的前提是对决策条件进行细致分析,确定哪些方案可供决策时选择以及各种方案的实施会发生哪几种自然状态,然后展开其方案枝与概率枝。

2)计算期望值

顺序是从右向左依次进行,首先将各种自然状态的收益值分别乘以各自概率枝上的概率,然后将概率枝上的值相加。

3)剪枝决策

比较各方案的收益值,将期望值小的方案枝剪掉,最后只剩一条贯穿始终的方案枝,其期望值最大。将此最大值标于决策点上,即为最佳方案。

【案例分析】

序　号	运用的投标技巧	是否运用得当	解　析
1	多方案报价法	不当	运用该报价技巧时,必须对原方案报价,而该承包商在投标时仅说明了该工期要求难以实现,却未报出相应的投标价
2	增加建议方案法	得当	通过对两个结构体系方案的技术经济分析和比较,论证了建议方案的技术可行性和经济合理性,对业主有很强的说服力
3	突然降价法	得当	开标前1小时突然递交一份补充降价文件,这时竞争对手已经没有时间和可能再更新报价了

思考与练习

一、选择题

1. 对采用邀请招标的工程项目,参加的投标单位一般不少于(　　　)家。

A. 3 　　　　　　 B. 4 　　　　　　 C. 5 　　　　　　 D. 6

2. 以下关于投标的说法不正确的是(　　　)。

A. 投标人报送投标文件后,在截止日期前允许撤回投标文件

B. 投标人报送投标文件后,在截止日期前允许对其修改补充

C. 投标截止日期前修改补充的内容作为投标文件的组成部分

D. 投标人报送投标文件后,在截止日期后允许撤回投标文件

3. 对于编制工程投标文件的注意事项,以下说法错误的是(　　　)。

A. 编制投标文件正本一份,当正本和副本出现不一致时,以正本为准

B. 投标文件应当保密

C. 实质性文件未填写,如工期、质量等,将作为无效标书处置

D. 编制投标文件时可采用招标人提供的投标文件格式,也可以采用自己的格式

4. 下列不属于投标文件的有(　　　)。

A. 投标须知 　　　　　　　　　　 B. 投标书及投标书附件

C. 投标保证金 　　　　　　　　　　 D. 施工规划

5. 投标保证金有效期应当超出投标有效期(　　　)。

A. 15 天 　　　　　　 B. 21 天 　　　　　　 C. 30 天 　　　　　　 D. 45 天

6. 投标保证金一般不得超过投标总价的(　　　)。

A. 2% 　　　　　　 B. 3% 　　　　　　 C. 5% 　　　　　　 D. 4%

7. 投标的核心工作是(　　　)。

A. 投标报价 　　　　　　　　　　 B. 编制施工组织设计

C. 编制施工方案 　　　　　　　　 D. 校核工程量

8. 在投标报价程序中,在调查研究、收集信息资料后,应当(　　　)。

A. 对是否参加投标做出决定 　　　 B. 确定投标方案

C. 办理资格审查 　　　　　　　　 D. 进行投标计价

9. 以下关于建设工程投标程序正确的是(　　　)。

①接受招标人的资质审查　②参加现场踏勘　③提出投标申请　④编制投标书及报价

A. ①②③④ 　　　 B. ③①②④ 　　　 C. ①③②④ 　　　 D. ③①④②

10. 在总价基本确定的前提下,通过调整内部各个子项的报价以达到既不影响总报价又能使投标人在中标后尽可能收回资金。这采用的是(　　　)投标策略。

A. 增加建议法 　　 B. 不平衡报价法 　　 C. 低价投标法 　　 D. 多方案报价法

二、简述题

1. 简述工程项目的投标程序。

2. 投标人申请资格预审时应注意哪些问题？

3. 编制投标文件需要注意哪些问题？

4. 什么是不平衡报价？适用于哪些情况？

5. 投标前进行现场考察的原因是什么？

三、案例分析

某投资公司建设一幢办公楼,采用公开招标方式选择施工单位,投标保证金有效期时间同投标有效期。提交投标文件截止时间为 2015 年 5 月 30 日。该公司于 2015 年 3 月 6 日发出招标公告,后有 A、B、C、D、E 等 5 家建筑施工单位参加了投标,E 单位由于工作人员疏忽于 6 月 2 日提交投标保证金。开标会于 6 月 3 日由该省建委主持,D 单位在开标前向投资公司要求撤回投标文件。经过综合评选,最终确定 B 单位中标。双方按规定签订了施工承包合同。

问题：

(1)E 单位的投标文件按要求如何处理？为什么？

(2)对 D 单位撤回投标文件的要求应当如何处理？为什么？

(3)上述招投标程序中,有哪些不妥之处？请说明理由。

单元4　建设工程项目开标、评标、定标

【单元目标】

知识 目标	1.了解建设工程项目开标、评标和定标工作的主要内容和程序 　2.熟悉建设工程项目评标的原则、评标委员会成员要求、定标原则 　3.掌握评标的步骤、评标的主要方法	技能 目标	1.能够从招标人的角度完成开标、评标和定标过程 　2.掌握《中华人民共和国招投标法》对本部分的具体规定，并能对相关案例做出正确分析 　3.培养学生的组织协作能力、语言表达能力和书面写作能力

【知识脉络图】

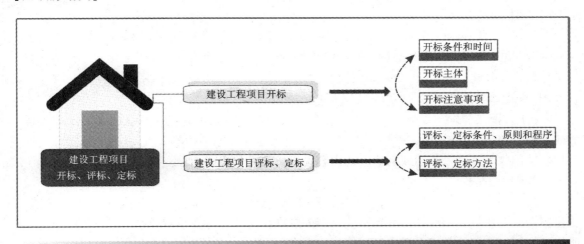

4.1　建设工程项目开标

【案例引入】

　　某房地产公司计划开发某住宅项目,采用公开招标,有A、B、C、D、E、F六家施工单位购买

了招标文件,本工程的招标文件规定 2015 年 8 月 20 日 17:00 为投标文件接收截止时间。在提交投标文件的同时,须投标单位提供投标保证金 10 万元。在 2015 年 8 月 20 日,A、B、C、D、F 五家投标单位在 17:00 前将投标文件送达,E 单位在次日上午 8:00 送达。各单位均按招标文件的规定提供了投标保证金。

开标时,由招标人检查投标文件的密封情况,确认无误后,由工作人员当众拆封,并宣读了 A、B、C、D、F 承包商的名称、投标价格、工期和其他主要内容。在开标过程中,招标人发现 C 单位的标袋密封处仅有投标单位公章,没有法定代表人印章或签字。

问题:

(1)在开标过程中有何不妥之处?请说明理由。

(2)在开标后,招标人应对 C 单位的投标书作何处理?为什么?

(3)招标人对 E 单位的投标书作废标处理是否正确?理由是什么?

【理论知识】

4.1.1 开标条件和时间

开标是指在投标人提交投标文件截止时间的同一时间,招标人依据招标文件确定的地点,在投标人和监督机构代表出席的情况下,当众开启各投标人提交的有效投标文件,公开宣布投标人的名称、投标报价及投标文件中的其他主要内容的过程。

1. 开标条件

根据《中华人民共和国招投标法》及其配套法规和有关规定,开标应满足以下条件。

(1)招标文件发出

《中华人民共和国招投标法》第二十四条规定:招标人应当确定投标人编制投标文件所需要的合理时间。但是,依法必须进行招标的项目,自招标文件开始发出之日起至投标人提交投标文件截止之日止,最短不得少于 20 日。

(2)补遗或澄清或修改

《中华人民共和国招投标法》第二十三条规定:招标人对已发出的招标文件进行必要的澄清或者修改的,应当在招标文件要求提交投标文件截止时间至少 15 日前,以书面形式通知所有招标文件收受人。该澄清或者修改的内容为招标文件的组成部分。

(3)招标控制价

招标控制价与所设标底不同,无须保密。公布招标控制价,是为了体现招标的公平、公正,防止招标人有意抬高或压低工程造价。招标人应在招标文件中如实公布招标控制价,不得对所编制的招标控制价进行上浮或下调。招标人在公布招标控制价时,应同时公布招标控制价各组成部分的所有详细内容,不得只公布招标控制价的总价。

(4)递交投标文件

《中华人民共和国招投标法》第二十八条规定:投标人应当在招标文件要求提交投标文件的截止时间前,将投标文件送达投标地点。招标人收到投标文件后,应当签收保存,不得开启。投标人少于三个的,招标人应当依照本法重新招标。

（5）确认开标

建管部门（或财管部门）同意开标，该履行的手续已经全部办完，且没有发生其他变故。

（6）其他

招标文件中约定的其他开标条件，也应全部满足。

2. 开标时间

《中华人民共和国招投标法》第三十四条规定：开标应当在招标文件确定的提交投标文件截止时间的同一时间公开进行，即开标时间就是提交投标文件的截止时间。

该规定是为了避免投标截止时间后与开标之前存在一段时间间隔，招标人有可能利用这个时间间隔，在开标时间之前泄露投标文件中的内容。即使供应商或承包商等到开标之前最后一刻才提交投标文件，也同样存在这种风险。在招标文件要求提交投标文件的截止时间后送达的投标文件，招标人应当拒收。

4.1.2 开标主体

开标是由招标人主持，并邀请所有投标人和行政监督部门或公证机构人员参加，在招标文件预先约定的时间和地点当众对投标文件进行开启的法定流程。投标单位法定代表人或授权代表未参加开标会议的视为自动弃权。招投标活动及其当事人应当接受依法实施的监督。

1. 招标人

招标人是指在招投标活动中以择优选择中标人为目的，提出招标项目、进行招标的法人或者其他组织。

（1）招标人应具备的条件

①是法人或依法成立的其他组织。

②有与招标工程相适应的经济、技术管理人员。

③有组织编制招标文件的能力。

④有审查投标单位资质的能力。

⑤有组织开标、评标、定标的能力。

（2）《中华人民共和国招投标法》的规定

①招标人不得以不合理条件限制或者排斥潜在投标人。

②招标文件不得要求或者标明特定的生产供应者以及含有倾向或者排斥潜在投标人的其他内容。

③招标人不得向他人透露已获取招标文件的潜在投标人的名称、数量以及可能影响公平竞争的有关招投标的其他情况。招标人设有标底的，标底必须保密。

④招标人应当确定投标人编制投标文件所需要的合理时间。依法必须进行招标的项目，自招标文件开始发出之日起至提交投标文件截止之日止，最短不得少于20日。

⑤招标人应当采取必要的措施，保证评标在严格保密的情况下进行。

⑥中标人确定后，招标人应当向中标人发出中标通知书，并同时将中标结果通知所有投标人。

⑦招标人和中标人应当自中标通知书发出之日起30日内,按照招标文件和中标人的投标文件订立书面合同。

（3）招标人的法律责任

①必须进行招标的项目而不招标的,将必须进行招标的项目化整为零或者以其他任何方式规避招标的,责令限期改正,可以处项目合同金额5‰以上、10‰以下的罚款;对全部或者部分使用国有资金的项目,可以暂停项目执行或者暂停资金拨付;对单位直接负责的主管人员和其他直接责任人员依法给予处分。

②招标人以不合理的条件限制或者排斥潜在投标人的,对潜在投标人实行歧视待遇的,强制要求投标人组成联合体共同投标的,或者限制投标人之间竞争的,责令改正,可以处1万元以上、5万元以下的罚款。

③依法必须进行招标的项目,招标人向他人透露已获取招标文件的潜在投标人的名称、数量或者可能影响公平竞争的有关招投标的其他情况的,或者泄露标底的,给予警告,可以并处1万元以上、10万元以下的罚款;对单位直接负责的主管人员和其他直接责任人员依法给予处分;构成犯罪的,依法追究刑事责任。所列行为影响中标结果的,中标无效。

④依法必须进行招标的项目,招标人违反本法规定,与投标人就投标价格、投标方案等实质性内容进行谈判的,给予警告,对单位直接负责的主管人员和其他直接责任人员依法给予处分。所列行为影响中标结果的,中标无效。

⑤招标人在评标委员会依法推荐的中标候选人以外确定中标人的,依法必须进行招标的项目在所有投标被评标委员会否决后自行确定中标人的,中标无效。责令改正,可以处中标项目金额5‰以上、10‰以下的罚款;对单位直接负责的主管人员和其他直接责任人员依法给予处分。

⑥招标人与中标人不按照招标文件和中标人的投标文件订立合同的,或者招标人、中标人订立背离合同实质性内容的协议的,责令改正;可以处中标项目金额5‰以上、10‰以下的罚款。

2. 招标代理机构

招标代理机构是依法设立、从事招标代理业务并提供相关服务的社会中介组织。招标代理机构是以自己的专业知识为招标人提供服务的独立于任何行政机关的组织。招标代理机构不能是自然人,可以是有限责任公司、合伙等组织形式。招标人与招标代理机构之间是一种委托代理关系。

招标代理机构应当具备以下条件。

①有从事招标代理业务的营业场所和相应资金。

②有能够编制招标文件和组织评标的相应专业力量。

③有可以作为评标委员会成员人选的技术、经济等方面的专家库。

招标代理机构的业务范围:从事招标代理业务,即接受委托,组织招标活动。具体包括帮助招标人拟定招标文件,依据招标文件的规定,审查投标人的资质,组织评标、定标等。提供与招标代理业务相关的服务,即提供与招标活动有关的咨询、代书及其他服务性工作。

3. 投标人

投标人是指在招投标活动中以中标为目的,响应招标、参与竞争的法人或其他组织。一些特殊招标项目,如科研项目也允许个人参加投标,投标的个人适用《中华人民共和国招投标法》有关投标人的规定。

(1)《中华人民共和国招投标法》规定的投标人条件

①响应招标。是指符合投标资格条件并有可能参加投标的人获得了招标信息,购买了招标文件,编制投标文件,投标文件应当对招标文件提出的实质性要求和条件做出响应。

②参加投标竞争。按照招标文件的要求提交投标文件,实际参与投标竞争,作为投标人进入招投标法律关系之中。

③具有法人资格或者是依法设立的其他组织。

④投标人应当具备承担招标项目的能力。对于建设工程投标来讲,其实质就是投标人应当具备法律法规规定的资质等级。

⑤投标人应符合的其他条件。招标文件对投标人的资格条件有规定的,投标人应当符合该规定的条件。

(2)《国家基本建设大中型项目实行招投标的暂行规定》规定的投标人条件

①具有招标条件要求的资质证书,并为独立的法人实体。

②承担过类似建设项目的相关工作,并有良好的工作业绩和履约记录。

③财产状况良好,没有财产被接管、破产或者其他关、停、并、转状态。

④在近三年没有参与骗取合同以及其他经济方面的严重违法行为。

⑤近几年有较好的安全记录,投标当年内没有发生重大质量、特大安全事故。

(3)《中华人民共和国招投标法》规定的投标人禁止事项

①禁止串通投标。一种是投标人之间相互串通,也包括部分投标人串通排挤另一部分投标人;另一种是投标人与招标人串通投标。这两种串通都损害国家利益、社会公共利益、招标人利益或者其他有关人的利益,是一种破坏公平竞争的危害性很大的行为,必须予以禁止。

②禁止投标人以向招标人或者评标委员会成员行贿的手段谋取中标,这种行为在现实的社会经济生活中造成许多恶劣后果,对招投标危害极大,必须坚决禁止。

③投标人不得以低于成本的报价竞标。这样规定是为了确立正常的经济关系,体现市场经济的基本原则,排除不正当的竞争行为,因为低于成本的报价,对企业来说有可能是自杀行为或者是引向欺诈,这对正常的竞争秩序也是一种干扰。

④投标人不得以他人名义投标或者以其他方式弄虚作假,骗取中标。

4. 行政监管人员

《中华人民共和国招投标法》第七条规定:招投标活动及其当事人应当接受依法实施的监督。有关行政监督部门依法对招投标活动实施监督,依法查处招投标活动中的违法行为。对招投标活动的行政监督及有关部门的具体职权划分,由国务院规定。

政府行政主管部门对招标活动进行如下几方面的监督。

①依法核查必须采用招标方式选择承包单位的建设项目。

②招标备案。工程项目的建设应当按照建设管理程序进行。为了保证工程项目的建设符合国家或地方总体发展规划以及能使招标后工作顺利进行,不同标的的招标均需满足相应的条件。

③对招标有关文件的核查备案,其中核查的内容主要包括对投标人资格审查文件的核查。不得以不合理条件限制或排斥潜在投标人;不得对潜在投标人实行歧视待遇;不得强制投标人组成联合体投标。

④对招标文件的核查,其中核查的内容主要包括:招标文件的组成是否包括招标项目的所有实质性要求和条件以及拟签订合同的主要条款,能使投标人明确承包工作范围和责任,并能够合理预见风险编制投标文件;招标项目需要划分标段时,承包工作范围的合同界限是否合理;招标文件是否有限制公平竞争的条件。

⑤对投标活动的监督。全部使用国有资金投资或者国有资金投资占控股或者主导地位,依法必须进行施工招标的工程项目,应当进入有形建筑市场进行招投标活动。

⑥查处招投标活动中的违法行为。招投标法明确提出,国务院规定的有关行政监督部门有权依法对招投标活动中的违法行为进行查处。视情节和对招标的影响程度,承担后果责任的形式可以为:判定招标无效,责令改正后重新招标;对单位负责人或其他直接责任者给予行政或纪律处分;没收非法所得,并处以罚金;构成犯罪的,依法追究刑事责任。

4.1.3 开标注意事项

开标是整个招标过程中非常重要的一个环节,这个环节并不是某一个人就能完成工作,只有把每一个环节做到位,才能保证开标工作的顺利进行,开标是一个集体协作协调的过程。在开标过程中,需要注意的事项主要包括以下几个方面。

①开标由招标人或招标代理机构主持,邀请评标委员会成员、投标人代表、公证处代表和有关单位代表参加。投标人若不派代表列席开标会,其投标文件将作废,招标人将没收其投标保证金。招标人(招标代理机构)、投标人都有权参加开标,监督部门应通知到位,评标专家不得参加开标会。开标时,相关人员应提前通知到位,确保准时开标,不可出现招标人、监督人员等迟到现象,影响开标工作的严肃性。

②开标时,由投标人或其推选的代表检查投标文件的密封情况,也可以由招标人委托的公证机构检查并公证,经确认无误后,由工作人员当众拆封,宣读投标人名称、投标价格和投标文件的其他主要内容。检查投标文件的密封情况是开标的必经程序,密封不符合招标文件要求的应按无效投标处理。对密封不符合招标文件要求的,代理机构应当请监督人员和投标人代表一同见证并签字确认。

③招标人在招标文件要求递交投标文件的截止时间前收到的所有符合要求的投标文件,开标时都应当众予以拆封、宣读。如果是招标文件所要求的提交投标文件的截止时间以后收到的投标文件,应原封不动地退回。在截标时间前递交的有效投标文件少于三家的,招标人应当依法重新组织招标。如果招标文件不存在不合理条款、招标公告时间及程序也符合法律规定,或已经是二次招标的项目,经采购单位现场提出申请,监管部门同意后,可以选择其他方式招标采购。如果只有一人参与投标的,可以采用单一来源方式采购,如果只有两人参与投标

的,可以采用竞争性谈判进行采购。

④投标人可以对唱标作必要的解释,但所作的解释不得超过投标文件记载的范围或改变投标文件的实质性内容。唱标内容包括投标人名称、投标价格、价格折扣、招标文件允许提供的备选投标方案和投标文件的其他主要内容。如建设工程项目,如果投标人的工期不唱出来就不合适,因为投标价格可能受工期的影响,再如政府采购项目不定品牌采购的,只唱价格,不唱具体品牌型号显然不合适。

⑤开标过程应当记录,并存档备查。这是保证开标过程透明和公正,维护投标人利益的必要措施。要求对开标过程进行记录,可以使权益受到侵害的投标人行使要求复查的权利,有利于确保招标人尽可能自我完善,加强管理,少出漏洞。此外,还有助于有关行政主管部门进行检查。开标时间、开标地点、开标时具体参加单位及人员、唱标的内容、开标过程是否经过公证等都要记录在案。记录以后,应当作为档案保存起来,以便查询。任何投标人要求查询,都应当允许。

⑥在开标当日且在开标地点递交的投标文件的签收应当填写投标文件报送签收一览表,招标人专人负责接收投标人递交的投标文件。提前递交的投标文件也应当办理签收手续,由招标人携带至开标现场。

⑦投标人授权出席开标会的代表本人填写开标会签到表,招标人专人负责核对签到人身份,应与签到的内容一致。

⑧核对投标人授权代表的身份证件、授权委托书,招标人代表出示法定代表人委托书和有效身份证件,同时招标人代表当众核查投标人的授权代表的授权委托书和有效身份证件,确认授权代表的有效性,并留存授权委托书和身份证件的复印件。法定代表人出席开标会的要出示其有效证件。主持人还应当核查各投标人出席开标会代表的人数,无关人员应当退场。

⑨可在开标会上宣布为"废标"的几种情况:投标文件未按照招标文件的要求予以密封;投标文件中的投标函未加盖投标人的企业及企业法定代表人印章,或者企业法定代表人委托代理人没有合法、有效的委托书(原件)及委托代理人印章;投标文件的关键内容字迹模糊、无法辨认;投标人未按照招标文件的要求提供投标保证金或投标保函;组成联合体投标的,投标文件未附联合体各方共同投标协议。

对于投标人的资格性检查和符合性检查属于评标委员会的工作,主持人不得在开标现场对已拆封的投标文件宣布无效投标。开标过程中,代理机构只需对所有投标人的投标情况和开标情况做好记录,不能越权审查。

⑩大写金额和小写金额不一致。根据《政府采购货物和服务招投标管理办法》第四十一条的规定:开标时投标文件中开标一览表(报价表)内容与投标文件中明细表内容不一致的,以开标一览表(报价表)为准。投标文件的大写金额和小写金额不一致的,以大写金额为准;总价金额与按单价金额汇总不一致的,以单价金额计算结果为准;单价金额小数点有明显错位的,应以总价为准,并修改单价;对不同文字文本投标文件的解释发生异议的,以中文文本为准。

⑪开标现场应当公开的信息事项应全部公开。开标现场是招投标程序中最为公开的环节,也是招投标法"三公"中公开的重要体现,一定要将应公开的以及能公开的信息全部在评

标前的开标现场向投标人陈述和解释清楚,以充分满足和尊重投标人的知情权。对开标和评标环节接受监督的情况,要在开标现场向投标人陈述清楚。对相关当事人参加开标活动的情况,要在现场公开说明。开标工作由招标采购机构主持,采购人、投标人和采购监管部门等相关单位都有权派代表参加。开标后各投标人须注意的事项必须提醒到位。

⑫竞争性谈判方式的"开标程序"。现行法律对竞争性谈判报价文件开启时间无任何规定,不论是《中华人民共和国政府采购法》《中华人民共和国招投标法》,还是相关部委的行政规章,至今都没有规范性文件规定竞争性谈判这种采购方式的开标程序。执行这种采购方式,竞标供应商可以有至少二次以上报价过程。按照竞争性谈判方式的要求,谈判小组所有成员集中与单一供应商分别进行谈判;在谈判中,谈判的任何一方不得透露与谈判有关的其他供应商的技术资料、价格和其他信息;谈判文件有实质性变动的,谈判小组应当以书面形式通知所有参加谈判的供应商,竞争性谈判方式的特点就是"开标不唱标"。对竞争性谈判方式的"开标",有的称为公开报价仪式,有的称为竞争性谈判仪式,也决定其在程序上与开标会议存在区别。

⑬改变采购方式后,是否接受在公开招标环节被判为无效的投标文件。在实际工作中,参加投标企业不足三家,经审批改变采购方式的,可就两家或一家供应商进行竞争性谈判或单一来源采购。当有效投标人不足三人(参加投标人超过三家情形),改变采购方式的,是否应该接受在公开招标环节被判为无效的投标文件?应该说,如果投标企业满足谈判文件要求,则不能排斥投标人参与竞争。在实际工作中,有的项目三家参加投标,两家有效,一家迟到,导致招标失败,经监管部门审批,现场改变采购方式,两家有效投标人进行竞争性谈判。这种做法明显不妥,因为迟到的投标人尽管不符合公开招标要求,但可能符合竞争性谈判要求,如果该投标人要求参与竞争,则招标人不能限制其参与竞争的权利。

【案例分析】

序 号	建设项目开标程序	招标单位做法	解 析
1	宣布开标纪律	招标人对 E 单位的投标书作废标的处理	E 单位未能在投标截止时间前送达投标文件
2	公布有效投标人名称,并确认投标人是否派人到场		
3	宣布有关人员姓名	开标时,由招标人检查投标文件的密封情况	《中华人民共和国招标投标法》第三十六条规定:开标时,由投标人或者其推选的代表检查投标文件的密封情况,也可以由招标人委托的公证机构检查并公证
4	检查投标文件密封情况		
5	宣布投标文件开标顺序		
6	设有标底的,公布标底		
7	按照宣布的开标顺序当众开标	在开标后,招标人应对 C 单位的投标书作废标处理	C 单位因投标书只有单位公章未有法定代表人印章或签字,不符招投标法的要求
8	开标记录上签字确认		
9	开标结束		

4.2 建设工程项目评标、定标

【案例引入】

某工程采用公开招标方式,有 A、B、C、D、E、F 等 6 家承包商参加投标,经资格预审该 6 家承包商均满足业主要求,该工程采用两阶段评标法评标,评标委员会由 7 名委员组成,评标的具体规定如下。

(1)第一阶段:评技术标。技术标共计 40 分,其中施工方案 15 分,总工期 8 分,工程质量 6 分,项目班子 6 分,企业信誉 5 分。技术各项内容得分为各评委评分去掉一个最高分和一个最低分后的算术平均数。技术标合计得分不满 28 分者,不再评其商务标。表 4.1 为各评委对 6 家承包商施工方案评分的汇总表。表 4.2 为各承包商总工期、工程质量、项目班子、企业信誉得分汇总表。

表 4.1 施工方案评分汇总表

投标单位	评委						
	一	二	三	四	五	六	七
A	13.0	11.5	12.0	11.0	11.0	12.5	12.5
B	14.5	13.5	14.5	13.0	13.5	14.5	14.5
C	12.0	10.0	11.5	11.0	10.5	11.5	11.5
D	14.0	13.5	13.5	13.0	13.5	14.0	14.5
E	12.5	11.5	12.0	11.0	11.5	12.5	12.5
F	10.5	10.5	10.5	10.0	9.5	11.0	10.5

表 4.2 总工期、工程质量、项目班子、企业信誉得分汇总表

投标单位	总工期	工程质量	项目班子	企业信誉
A	6.5	5.5	4.5	4.5
B	6.0	5.0	5.0	4.5
C	5.0	4.5	3.5	3.0
D	7.0	5.5	5.0	4.5
E	7.5	5.0	4.0	4.0
F	8.0	4.5	4.0	3.5

(2)第二阶段:评商务标。商务标共计 60 分。以标底的 50% 与承包商报价算术平均数的 50% 之和为基准价,但最高(或最低)报价高于(或低于)次高(或次低)报价的 15% 者,在计算

承包商报价算术平均数时不予考虑,且商务标得分为 15 分。

以基准价为满分(60 分),报价比基准价每下降 1%,扣 1 分,最多扣 10 分;报价比基准价每增加 1%,扣 2 分,扣分不保底。表 4.3 为标底和各承包商的报价汇总表。

表 4.3　标底和各承包商的报价汇总表　　　　　　　单位:万元

投标单位	A	B	C	D	E	F	标底
报价	13 656	11 108	14 303	13 098	13 241	14 125	13 790

问题:请按综合得分最高者中标的原则确定中标候选人。

【理论知识】

4.2.1　评标定标条件、原则和程序

评标是招投标过程中的核心环节,是依据招标文件的规定和要求,对投标文件所进行的审查、评审和比较。由招标人和招标人邀请的有关经济、技术专家组成的评标委员会,在招标管理机构和公证机构监督下,依据评标原则、评标方法,对投标人的技术标和商务标进行综合评价,确定中标候选单位,并排定优先次序。评标是审查确定中标人的必经程序,是保证招标成功的重要环节。评标由招标人依法组建的评标委员会负责。根据评标内容的繁简,可在开标后立即进行,也可在随后进行,对各投标人进行综合评价,为择优确定中标人提供依据。

1. 评标条件

根据《中华人民共和国招投标法》的有关规定,评标应满足下列要求。

①评标委员会。依法必须进行招标的项目,其评标委员会由招标人的代表和有关技术、经济等方面的专家组成,成员人数为 5 人以上单数,其中技术、经济等方面的专家不得少于成员总数的 2/3。

评标专家应符合下列条件。

a. 从事相关专业领域工作满八年并具有高级职称或者同等专业水平。

b. 熟悉有关招投标的法律法规,并具有与招标项目相关的实践经验。

c. 能够认真、公正、诚实、廉洁地履行职责。

有下列情形之一的,不得担任评标委员会成员。

a. 投标人或者投标人主要负责人的近亲属。

b. 项目主管部门或者行政监督部门的人员。

c. 与投标人有经济利益关系,可能影响投标公正评审的。

d. 曾因在招标、评标以及其他与招投标有关活动中从事违法行为而受过行政处罚或刑事处罚的。

评标委员会成员应当客观、公正地履行职责,遵守职业道德,对所提出的评审意见承担个人责任;不得与任何投标人或者与招标结果有利害关系的人进行私下接触,不得收受投标人、中介人、其他利害关系人的财物或者其他好处。评标委员会成员和与评标活动有关的工作人

员不得透露对投标文件的评审和比较、中标候选人的推荐情况以及与评标有关的其他情况。

评标专家应当从事相关领域工作满8年且具有高级职称或者具有同等专业水平。由招标人从国务院有关部门或者省、自治区、直辖市人民政府有关部门提供的专家名册或者招标代理机构的专家库内的相关专业的专家名单中确定;一般招标项目可以采取随机抽取方式,特殊招标项目可以由招标人直接确定。与投标人有利害关系的人不得进入相关项目的评标委员会,已经进入的应当更换。评标委员会成员的名单在中标结果确定前应当保密。

②招标人应当采取必要的措施,保证评标在严格保密的情况下进行。任何单位和个人不得非法干预、影响评标的过程和结果。

③评标委员会可以要求投标人对投标文件中含义不明确的内容作必要的澄清或者说明,但是澄清或者说明不得超出投标文件的范围或者改变投标文件的实质性内容。

④评标委员会应当按照招标文件确定的评标标准和方法,对投标文件进行评审和比较。设有标底的,应当参考标底。

⑤评标委员会完成评标后,应当向招标人提出书面评标报告,并推荐合格的按名次排列的中标候选人1至3人(且要排列先后顺序),也可以按照招标人的委托,直接确定中标人。

2. 评标原则

国家发展计划委员会令第12号《评标委员会和评标办法暂行规定》第三条规定:"评标活动遵循公平、公正、科学、择优的原则。"

(1)公平

评标组织机构要严格按照招标文件规定的要求和条件,对投标文件进行评审,不带任何主观意愿,不得以任何理由排斥和歧视任何一方,对所有投标人应一视同仁,保证投标人在平等的基础上竞争。

(2)公正

评标组织机构成员具有公正之心,评标要客观全面,不倾向或排斥某一特定的投标。主要体现在以下几点。

①要培养良好的职业道德,不为私利而违心地处理问题。

②要坚持实事求是的原则,不唯上级或某些方面的意见是从。

③要提高综合分析问题的能力,不为局部问题或表面现象而模糊自己的"观点"。

④要不断提高自己的专业技术能力,尤其是要尽快提高综合理解、熟练运用招标文件和投标文件中有关条款的能力,以便以招标文件和投标文件为依据,客观公正地综合评价标书。

(3)科学

评标工作要依据科学的计划,要运用科学的手段,要采取科学的方法。对每个项目的评价要有可靠的依据,要用数据说话。只有这样,才能做出科学合理的综合评价。

①科学的计划。就一个招标工程项目的评标工作而言,科学的计划主要是指评标细则。它包括评标机构的组织计划、评标工作的程序、评标标准和方法。总之,在实施评标工作前,要尽可能地把各种可能出现的问题都列出来,并拟定解决办法,使评标工作中的每一项活动都纳入计划管理的轨道。更重要的是,要集思广益,充分运用已有的经验和知识,制定出切实可行、行之有效的评标细则,指导评标工作顺利进行。

②科学的手段。单凭人工直接进行评标,这是最原始的评标手段。科学技术发展到今天,必须借助先进的科学仪器,才能快捷准确地做好评标工作,如已经普遍使用的计算机等。

③科学的方法。评标工作的科学方法主要体现评标标准的设立以及评价指标的设置;体现在综合评价时,要"用数据说话";尤其体现在要开发、利用计算机软件,建立起先进的软件库。

(4)择优

所谓"择优",就是用科学的方法、科学的手段,从众多投标文件中选择最佳的方案。评标时,评标组织机构成员应全面分析、审查、澄清、评价和比较投标文件,防止重价格、轻技术和重技术、轻价格的现象。

3.评标程序

评标依据招标工程的规模、技术复杂程度来决定评标的办法与时间。一般国际性招标项目评标需要3~6个月时间,如我国鲁布革水电站引水工程国际公开招标项目评标时间为1983年11月~1984年4月。但小型工程由于承包工作内容较为简单、合同金额不大,可以采用即开、即评、即定的方式,由评标委员会及时确定中标人。

国内大型工程项目的评审因评审内容复杂、涉及面宽,通常分成初步评审和详细评审两个阶段进行。

(1)初步评审

初步评审也称对投标书的响应性审查,此阶段不是比较各投标书的优劣,而是以投标须知为依据,检查各投标书是否为响应性投标,确定投标书的有效性。初步评审从投标书中筛选出符合要求的合格投标书,剔除所有无效投标和严重违法的投标书,以减少详细评审的工作量,保证评审工作的顺利进行。

初步评审主要包括以下内容。

1)符合性评审

通常符合性评审是初步评审的第一步,如果投标文件实质上不响应招标文件的要求,招标单位将予以拒绝,并且不允许投标单位通过修正或撤销其不符合要求的差异或保留,使之成为具有响应性的投标。审查内容如下。

①投标人的资格。核对是否为通过资格预审的投标人,或对未进行资格预审提交的资格材料进行审查,该项工作内容和步骤与资格预审大致相同。

②投标文件的有效性。主要是指投标保证的有效性,即投标保证的格式、内容、金额、有效期、开具单位是否符合招标文件要求。

③投标文件的完整性。投标文件是否提交了招标文件规定应提交的全部文件,有无遗漏。

④与招标文件的一致性。即投标文件是否实质响应招标文件的要求,具体是指与招标文件的所有条款、条件和规定相符,对招标文件的任何条款、数据或说明是否有任何修改、保留和附加条件。

2)技术性评审

投标文件的技术性评审包括施工方案、工程进度与技术措施、质量管理体系与措施、安全保证措施、环境保护管理体系与措施、资源(劳务、材料、机械设备)、技术负责人等方面是否与国家相应规定及招标项目相符合。

3）商务性评审

投标文件的商务性评审主要是指投标报价的审核,审查全部报价数据计算的准确性,如投标书中存在计算或统计的错误,由招标委员会予以修正后请投标人签字确认,修正后的投标报价对投标人起约束作用,如投标人拒绝确认,则按投标人违约对待,没收其投标保证金。

4）对招标文件响应的偏差

投标文件对招标文件实质性要求和条件响应的偏差分为重大偏差和细微偏差。所有存在重大偏差的投标文件都属于在初评阶段应淘汰的投标文件。下列情况属于重大偏差。

①没有按照招标文件要求提供投标担保或者所提供的投标担保有瑕疵。

②投标文件没有投标人授权代表签字和加盖公章。

③投标文件载明的招标项目完成期限超过招标文件规定的期限。

④明显不符合技术规格、技术标准的要求。

⑤投标文件载明的货物包装方式、检验标准和方法等不符合招标文件的要求。

⑥投标文件附有招标人不能接受的条件。

⑦不符合招标文件中规定的其他实质性要求。

投标文件有上述情形之一的,视为未对招标文件实质性响应,按规定应作"废标"处理。

细微偏差是指投标文件在实质上响应招标文件要求,但在个别地方存在漏项或者提供了不完整的技术信息和数据等情况,并且补正这些遗漏或者不完整不会对其他投标人造成不公平的结果。细微偏差不影响投标文件的有效性。评标委员会应当书面要求存在细微偏差的投标人在评标结束前予以补正,拒不补正的,在详细评审时可以对细微偏差作不利于该投标人的量化,量化标准应在招标文件中规定。

5）其他情况

投标文件有下列情形之一的,由评标委员会初审后按"废标"处理。

①无单位盖章并无法定代表人或法定代表人授权的代理人签字或盖章的。

②未按规定的格式填写,内容不全或关键字迹模糊、无法辨认的。

③投标人递交两份或多份内容不同的投标文件,或在一份投标文件中对同一招标项目报有两个或多个报价,且未声明哪一个有效,按招标文件规定提交备选投标方案的除外。

④投标人名称或组织结构与资格预审时不一致的。

⑤未按招标文件要求提交投标保证金的。

⑥联合体投标未附联合体各方共同投标协议的。

（2）详细评审

详细评审是指在初步评审的基础上,对经初步评审合格的投标文件,按照招标文件确定的评标标准和方法,对其技术部分（技术标）和商务部分（商务标）进一步审查,评定其合理性,以及评估合同授予该投标人在履行过程中可能给招标人带来的风险。在此基础上再由评标委员会对各投标书分项进行量化比较,从而评定出优劣次序。

（3）对投标文件的澄清

为了有助于对投标文件的审查、评价和比较,评标委员会可以书面方式要求投标人对投标文件中含义不明确、对同类问题表述不一致或者有明显文字和计算错误的内容作必要的澄清、说明或补正。对于大型复杂工程项目,评标委员会可以分别召集投标人对某些内容进行澄清或说明。在澄清会上对投标人进行质询,先以口头形式询问并解答,随后在规定的时间内投标人以书面形式予以确认,做出正式答复。但澄清或说明的问题不允许更改投标价格或投标书的实质内容。

（4）评标报告

评标委员会在完成评标后,应向招标人提出书面评标结论性报告,并抄送有关行政监督部门。评标报告应当如实记载以下内容。

①基本情况和数据表。

②评标委员会成员名单。

③开标记录。

④符合要求的投标一览表。

⑤否决投标的情况说明。

⑥评标标准、评标方法或者评标因素一览表。

⑦经评审的价格或者评分比较一览表。

⑧经评审的投标人排序。

⑨推荐的中标候选人名单与签订合同前要处理的事宜。

⑩澄清、说明、补正事项纪要。

评标报告由评标委员会全体成员签字,对评标结论持有异议的评标委员会成员可以书面方式阐述其不同意见和理由。评标委员会成员拒绝在评标报告上签字且不陈述其不同意见和理由的,视为同意评标结论。评标委员会应当对此做出书面说明并记录在案。评标委员会推荐的中标候选人应当限定在1～3人,并标明排列顺序。

向招标人提交书面评标报告后,评标委员会即告解散。评标过程中使用的文件、表格及其他资料应当即时归还招标人。

4. 定标

定标,是指招标人根据评标委员会的评标报告,在推荐的中标候选人(1～3名)中最后确定一个中标人的过程,招标人也可以授权评标委员会直接确定中标人。

除特殊情况外,定标应在投标有效期结束日30个工作日前完成,招标文件应当载明投标有效期,投标有效期从提交投标文件截止日起计算。

根据《中华人民共和国招投标法》及其配套法规和有关规定,定标应满足下列要求。

①中标人条件:能够最大限度地满足招标文件中规定的各项综合评价标准;能够满足招标文件的实质性要求,并且经评审的投标价格最低,但是投标价格低于成本的除外。中标人的投标应当符合以上条件之一。

②评标委员会经评审,认为所有投标都不符合招标文件要求的,可以否决所有投标。依法必须进行招标的项目的所有投标被否决的,招标人应当依照本法重新招标。

③在确定中标人前,招标人不得与投标人就投标价格、投标方案等实质性内容进行谈判。

④评标委员会成员应当客观、公正地履行职务,遵守职业道德,对所提出的评审意见承担

个人责任。评标委员会成员不得私下接触投标人，不得收受投标人的财物或者其他好处。评标委员会成员和参与评标的有关工作人员不得透露对投标文件的评审和比较、中标候选人的推荐情况以及与评标有关的其他情况。

⑤评标委员会推荐的中标候选人应该为1~3人，并且要排列先后顺序，招标人只能选择排名第一的中标候选人作为中标人。对于使用国有资金投资和国际融资的项目，如排名第一的投标人因不可抗力不能履行合同、自行放弃中标或没按要求提交投保金的，招标人可以选取排名第二的中标候选人作为中标人，依此类推。

⑥中标人确定后，招标人应当向中标人发出中标通知书，并同时将中标结果通知所有未中标的投标人。中标通知书发出即生效，且对招标人和中标人都具有法律效力。

⑦招标人和中标人应当自中标通知书发出之日起30日内，按照招标文件和中标人的投标文件订立书面合同。招标人和中标人不得再行订立背离合同实质性内容的其他协议。招标文件要求中标人提交履约保证金的，中标人应当提交。

⑧依法必须进行招标的项目，招标人应当自确定中标人之日起15日内，向有关行政监督部门提交招投标情况的书面报告。

⑨中标人应当按照合同约定履行义务，完成中标项目。中标人不得向他人转让中标项目，也不得将中标项目肢解后分别向他人转让。中标人按照合同约定或者经招标人同意，可以将中标项目的部分非主体、非关键性工作分包给他人完成。接受分包的人应当具备相应的资格条件，并不得再次分包。中标人应当就分包项目向招标人负责，接受分包的人就分包项目承担连带责任。

5. 定标原则

使用国有资金投资或者国家融资的项目，招标人应确定排名第一的中标候选人为中标人。只有当第一名放弃中标、因不可抗力提出不能履行合同或在规定期限内未能交履约保证金的，招标人可确定第二名中标，依此类推。

招标人在评标委员会依法推荐的中标候选人以外确定中标人的，依法必须进行招标的项目在所有投标被评标委员会否决后自行确定中标人的，中标无效。责令改正，可以处中标项目金额0.5%以上1%以下的罚款；对单位直接负责的主管人员和其他直接责任人员依法给予处分。

实行合理低标价法评标时，在满足招标文件各项要求的前提下，投标报价最低的投标单位应当为中标单位，但评标委员会可以要求其对保证工程质量、降低工程成本拟采用的技术措施做出说明，并据此提出评价意见，供招标单位定标时参考；实行综合评议法评标时，得票最多或者得分最高的投标单位应当为中标单位。

招标单位未按照推荐的中标候选人排序确定中标单位的，应当在其招投标情况的书面报告中说明理由。

6. 定标程序

在评标委员会提交评标报告后，招标单位应当在招标文件规定的时间内完成定标。中标人确定后，招标人将于15日内向工程所在地的县级以上地方人民政府建设行政主管部门提交施工招标情况的书面报告。建设行政主管部门自收到书面报告之日起 5 日内,未通知招标人在招投标活动中有违法行为的,招标人将向中标人发出《中标通知书》,同时将中标结果通知所有未中标的投标人。

自《中标通知书》发出之日起 30 日内,招标人与中标人按照合同文件和中标人的投标文件订立书面施工合同,招标人与中标人不得再行订立背离合同实质性内容的其他协议。招标人如不按上述规定与中标人订立合同,或者招标人和投标人订立背离合同实质性内容的协议则应改正,并对当事人处以罚款。

中标通知书对招标人和中标人具有法律约束力,中标通知书发出后,招标人改变中标结果或中标人放弃中标的,应当承担法律责任。

中标人如不按前述规定与招标人订立合同,则招标人将废除中标,投标担保不予退还。给招标人造成的损失如超过投标担保数应对超过部分予以赔偿,同时依法承担相应的法律责任。中标人应当按合同约定履行义务,完成中标项目的施工、竣工并修补其中所有缺陷。

中标单位与招标单位签订合同时,应当按照招标文件的要求,向招标单位提供履约保证。履约保证可以采用银行履约保函(一般为合同价的 5% ~ 10%),或者其他担保方式(一般为合同价的 10% ~ 20%)。招标单位应当向中标单位提供工程款支付担保。

4.2.2 评标、定标方法

《中华人民共和国招投标法》第四十一条规定:"中标人的投标应当符合下列条件之一:能够最大限度地满足招标文件中规定的各项综合评价标准;能够满足招标文件的实质性要求,并且经评审的投标价格最低;但是投标价格低于成本的除外。"。

国家发展计划委员会令第 12 号《评标委员会和评标方法暂行规定》第二十九条规定:评标方法包括经评审的最低投标价法、综合评估法或者法律、行政法规允许的其他评标方法。

1. 经评审的最低投标价法

经评审的最低投标价法是指对符合招标文件规定的技术标准,满足招标文件实质性要求的投标,根据招标文件规定的量化因素及量化标准进行价格折算,按照经评审的投标价由低到高的顺序推荐中标候选人,或根据招标人授权直接确定中标人,但投标报价低于其成本的除外。经评审的投标价相等时,投标报价低的优先;投标报价也相等的,由招标人自行确定。

经评审的最低投标价法是国际招投标通常采用的评标办法,其招投标程序如下。

①业主公开发布招标公告和资格预审文件。

②投标商递交资格预审申请文件。

③业主向通过资格预审的投标商发出投标邀请。

④投标。

⑤开标。

⑥经评审后评标价最低者中标。

在国内凡利用世行贷款的国际招标项目一般都采用这种招标定标办法,利用世行贷款的国内招标项目也多采用这种办法。最低报价中标法的优点如下。

①能最大限度地降低工程造价,节约建设投资。

②符合市场竞争规律、有利于促使施工企业加强管理、注重技术进步和淘汰落后技术。

③可减少招标过程中的腐败行为,将人为的干扰降低至最低,使招标过程更加公开、公正、公平。

2. 综合评估法

综合评估法是对价格、施工组织设计(或施工方案)、项目经理的资历和业绩、质量、工期、信誉和业绩等各方面因素进行综合评价,从而确定中标人的评标定标方法,它是适用最广泛的评标定标方法。综合评估法按其具体分析方式的不同,可分为定性综合评估法和定量综合评估法。

（1）定性综合评估法

定性综合评估法又称评估法。通常的做法是由评标组织对工程报价、工期、质量、施工组织设计、主要材料消耗、安全保障措施、业绩、信誉等评审指标,分项进行定性比较分析,综合考虑,经评估后选出其中被大多数评标组织成员认为各项条件都比较优良的投标人为中标人,也可用记名或无记名投票表决的方式确定中标人。定性评估法的特点是不量化各项评审指标,是一种定性的优选法。采用定性综合评估法,一般要按从优到劣的顺序,对各投标人排列名次,排序第一名的即为中标人。

采用定性综合评估法,有利于评标组织成员之间的直接对话和交流,能充分反映不同意见,在广泛深入地开展讨论、分析的基础上,集中大多数人的意见,简单易行。但是这种方法评估标准弹性较大,衡量的尺度不具体,各人的理解可能会相去甚远,造成评标意见悬殊过大,会使评标决策左右为难,不能让人信服。

（2）定量综合评估法

定量综合评估法又称打分法、百分制计分评估法（百分法）。通常的做法是事先在招标文件或评标定标办法中对评标的内容进行分类,形成若干评价因素,并确定各项评价因素在百分之内所占的比例和评分标准,开标后由评标组织中的每位成员按照评分规则,采用无记名方式打分,最后统计投标人的得分,得分最高者（排序第一名）或次高者（排序第二名）为中标人。

定量综合评估法的主要特点是要量化各评审因素。对各评审因素的量化是一个比较复杂的问题,各地的做法不尽相同。从理论上讲,评标因素指标的设置和评分标准分值的分配,应充分体现企业的整体素质和综合实力,准确反映公开、公平、公正的竞标法则,使质量好、信誉高、价格合理、技术强、方案优的企业能中标。

【案例分析】

序　号	建设项目招标流程	计算结果	解　析
1	计算各投标单位施工方案的得分	A、B、C、D、E、F 施工方案的平均得分分别为 11.9、14.1、11.2、13.7、12.0、10.5	各评委打分的平均值
2	计算各投标单位技术标的得分	A、B、C、D、E、F 技术标得分合计分别为 32.9、34.6、27.2、35.7、32.5、30.5	由于承包商 C 的技术标仅得27.2,小于28分的最低限,按规定,不再评其商务标,实际上作为废标处理
3	计算各承包商的商务标得分	A、B、D、E、F 商务标得分分别为59.97、15.0、55.89、56.93、53.20	因为 (13 098 - 11 108)/13 098 = 15.19% >15% (14 125 - 13 656)/13 656 = 3.43% <15%。 所以承包商 B 的报价(11 108 万元)在计算基准价时不予考虑,则基准价 = 13 790 × 50% + (13 656 + 13 098 + 13 241 + 14 125)/4 × 50% = 13 660 万元
4	计算各承包商的综合得分	A、B、D、E、F 综合得分分别为92.87、49.60、91.59、89.43、83.70	综合得分 = 技术标得分 + 商务标得分
5	确定中标单位	选择承包商 A 为中标单位	承包商 A 的综合得分最高

思考与练习

一、选择题

1.某工程项目估算成本为 1 000 万元,概算成本为 950 万元,预算成本为 900 万元,投标时某承包商根据自己的企业定额算得成本是 800 万元。根据《中华人民共和国招投标法》的规定"投标人不得以低于成本的报价竞标",该承包商投标时报价不得低于(　　　)。

A.1 000 万元　　　　B.950 万元　　　　C.900 万元　　　　D.800 万元

2.开标应当在招标文件确定的提交投标文件截止时间的(　　　)进行。

A. 当天公开　　　　B. 当天不公开　　　　C.同一时间公开　　　　D.同一时间不公开

3.评标委员会成员应为(　　　)人以上的单数,评标委员会中技术、经济等方面的专家不得少于成员总数的(　　　)。

A. 5,2/3 　　　　　B. 7,4/5 　　　　　C. 5,1/3 　　　　　D. 3,2/3

4. 按照《中华人民共和国招投标法》和相关法规的规定,开标后允许(　　)。

A. 投标人更改投标书的内容和报价

B. 投标人再增加优惠条件

C. 评标委员会对投标书的错误加以修正

D. 招标人更改评标、标准和办法

5. 根据《中华人民共和国招投标法》的有关规定,招标人和中标人应当自中标通知书发出之日起(　　)内,按照招标文件和中标人的投标文件订立书面合同。

A. 10 日 　　　　　B. 15 日 　　　　　C. 30 日 　　　　　D. 3 个月

6. 投标单位在投标报价中,对工程量清单中的每一单项均需计算填写单价和合价,在开标后,发现投标单位没有填写单价和合价的项目,则(　　)。

A. 允许投标单位补充填写

B. 视为废标

C. 退回投标书

D. 认为此项费用已包括在工程量清单的其他单价和合价中

7. 采用评标价法评标时,应当遵循的原则包括(　　)。

A. 以评标价最低的标书为最优

B. 以投标报价最低的标书为最优

C. 技术建议带来的实际经济效益,按预定的方法折算后,增加投标价

D. 中标后按投标价格签订合同价

E. 中标后按评标价格签订合同价

8. 《中华人民共和国招投标法》规定,投标文件有下列情形(　　)的,招标人不予受理。

A. 逾期送达的

B. 未送达指定地点的

C. 未按规定格式填写的

D. 无单位盖章并无法定代表人或其授权的代理人签字或盖章的

E. 未按招标文件要求密封的

9. 下列评标委员会成员中,符合《中华人民共和国招投标法》规定的是(　　)。

A. 某甲,由招标人从省人民政府有关部门提供的专家名册的专家中确定

B. 某乙,现任某公司法定代表人,该公司常年为某投标人提供建筑材料

C. 某丙,从事招标工程项目领域工作满 10 年并具有高级职称

D. 某丁,在开标后,中标结果确定前将自己担任评标委员会成员的事告诉了某投标人

10. 评标报告的内容有(　　)。

A. 招标公告 　　　　　　　　　　B. 评标规则

C. 评标情况说明 　　　　　　　　D. 对各个合格投标书的评价

E. 推荐合格的中标人

二、简述题

1. 何谓开标、评标与中标?

2. 开标过程中应确认的废标有哪些?

3. 为什么要规定评标中标期限,其期限如何规定?

4. 评标活动应当遵循什么基本原则?

5. 主要评标方法有哪几种?

6. 投标中的重大偏差有哪些?

三、案例分析题

1. 某建设单位准备建一座体育馆,建筑面积 3 000 m²,预算投资 270 万元,建设工期为 8 个月。工程采用公开招标的方式确定承包商。建设单位编制了招标文件,并向当地的建设行政管理部门提出了招标申请书,得到了批准。但是在招标之前,该建设单位已经与甲施工单位进行了工程招标沟通,对投标价格、投标方案等实质性内容达成了一致的意向。

招标公告发布后,来参加投标的公司有甲、乙、丙三家。按照招标文件规定的时间、地点及投标程序,三家施工单位向建设单位递交了投标文件。在公开开标的过程中,甲、乙承包单位在施工技术、施工方案、施工力量及投标报价上相差不大,乙公司的总体技术和实力好于甲承包单位。但是,定标的结果却是甲公司。20 多天后,一个偶然的机会,乙公司接触到甲公司的一名中层管理人员,在谈到该建设单位的工程招标问题时,甲公司的这名员工透露说,在招标之前,该建设单位和甲已经进行了多次接触,中标条件和标底是双方议定的,参加投标的其他人都蒙在鼓里。

对此情节,乙公司认为该建设单位严重违反了法律的有关规定,遂向当地建设行政管理部门举报,要求建设行政管理部门依照职权宣布该招标结果无效。经建设行政管理部门审查,乙公司所陈述的事实属实,遂宣布本次招标结果无效。

甲公司认为,建设行政管理部门的行为侵犯了甲公司的合法权益,遂起诉至法院,请求法院依法判令被告承担侵权的民事责任,并确认招标结果有效。

问题:

(1)简述建设单位进行施工招标的程序。

(2)通常情况下,招标人和投标人串通投标的行为有哪些表现形式?

(3)按照《中华人民共和国招投标法》的规定,该建设单位应对本次招标承担什么法律责任?

2. 某招标代理机构受某业主的委托办理该单位办公大楼装饰(含幕墙)工程施工项目招投标事宜。该办公大楼装饰(含幕墙)工程施工招标于 2006 年 5 月 23 日公开发布招标公告,到报名截止日 2006 年 5 月 27 日,因响应的供应商报名数(仅有一个)未能达到法定要求,使招标失败,遂于 2006 年 5 月 28 日在省建设工程信息网络上延长了 7 天报名时间,又对该工程进行第二次公开招标,招标人还从当地建筑企业供应商库中电话邀请了七家符合资质的供应商参与竞标,到 2006 年 7 月 5 日投标截止时间,有三家投标单位参与投标,经资格审查,有两家投标企业资格不符合招标文件要求,使招标再次失败。依据省里有关规定,拟采用直接发包方式确定施工单位。

监督管理机构的经办人员在资料审查过程中发现,评标委员会出具的评审报告中的综合评审意见与评审中反映的问题存在以下几个问题:

A 公司与 B 公司组建了联合体投标,投标报价 173 万元,工期 100 天,联合体不符合法律规定应作废标处理。原因:双方只有建筑装修装饰工程专业承包资质,没有建筑幕墙工程专业承包资质。评标委员会一致认为联合体资质不符合要求,应作废标处理。

C 公司投标报价 149 万元,工期 105 天,无幕墙工程施工资质应作废标处理。在其企业资质证书变更栏中载明:可承担单位工程造价 60 万元及以下建筑室内、室外装修装饰工程(建筑幕墙工程除外)。

D 公司的投标报价为 161 万元,工期 102 天,该公司既有装饰资质又有幕墙工程专业承包资质,从其评标报告的施工组织方案来看,只对其工序中的某一环节作了调整,完全符合招标文件的要求,属于合格标。

三家投标单位,有两家为废标,只有一家投标人为有效投标,明显失去了竞争力。因此,评标委员会的评审报告最后结论是"有效投标少于三家,建议宣布招标失败"。

监督管理机构的审查人员对这个项目招投标的全过程进行了综合分析。从招标文件的内容来看,比较周密、科学,体现了公开招标的公平性;从三家投标人的投标文件所反映的施工组织设计和预算报价来看,是认真、慎重的,三家单位的报价悬殊且具有一定的竞争性。因此,审查人认为,这次招标程序合法,操作比较规范,体现了《中华人民共和国招投标法》的基本精神实质,应当确定第三投标人为中标人,评标委员会的评审结论不够科学。所以,向领导反映审查情况的同时,审查人建议提交当地建设工程专家鉴定委员会评审。

经过建设工程争议评标项目专家鉴定委员会专家详细评审和对有关法律条款的充分讨论,一致认为"应当根据两次公开招标的实际情况,推荐有效投标人为中标单位"。

最终监管机构经集体研究,不予同意招标代理机构要求采用直接发包方式确定施工单位。要求其采纳专家鉴定委员会的建议确认其有效投标人为中标单位,并按法定程序予以公示,无异议后发给中标通知书,签订合同。

阅读本案例后,你认为该评标委员会出具的评标报告存在哪些问题?监管机构最后的裁定是否合理?

单元 5　FIDIC 合同条件和建设工程施工合同示范文本

【单元目标】

知识目标	1. 能够掌握 FIDIC 合同条件的构成、组成和优先次序 2. 能够熟悉 FIDIC 合同条件中的业主、承包商和工程师的权利和义务 3. 能够掌握合同条件中涉及的费用管理、进度控制、质量控制的条款	技能目标	1. 能够应用 FIDIC 合同条件中的费用进度、质量的条款解决实际工程中出现的问题 2. 能够应用建设工程施工合同示范文本解决实际工程问题

【知识脉络图】

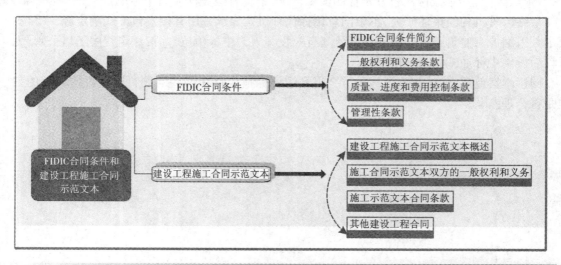

5.1　FIDIC 合同条件

【案例引入】

某高速公路项目采用 FIDIC 施工合同条件,该工程施工过程中,陆续发生如下索赔事件。

(1)施工期间,由于业主设计变更造成工程停工20天。承包商提出索赔工期20天和费用补偿2万元的要求。

(2)施工过程中,现场周围居民称承包商施工噪声对他们有干扰,阻止承包商的混凝土浇筑工作。承包商提出工期延长20天与费用补偿1万元的要求。

(3)由于某段路基基地是淤泥,需进行换填,在招标文件中已提供了地质的技术资料。承包商原计划使用隧道出渣作为材料换填,但施工中发现隧道出渣不符合要求,需进一步破碎才能达到要求,承包商认为施工费用高出合同价格,需给予工期延长20天与补偿10万元。

通过本节的学习,针对承包商的上述要求,工程师应如何处理?

【理论知识】

5.1.1　FIDIC 合同条件简介

FIDIC 是"国际咨询工程师联合会"(Federaion Internationale Des Inginieurs Conseils)的法文缩写。该联合会是被世界银行认可的咨询服务机构,总部设在瑞士洛桑。欧洲四个国家的咨询工程师协会在1913年组成了 FIDIC。从1945年第二次世界大战结束后至今,FIDIC 已拥有来自全球各地的60多个成员国,因此它是国际上最具有权威性的咨询工程师组织。我国已于1996年10月正式加入该组织。

FIDIC 合同条件有如下几类:一是雇主与承包商之间的缔约,即《FIDIC 土木工程施工合同条件》,因其封皮呈红色而取名"红皮书",有1957、1969、1977、1987、1999五个版本,1999新版"红皮书"与前几个版本在结构、内容方面有较大的不同;二是雇主与咨询工程师之间的缔约,即《FIDIC/咨询工程师服务协议书标准条款》,因其封面呈银白色而被称为"白皮书",最新的版本是1990年版,它将此前三个相互独立又相互补充的范本 IGRA – 1979 – D&S、IGRA – 1979 – PI、IGRA – 1980 – PM 合而为一;三是雇主与电气/机械承包商之间的缔约,即《FIDIC 电气与机械工程合同条件》,因其封面呈黄色而得名"黄皮书",1963年出了第一版"黄皮书",1977年、1987年陆续出了两个新版本,最新的"黄皮书"版本是1999年版;四是其他合同,如为总承包商与分包商与分包商之间缔约提供的范本,《FIDIC 土木工程施工分包合同条件》,为投资额较小的项目雇主与承包商提供的"简明合同格式",为"交钥匙"项目而提供的"EPC 合同条件"。上述合同条件中,"红皮书"的影响尤甚,素有"土木工程合同的圣经"之誉。

1.《FIDIC 建设工程施工合同》主要内容

《FIDIC 建设工程施工合同》主要有四大类条款。

(1)一般性条款

一般性条款包括下述内容:①招标程序,包括合同条件、规范、图纸、工程量表、投标书、投标者须知、评标、授予合同、合同协议、程序流程图、合同各方、监理工程师等;②合同文件中的名词定义及解释;③工程师及工程师代表和他们各自的职责与权力;④合同文件的组成、优先顺序和有关图纸的规定;⑤招投标及履约期间的通知形式与发往地址;⑥有关证书的要求;⑦合同使用语言;⑧合同协议书。

（2）法律条款

法律条款主要涉及：合同适用法律;劳务人员及职员的聘用、工资标准、食宿条件和社会保险等方面的法规;合同的争议、仲裁和工程师的裁决;解除履约;保密要求;防止行贿;设备进口及再出口;强制保险;专利权及特许权;合同的转让与工程分包;税收;提前竣工与延误工期;施工用材料的采购地等内容。

（3）商务条款

商务条款系指与承包工程的一切财务、财产所有权密切相关的条款,主要包括：承包商的设备、临时工程和材料的归属,重新归属及撤离;设备材料的保管及损坏或损失责任;设备的租用条件;暂定金额;支付条款;预付款的支付与扣回;保函,包括投标保函、预付款保函、履约保函等;合同终止时的工程及材料估价;解除履约时的付款;合同终止时的付款;提前竣工奖金的计算;误期罚款的计算;费用的增减条款;价格调整条款;支付的货币种类及比例;汇率及保值条款。

（4）技术条款

技术条款是针对承包工程的施工质量要求、材料检验及施工监督、检验测量及验收等环节而设立的条款,包括：对承包商的设施要求;施工应遵循的规范;现场作业和施工方法;现场视察;资料的查阅;投标书的完备性;施工制约;工程进度;放线要求;钻孔与勘探开挖;安全、保卫与环境保护;工地的照管;材料或工程设备的运输;保持现场的整洁;材料、设备的质量要求及检验;检查及检验的日期与检验费用的负担;工程覆盖前的检查;工程覆盖后的检查;进度控制;缺陷维修;工程量的计量和测量方法;紧急补救工作。

2. FIDIC 合同在中国的应用

随着我国企业参与国际工程承发包市场进程的深入,越来越多的建设项目开始选择使用 FIDIC 合同文本。2013 年 7 月 1 日起开始实施的《建设工程工程量清单计价规范》,更是对旧的量价合一的造价体系的告别,如今,中国的建设市场正在大踏步地和国际建设市场融为一体。我们的问题在于,建设单位经常将 FIDIC 合同条款通用条件有关工程款支付的安排悉数推翻,代之以极具中国特色的拖欠工程款相关内容。如今,高达数千万元的巨额工程拖欠款已成为施工企业和政府主管部门的一大心病。

3. 其他国家合同条件

（1）美国 AIA 系列合同条件

AIA 是美国建筑师学会(The American Institute of Architects)的简称。该学会作为建筑师的专业社团已经有近 140 年的历史,成员总数达 56 000 名,遍布美国及全世界。AIA 系列合同文件分为 A、B、C、D、G 等系列,其中 A 系列是用于业主与承包商的标准合同文件,不仅包括合同条件,还包括承包商资格申报表,保证标准格式,B 系列主要用于业主与建筑师之间的标准合同文件,其中包括专门用于建筑设计、室内装修工程等特定情况的标准合同文件。C 系列主要用于建筑师与专业咨询机构之间的标准合同文件。D 系列是建筑师行业内部使用的文件。G 系列是建筑师企业及项目管理中使用的文件。

AIA 系列合同文件的核心是"一般条件"（A201）。采用不同的工程项目管理模式及不同的计价方式时，只需选用不同的"协议书格式"与"一般条件"即可。如 AIA 文件 A101 与 A201 一同使用，构成完整的法律性文件，适用于大部分以固定总价方式支付的工程项目。再如 AIA 文件 A111 和 A201 一同使用，构成完整的法律性文件，适用于大部分以成本补偿方式支付的工程项目。

AIA 文件 A201 作为施工合同的实质内容，规定了业主、承包商之间的权利、义务及建筑师的职责和权限，该文件通常与其他 AIA 文件共同使用，因此被称为"基本文件"。1987 年版的 AIA 文件 A201《施工合同通用条件》共计 14 条 68 款，主要内容包括：业主、承包商的权利与义务；建筑师与建筑师的合同管理；索赔与争议的解决；工程变更；工期；工程款的支付；保险与保函；工程检查与更正他条款。

（2）英国 ICE 合同条件

ICE 是英国土木工程师学会（The Institution of Civil Engineers）的简称。该学会是设于英国的国际性组织，拥有会员 8 万多名，其中 1/5 在英国以外的 140 多个国家和地区。该学会已有 180 年的历史，已成为世界公认的学术中心、资质评定组织及专业代表机构。ICE 在土木工程建设合同方面具有高度的权威，它编制的土木工程合同条件在土木工程中具有广泛的应用。

1991 年 1 月第六版的《ICE 合同条件（土木工程施工）》共计 71 条 109 款，主要内容包括：工程师及工程师代表；转让与分包；合同文件；承包商的一般义务；保险；工艺与材料质量的检查；开工、延期与暂停；变更、增加与删除；材料及承包商设备的所有权；计量；证书与支付；争端的解决；特殊用途条款；投标书格式。此外 IEC 合同条件的最后也附有投标书格式、投标书格式附件、协议书格式、履约保证等文件。

（3）日本的建设工程承包合同

日本的建设工程承包合同的内容规定在《日本建设业法》中。该法的第三章"建设工程承包合同"规定，建设工程承包合同包括以下内容：工程内容；承包价款数额及支付；工程及工期变更的经济损失的计算方法；工程交工日期及工程完工后承包价款的支付日期和方法；当事人之间合同纠纷的解决方法等。

（4）韩国的建设工程合同

韩国的建设工程承包合同的内容也规定在国家颁布的法律《韩国建设业法》（1994 年 1 月 7 日颁布实施）中。该法第三章"承包合同"规定承包合同有以下内容：建设工程承包的限制；承包额的核定；承包资格限制的禁止；概算限制；建设工程承包合同的原则；承包人的质量保障责任；分包的限制；分包人的地位，分包的价款的支付，分包人的变更的要求，工程的检查和交接等。以上几种合同都是在某一国家或某几个国家使用的。除此之外，还有一种在国际工程承包市场上广泛使用的合同条件，即 FIDIC 合同条件。

5.1.2　一般权利和义务条款

FIDIC 合同条款中的一般权利和义务条款主要是针对业主、工程师和承包方三方展开的。

1. 业主

业主指在协议中约定的工程施工发包的当事人及其合法继承人,在合同履行过程中享有大量的权利并承担相应的义务。

(1)进入现场的权利

在投标函附录中注明的时间内给予承包商进入和占用现场所有部分的权利。

(2)许可、执照和批准

业主应根据承包商的请求,为承包商提供合理的协助,如许可、执照或批准。

(3)业主的人员

保证现场的业主的人员和业主的其他承包商为承包商的工作提供合作。

(4)业主的资金安排

业主应在28天内提供合理的证据,表明他已做出了资金安排,并将一直坚持实施这种安排。

(5)业主的索赔

业主意识到某事件或情况可能导致索赔时应尽快地发出通知。

2. 工程师

工程师指业主为合同之目的指定作为工程师工作并在投标函附录中指明的人员,或由业主按照规定随时指定并通知承包商的其他人员。

(1)工程师的职责和权力

业主应任命工程师,该工程师应履行合同中赋予他的职责。

(2)工程师的授权

工程师可以随时将他的职责和权力委托给助理,并可撤回此类委托或授权。

(3)工程师的指示

工程师可以按照合同的规定(在任何时候)向承包商发出指示以及为实施工程和修补缺陷所必需的附加的或修改的图纸。

(4)工程师的撤换

如果业主准备撤换工程师,则必须在期望撤换日期42天以前向承包商发出通知说明拟替换的工程师的名称、地址及其相关经历。

(5)决定

每当合同条件要求工程师按照规定对某一事项做出商定或决定时,工程师应与合同双方协商并尽力达成一致。

3. 承包商

(1)承包商的一般义务

承包商应按照合同的规定以及工程师的指示(在合同规定的范围内)对工程进行设计、施工和竣工,并修补其任何缺陷。

承包商应为工程的设计、施工、竣工以及修补缺陷提供所需的临时性或永久性的永久设备、合同中注明的承包商的文件,所有承包商的人员、货物、消耗品以及其他物品或服务。

承包商应对所有现场作业和施工方法的完备性、稳定性和安全性负责。如果合同中明确规定由承包商设计部分永久工程,除非专用条件中另有规定,否则承包商应按照合同中说明的程序向工程师提交该部分工程的承包商的文件;承包商的文件必须符合规范和图纸;承包商应对该部分工程负责,并且该部分工程完工后应符合合同中规定的工程的预期目的;以及在开始竣工检验之前,承包商应按照规范规定向工程师提交竣工文件以及操作和维修手册,且应足够详细,以使业主能够操作、维修、拆卸、重新安装、调整和修理该部分工程。

（2）履约保证

承包商应（自费）取得一份保证其恰当履约的履约保证,保证的金额和货币种类应与投标函附录中的规定一致。

承包商应在收到中标函后 28 天内将此履约保证提交给雇主,并向工程师提交一份副本。在承包商完成工程和竣工并修补任何缺陷之前,承包商应保证履约保证将持续有效。如果该保证的条款明确说明了其期满日期,而且承包商在此期满日期前第 28 天还无权收回此履约保证,则承包商应相应延长履约保证的有效期,直至工程竣工并修补了缺陷。

业主应保障并使承包商免于因为业主按照履约保证对无权索赔的情况提出索赔的后果而遭受损害、损失和开支（包括法律费用和开支）。业主应在接到履约保证书副本后 21 天内将履约保证退还给承包商。

（3）承包商的代表

承包商应任命承包商的代表,并授予他在按照合同代表承包商工作时所必需的一切权力。

除非合同中已注明承包商代表的姓名,否则承包商应在开工日期前将其准备任命的代表姓名及详细情况提交工程师,以取得同意。如果同意被扣压或随后撤销,或该指定人员无法担任承包商的代表,则承包商应同样地提交另一合适人选的姓名及详细情况以获批准。没有工程师的事先同意,承包商不得撤销对承包商的代表的任命或对其进行更换。

承包商的代表应以其全部时间协助承包商履行合同。如果承包商的代表在工程实施过程中暂离现场,则在工程师的事先同意下可以任命一名合适的替代人员,随后通知工程师。

（4）分包商

承包商不得将整个工程分包出去。承包商应将分包商、分包商的代理人或雇员的行为或违约视为承包商自己的行为或违约,并为之负全部责任。除非专用条件中另有说明,否则承包商在选择材料供应商或向合同中已注明的分包商进行分包时,无须征得同意;其他拟雇用的分包商须得到工程师的事先同意;承包商应至少提前 28 天将每位分包商的工程预期开工日期以及现场开工日期通知工程师。

（5）指定分包商

1）指定分包商的概念

通用条件规定,业主有权将部分工程项目的施工任务或涉及提供材料、设备、服务等工作的内容发包给指定分包商实施。所谓"指定分包商"是由业主（或工程师）指定、选定、完成某项特定工作内容并与承包商签订分包合同的特殊分包商。

2）指定分包商的特点

指定分包商与一般分包商处于相同的合同地位,但二者并不完全一致,主要差异体现在以下几个方面。

①选择分包单位的权力不同。承担指定分包工作任务的单位由业主或工程师选定,而一般分包商则由承包商选择。

②分包合同的工作内容不同。承担指定分包工作任务的单位由业主或工程师选定,而一般分包商则由承包商选择。指定分包工作属于承包商无力完成,不在合同约定应由承包商必须完成范围之内的工作,一般分包商的工作则为承包商承包工作范围的一部分。

③工程款的支付开支项目不同。指定分包商的付款应从暂定金额内开支。一般分包商的付款,则从工程量清单中相应工作内容项内支付。

④业主对指定分包商利益的保护不同。业主保护指定分包商的条款。一般分包商业主和工程师不介入一般分包合同履行的监督。

⑤承包商对分包商违约行为承担责任的范围不同。指定分包商在任何违约行为给业主或第三者造成损害而导致索赔或诉讼时,承包商不承担责任;一般分包商有违约行为,业主将其视为承包商的违约行为,按照总包合同的规定追究承包商的责任。

(6)放线

承包商应根据合同中规定的或工程师通知的原始基准点、基准线和参照标高对工程进行放线。承包商应对工程各部分的正确定位负责,并且矫正工程的位置、标高或尺寸或准线中出现的任何差错。业主应对此类给定的或通知的参照项目的任何差错负责,但承包商在使用这些参照项目前应付出合理的努力去证实其准确性。

(7)安全措施

承包商应该遵守所有适用的安全规章;注意有权进入现场的所有人员的安全;付出合理的努力清理现场和工程不必要的障碍,以避免对这些人员造成伤害;提供工程的围栏、照明、防护及看守,直至竣工进行移交,提供因工程实施,为邻近地区的所有者和占有者以及公众提供便利和保护所必需的任何临时工程(包括道路、人行道、防护及围栏)。

5.1.3 质量、进度和费用控制条款

1. FIDIC 合同条件中涉及质量控制的条款

(1)对工程质量的检查和试验

为了确保工程质量,工程师可以根据工程施工的进展情况和工程部位的重要性进行合同没有规定的必要检查或试验。有权要求对承包商采购的材料进行额外的物理、化学等试验;对已覆盖的工程进行重新剥露检查;对已完成的工程进行穿孔检查。合同条件规定属于额外的检验包括:合同内没有指明或规定的检验;采用与合同规定不同方法进行的检验;在承包商有权控制的场所之外进行的检验(包括合同内规定的检验情况),如在工程师指定的检验机构进行。

(2)检验不合格的处理

进行合同没有规定的额外检验属于承包商投标阶段不能合理预见的事件,如果检验合格,应根据具体情况给承包商以相应的费用和工期损失补偿。若检验不合格,承包商必须修复缺陷后在相同条件下进行重复检验,直到合格为止并由其承担额外检验费用。但对于承包商未

通知工程师检查而自行隐蔽的任何工程部位,工程师要求进行剥露或穿孔检查时,不论检验结果表明质量是否合格,均由承包商承担全部费用。

（3）承包商应执行工程师发布的与质量有关的指令

除了法律或客观上不可能实现的情况以外,承包商应认真执行工程师对有关工程质量发布的指示,而不论指示的内容在合同内是否写明。

（4）调查缺陷原因

在缺陷责任期满前的任何时候,承包商都有义务根据工程师的指示调查工程中出现的任何缺陷、收缩或其他不合格之处的原因,将调查报告报送工程师并抄送业主。调查费用由造成质量缺陷的责任方承担。

①施工期间,承包商应自费进行此类调查。除非缺陷原因属于业主应承担的风险、业主采购的材料不合格、其他承包商施工造成的损害等,否则应由业主负责调查费用。

②缺陷责任期内,只要不属于承包商使用有缺陷材料或设备、施工工艺不合格以及其他违约行为引起的缺陷责任,调查费用应由业主承担。

（5）工程照管责任

从工程开工日期起直到颁发接收证书的日期为止,承包商应对工程的照管负全部责任。此后,照管工程的责任移交给业主。如果就工程的某区段或部分颁发了接收证书（或认为已颁发）,则该区段或部分工程的照管责任即移交给业主。

2. FIDIC 合同条件中涉及进度控制的条款

（1）工程开工

工程师应至少提前 7 天通知承包商开工日期。除非专用条件中另有说明,否则开工日期应在承包商接到中标函后的 42 天内。

（2）暂停施工的责任

工程师有权视工程进展的实际情况,针对整个工程或部分工程的施工发布暂停施工指示。施工的中止必然会影响承包商按计划组织的施工工作,但并非工程师发布暂停施工令后承包商就可以此指令作为索赔的合理依据,而要根据指令发布的原因划分合同责任。合同条件规定,除了以下四种情况外,暂停施工令发布后均应给承包商以补偿。这四种情况如下。

①在合同中有规定。

②因承包商的违约行为或应由他承担风险事件影响的必要停工。

③由于现场不利气候条件而导致的必要停工。

④为了工程合理施工及整体工程或部分工程安全必要的停工。

（3）超过 84 天的暂停施工

出现非承包商应负责原因的暂停施工已持续 84 天工程师仍未发布复工指示,承包商可以通知工程师要求在 28 天内允许继续施工。如果仍得不到批准,承包商有权通知工程师认为被停工的工程属于按合同规定被删减的工程,不再承担继续施工的义务。若是整个合同工程被暂停,此项停工可视为业主违约终止合同,宣布解除合同关系。如果承包商还愿意继续实施这部分工程,也可以不发这一通知而等待复工指示。

（4）追赶施工进度

工程师认为整个工程或部分工程的施工进度滞后于合同内竣工要求的时间时，可以下达赶工指示。承包商应立即采取经工程师同意的必要措施加快施工进度。发生这种情况时，也要根据赶工指令的发布原因，确定承包商的赶工措施是否应该给予补偿。在承包商没有合理理由延长工期的情况下，他不仅无权要求补偿赶工费用，而且在他的赶工措施中若包括夜间或当地公认的休息日加班工作时，还承担工程师因增加附加工作所需补偿的监理费用。虽然这笔费用按责任划分应由承包商负担，但不能由他直接支付给工程师，而由业主支付后从承包商应得款内扣回。

（5）竣工检验

承包商根据规定提交文件后，对工程进行竣工检验。承包商应提前21天将某一确定日期通知工程师，说明在该日期后他将准备好进行竣工检验。除非另有商定，此类检验应在该日期后14天内于工程师指示的某日或数日内进行。如果承包商无故延误竣工检验，工程师可通知承包商要求他在收到该通知后21天内进行此类检验。承包商应在该期限内他可能确定的某日或数日内进行检验，并将此日期通知工程师。若承包商未能在21天的期限内进行竣工检验，业主的人员可着手进行此类检验，其风险和费用均由承包商承担。此类竣工检验应被视为是在承包商在场的情况下进行的且检验结果应被认为是准确的。

（6）工程接收证书的颁发

在整个工程已实质上竣工，并已合格地通过合同规定的任何竣工检验时，承包人可就此向工程师发出通知并抄报业主，同时应附上一份在缺陷责任期间以规定的速度完成任何未完工作的书面保证。此项通知和保证应视为承包人要求工程师发给本工程接收证书的申请。工程师应于该通知收到之日起21天内，或给承包人发出一份接收证书，其中写明工程师认为工程已按合同规定实质上完工的日期，同时给业主一份副本；或者给承包人书面指示，说明工程师认为在发给接收证书前，承包人尚需完成的所有工作。工程师还应将发出该书面指示之后及证书颁发之前可能出现的、影响该工程实质上完工的任何工程缺陷通知承包人。承包人在完成上述的各项工作及修复好所指出的工程缺陷，并使工程师满意后有权在21天内得到工程接收证书。

（7）缺陷责任期

缺陷责任期是指自工程师颁发工程接收证书中写明的竣工日期，至工程师颁发履约证书为止的日历天数。

设置缺陷责任期的目的是考验工程在动态运行条件下是否达到了合同中技术规范的要求。因此，从开工之日起至颁发解除缺陷责任证书日止，承包商要对工程的施工质量负责。合同工程的缺陷责任期及分阶段移交工程的缺陷责任期，应在专用条件内具体约定。次要部位工程通常为半年；主要工程及设备大多为一年；个别重要设备也可以约定为一年半。

为了在缺陷责任期满时或在缺陷责任期满后的尽量短的期间内，将工程以合同所要求的条件（合理的磨损和消耗除外）及使工程师满意的状态移交给业主，承包人应该在发给证书的竣工之日尚遗留有任何未完工作，尽快予以完成；在缺陷责任期内或缺陷责任期终止后14天内，承包人应根据工程师或其代表在缺陷责任期终止之前的检查结果发出的指示，进行修补、重建,修复缺陷、变形及其他不合格之处。

（8）履约证书

工程师应在最后一个缺陷通知期期满后28天内颁发履约证书,或在承包商已提供了全部承包商的文件并完成和检验了所有工程,包括修补了所有缺陷的日期之后尽快颁发,还应向雇主提交一份履约证书的副本。只有履约证书才应被视为构成对工程的接受。

3.FIDIC合同条件中涉及费用管理的条款

（1）预付款

一般在合同价的5%～10%范围内自承包商获得工程进度款累计总额达到合同总价20%时,当月起扣,到规定竣工日期前3个月扣清,在此期间每个月按等值从应得工程进度款内扣留。若某月承包商应得工程进度款较少,不足以扣除应扣预付款时,其余额计入下月应扣款内。

按材料发票价值乘以合同约定的百分比（60%～90%）作为预付材料款,包括在当月应支付的工程进度款,另外还有约定的后续月内每月按平均值扣还或从已计量支付的工程量内扣除其中的材料费等方法。

（2）工程进度款的支付

1）工程量计量

工程量清单中所列的工程量仅是对工程的估算量,不能作为承包商完成合同规定施工义务的结算依据。每次支付工程进度款前,均需通过测量来核实实际完成的工程量,以计量值作为支付的依据。

2）支付工程进度款

①承包商提供报表。每个月的月末,承包商应按工程师规定的格式提交一式六份本月支付报表。

②工程师签证。工程师接到报表后,要审查款项内容的合理性和计算的正确性。工程师的审查和签证工作,应在收到承包商报表后的28天内完成。

③业主支付。承包商的报表经过工程师认可并签发工程进度款的支付证书后,业主应在接到证书的28天内给承包商付款。

（3）竣工结算

颁发工程移交证书后的84天内,承包商应按工程师规定的格式报送竣工报表。报表内容包括:到工程移交证书中指明的竣工日止,根据合同完成全部工作的最终价值;承包商认为应该获得的其他款项,如要求的索赔款、应退还的部分保留金等;承包商认为根据合同应支付给他的估算总额。工程师接到竣工报表后,应对照竣工图进行工程量详细核算,对其他支付要求进行审查,然后再依据检查结果签署竣工结算的支付证书。此项签证工作,工程师也应在收到竣工报表后28天内完成。业主依据工程师的签证予以支付。

（4）保留金

保留金的扣留:从首次支付工程进度款开始,用该月承包商有权获得的所有款项中减去调价款后的金额乘以合同约定保留金的百分比作为本次支付时应扣留的保留金（通常为10%）。逐月累计扣到合同约定的保留金最高限额为止（通常为合同总价的5%）。

保留金的返还:颁发工程移交证书后,退还承包商一半保留金。如果颁发的是部分工程移交证书,也应退还该部分永久工程占合同工程相应比例保留金的一半。颁发解除缺陷责任证书后,退还剩余的全部保留金。

(5)最终决算

最终决算指颁发解除缺陷责任证书后,对承包商完成全部工作价值的详细结算以及根据合同条件对应付给承包商的其他费用进行核实,确定合同的最终价格。

颁发解除缺陷责任证书后的56天内,承包商应向工程师提交最终报表草案,以及工程师要求提交的有关资料。

工程师审核后与承包商协商,对最终报表草案进行适当的补充或修改后形成最终报表。同时还需向业主提交一份"结清单"进一步证实最终报表中的支付总额,作为同意与业主终止合同关系的书面文件。工程师在接到最终报表和结清单附件后的28天内签发最终支付证书,业主应在收到证书后的56天内支付。只有当业主按照最终支付证书的金额予以支付并退还履约保函后,结清单才生效,承包商的索赔权也即行终止。

5.1.4 管理性条款

1. 合同使用的法律和语言条款

合同应受投标函附录中规定的国家(或其他管辖区域)的法律制约。

2. 争端和仲裁

(1)争端

工程师能够按规定做出仲裁之前的决定,在鼓励合同双方随工程进展就争议事件达成协议的同时,允许双方将此类争议事件提交给一个行为公正的争端裁决委员会(DAB)裁决。

(2)争端裁决委员会的委任

根据投标书附录中的规定由合同双方共同设立的,由1人或者3人组成。如争端裁决委员会成员为3人,则由合同双方各提名1名成员供对方认可,双方共同确定第三位成员作为主席。

(3)争端和仲裁

如果业主与承包人之间发生了争端,首先应书面通知工程师及抄送另一方。通知应说明是根据本款规定做出的。在收到通知84天内,工程师应将其决定通知业主及承包人,其决定也应说明是据本款做出的。

【案例分析】

序 号	FIDIC施工合同责任划分	停工原因	解析
1	业主的权利和义务	因设计变更停工	按照FIDIC合同规定是业主的责任
2	承包方的权利和义务	因噪声干扰停工	按照FIDIC合同规定是承包方的责任
3	承包方的权利和义务	因材料更换停工	按照FIDIC合同规定是承包方的责任

5.2 建设工程施工合同示范文本

【案例引入】

某建设单位和施工单位按照建设工程施工合同示范文本签订了施工合同,合同中约定:建筑材料由建设单位提供,由于非施工单位造成的工程停工,机械补偿费为 200 元/台班,人工补偿费为 50 元/工日;总工期为 120 天;竣工时间提前的奖励为 3 000 元/每天,延误工期损失赔偿费为 5 000 元/天。施工过程中发生如下事件。

事件 1:工程进行中,建设单位要求施工单位对某一构件做破坏性试验,以验证设计参数的正确性。该试验需要修建两间临时试验用房,施工单位提出建设单位应该支付该项试验费用和试验用房修建费用。建设单位认为,该试验费属于建筑安装工程检验试验费,试验用房修建费属于建筑安装工程措施费中的临时设施费,该两项费用已包含在施工合同价格中。

事件 2:建设单位提供的建筑材料经施工单位清点入库,在专业监理工程师的见证下进行检验,检验结果合格。其后,施工单位提出,建设单位应支付建筑材料的保管费和检验费,由于建筑材料需要进行二次搬运,建设单位还应支付该批材料的二次搬运费。

通过本任务的学习,请思考:

(1)事件 1 中建设单位的说法是否正确?为什么?

(2)逐项回答事件 2 中施工单位的要求是否合理并说明理由。

【理论知识】

5.2.1 建设工程施工合同示范文本概述

1. 施工合同的概念

施工合同是指承包方完成工程建筑安装工作,发包方验收后接受该工程并支付价款的合同。施工合同主要包括建筑和安装两方面内容。其中,建筑是指对建筑物、构筑物进行营造的行为,安装主要是指与建筑物、构筑物有关的线路、管道、设备等设施的装配。

施工合同是建设工程的主要合同,是工程建设质量控制、进度控制、投资控制的主要依据。《中华人民共和国合同法》《中华人民共和国建筑法》等法律、法规、部门规章是我国建设工程施工合同管理的主要依据。

2. 施工合同的特点

①合同标的的特殊性。

②合同履行期限的长期性。

③合同内容的复杂性与多样性。

④合同管理的严格性。

3．施工合同的订立

（1）订立施工合同必须具备的条件

1）初步设计已经批准

①有能满足施工需要的设计文件和有关技术资料。

②建设资金、建筑材料和设备来源已经落实。

2）中标通知书已经下达

①国家重点建设工程项目必须有国家批准的投资计划可行性研究报告等文件。

②合同当事人双方必须具备相应资质条件和履行施工合同的能力，即合同主体必须是法人。

（2）订立施工合同应遵守的原则

①平等、自愿、公平、诚实信用的原则。

②遵守法律、法规和国家计划的原则。

（3）施工合同的订立程序

施工合同的订立要经过要约和承诺阶段。要约、承诺是合同成立的基本条件，也是订立合同必须经过的两个阶段。如果没有特殊情况，建设工程的施工都应通过招标投标确定施工企业。

依照《工程建设施工招标投标管理办法》的规定，在中标通知书发出的 30 天内，中标单位应与项目法人依据招标文件、投标书及定标前双方达成的协议等签订施工合同。

4．施工合同的作用

①明确发包方和承包方在施工中的权利和义务。

②有利于对工程施工的管理。

③是进行工程监理的依据和需要。

5．施工合同的分类

（1）按施工的种类进行分类

根据建筑工程的种类，施工合同一般可以分为建筑施工合同、设备安装施工合同、装饰装修及房屋修缮施工合同等。

（2）按承包单位的数量进行分类

根据承包单位数量的不同，可以将施工合同分为总承包施工合同、分别承包施工合同和分包施工合同。

5.2.2　施工合同示范文本双方的一般权利义务

1．发包人

（1）许可或批准

发包人应遵守法律，并办理法律规定由其办理的许可、批准或备案，包括但不限于建设用地规划许可证、建设工程规划许可证、建设工程施工许可证、施工所需临时用水、临时用电、中断道路交通、临时占用土地等许可和批准。发包人应协助承包人办理法律规定的有关施工证件和批件。

因发包人原因未能及时办理完毕前述许可、批准或备案,由发包人承担由此增加的费用和(或)延误的工期,并支付承包人合理的利润。

(2)发包人代表

发包人应在专用合同条款中明确其派驻施工现场的发包人代表的姓名、职务、联系方式及授权范围等事项。发包人代表在发包人的授权范围内,负责处理合同履行过程中与发包人有关的具体事宜。发包人代表在授权范围内的行为由发包人承担法律责任。发包人更换发包人代表的,应提前 7 天书面通知承包人。

发包人代表不能按照合同约定履行其职责及义务,并导致合同无法继续正常履行的,承包人可以要求发包人撤换发包人代表。

不属于法定必须监理的工程,监理人的职权可以由发包人代表或发包人指定的其他人员行使。

(3)发包人人员

发包人应要求在施工现场的发包人人员遵守法律及有关安全、质量、环境保护、文明施工等的规定,并保障承包人免于承受因发包人人员未遵守上述要求给承包人造成的损失和责任。

发包人人员包括发包人代表及其他由发包人派驻施工现场的人员。

(4)施工现场、施工条件和基础资料的提供

1)提供施工现场

除专用合同条款另有约定外,发包人应最迟于开工日期 7 天前向承包人移交施工现场。

2)提供施工条件

除专用合同条款另有约定外,发包人应负责提供施工所需要的条件,包括以下几点。

①将施工用水、电力、通信线路等施工所必需的条件接至施工现场内。

②保证向承包人提供正常施工所需要的进入施工现场的交通条件。

③协调处理施工现场周围地下管线和邻近建筑物、构筑物、古树名木的保护工作,并承担相关费用。

④按照专用合同条款约定应提供的其他设施和条件。

3)提供基础资料

发包人应当在移交施工现场前向承包人提供施工现场及工程施工所必需的毗邻区域内供水、排水、供电、供气、供热、通信、广播电视等地下管线资料,气象和水文观测资料,地质勘察资料,相邻建筑物、构筑物和地下工程等有关基础资料,并对所提供资料的真实性、准确性和完整性负责。

按照法律规定确需在开工后方能提供的基础资料,发包人应尽其努力及时地在相应工程施工前的合理期限内提供,合理期限应以不影响承包人的正常施工为限。逾期提供的责任如下:因发包人原因未能按合同约定及时向承包人提供施工现场、施工条件、基础资料的,由发包人承担由此增加的费用和(或)延误的工期。

(5)资金来源证明及支付担保

除专用合同条款另有约定外,发包人应在收到承包人要求提供资金来源证明的书面通知

后28天内,向承包人提供能够按照合同约定支付合同价款的相应资金来源证明。

除专用合同条款另有约定外,发包人要求承包人提供履约担保的,发包人应当向承包人提供支付担保。支付担保可以采用银行保函或担保公司担保等形式,具体由合同当事人在专用合同条款中约定。

(6)支付合同价款

发包人应按合同约定向承包人及时支付合同价款。

(7)组织竣工验收

发包人应按合同约定及时组织竣工验收。

(8)现场统一管理协议

发包人应与承包人、由发包人直接发包的专业工程的承包人签订施工现场统一管理协议,明确各方的权利义务。施工现场统一管理协议作为专用合同条款的附件。

2. 承包人

承包人在履行合同过程中应遵守法律和工程建设标准规范,并履行以下义务。

①办理法律规定应由承包人办理的许可和批准,并将办理结果书面报送发包人留存。

②按法律规定和合同约定完成工程,并在保修期内承担保修义务。

③按法律规定和合同约定采取施工安全和环境保护措施,办理工伤保险,确保工程及人员、材料、设备和设施的安全。

④按合同约定的工作内容和施工进度要求,编制施工组织设计和施工措施计划,并对所有施工作业和施工方法的完备性和安全可靠性负责。

⑤在进行合同约定的各项工作时,不得侵害发包人与他人使用公用道路、水源、市政管网等公共设施的权利,避免对邻近的公共设施产生干扰。承包人占用或使用他人的施工场地,影响他人作业或生活的,应承担相应责任。

⑥负责施工场地及其周边环境与生态的保护工作。

⑦采取施工安全措施,确保工程及其人员、材料、设备和设施的安全,防止因工程施工造成的人身伤害和财产损失。

⑧将发包人按合同约定支付的各项价款专用于合同工程,且应及时支付其雇用人员工资,并及时向分包人支付合同价款。

⑨按照法律规定和合同约定编制竣工资料,完成竣工资料立卷及归档,并按专用合同条款约定的竣工资料的套数、内容、时间等要求移交发包人。

3. 项目经理

项目经理应为合同当事人所确认的人选,并在专用合同条款中明确项目经理的姓名、职称、注册执业证书编号、联系方式及授权范围等事项,项目经理经承包人授权后代表承包人负责履行合同。项目经理应是承包人正式聘用的员工,承包人应向发包人提交项目经理与承包人之间的劳动合同以及承包人为项目经理缴纳社会保险的有效证明。承包人不提交上述文件的,项目经理无权履行职责,发包人有权要求更换项目经理,由此增加的费用和(或)延误的工期由承包人承担。

项目经理应常驻施工现场,且每月在施工现场时间不得少于专用合同条款约定的天数。项目经理不得同时担任其他项目的项目经理。项目经理确需离开施工现场时,应事先通知监理人,并取得发包人的书面同意。项目经理的通知中应当载明临时代行其职责的人员的注册执业资格、管理经验等资料,该人员应具备履行相应职责的能力。

承包人违反上述约定的,应按照专用合同条款的约定,承担违约责任。

项目经理按合同约定组织工程实施。在紧急情况下为确保施工安全和人员安全,在无法与发包人代表和总监理工程师及时取得联系时,项目经理有权采取必要的措施保证与工程有关的人身、财产和工程的安全,但应在 48 小时内向发包人代表和总监理工程师提交书面报告。

承包人需要更换项目经理的,应提前 14 天书面通知发包人和监理人,并征得发包人书面同意。通知中应当载明继任项目经理的注册执业资格、管理经验等资料,继任项目经理继续履行约定的职责。未经发包人书面同意,承包人不得擅自更换项目经理。承包人擅自更换项目经理的,应按照专用合同条款的约定承担违约责任。

发包人有权书面通知承包人更换其认为不称职的项目经理,通知中应当载明要求更换的理由。承包人应在接到更换通知后 14 天内向发包人提出书面的改进报告。发包人收到改进报告后仍要求更换的,承包人应在接到第二次更换通知的 28 天内进行更换,并将新任命的项目经理的注册执业资格、管理经验等资料书面通知发包人。继任项目经理继续履行约定的职责。承包人无正当理由拒绝更换项目经理的,应按照专用合同条款的约定承担违约责任。

项目经理因特殊情况授权其下属人员履行其某项工作职责的,该下属人员应具备履行相应职责的能力,并应提前 7 天将上述人员的姓名和授权范围书面通知监理人,并征得发包人书面同意。

4. 监理人

工程实行监理的,发包人和承包人应在专用合同条款中明确监理人的监理内容及监理权限等事项。监理人应当根据发包人授权及法律规定,代表发包人对工程施工相关事项进行检查、查验、审核、验收,并签发相关指示,但监理人无权修改合同,且无权减轻或免除合同约定的承包人的任何责任与义务。其中涉及的几个问题如下。

(1) 监理人员

发包人授予监理人对工程实施监理的权利由监理人派驻施工现场的监理人员行使,监理人员包括总监理工程师及监理工程师。监理人应将授权的总监理工程师和监理工程师的姓名及授权范围以书面形式提前通知承包人。更换总监理工程师的,监理人应提前 7 天书面通知承包人;更换其他监理人员的,监理人应提前 48 小时书面通知承包人。

(2) 监理人的指示

监理人应按照发包人的授权发出监理指示。监理人的指示应采用书面形式,并经其授权的监理人员签字。紧急情况下,为了保证施工人员的安全或避免工程受损,监理人员可以口头形式发出指示,该指示与书面形式的指示具有同等法律效力,但必须在发出口头指示后 24 小时内补发书面监理指示,补发的书面监理指示应与口头指示一致。

监理人发出的指示应送达承包人项目经理或经项目经理授权接收的人员。因监理人未能按合同约定发出指示、指示延误或发出了错误指示而导致承包人费用增加和(或)工期延误的,由发包人承担相应责任。除专用合同条款另有约定外,总监理工程师不应将第4.4款(商定或确定)约定应由总监理工程师做出确定的权力授权或委托给其他监理人员。

承包人对监理人发出的指示有疑问的,应向监理人提出书面异议,监理人应在48小时内对该指示予以确认、更改或撤销,监理人逾期未回复的,承包人有权拒绝执行上述指示。

监理人对承包人的任何工作、工程或其采用的材料和工程设备未在约定的或合理期限内提出意见的,视为批准,但不免除或减轻承包人对该工作、工程、材料、工程设备等应承担的责任和义务。

(3)商定或确定

合同当事人进行商定或确定时,总监理工程师应当会同合同当事人尽量通过协商达成一致,不能达成一致的,由总监理工程师按照合同约定审慎做出公正的确定。

总监理工程师应将确定以书面形式通知发包人和承包人,并附详细依据。合同当事人对总监理工程师的确定没有异议的,按照总监理工程师的确定执行。任何一方合同当事人有异议的,按照第20条(争议解决)约定处理。争议解决前,合同当事人暂按总监理工程师的确定执行;争议解决后,争议解决的结果与总监理工程师的确定不一致的,按照争议解决的结果执行,由此造成的损失由责任人承担。

5.2.3　施工示范文本合同条款

1.建设工程施工合同示范文本概述

我国建设主管部门通过制定《建设工程施工合同(示范文本)》来规范承发包双方的合同行为。尽管示范文本在法律性质上并不具备强制性,但由于其通用条款较为公平合理地设定了合同双方的权利、义务,因此得到了较为广泛的应用。

现行的《建设工程施工合同(示范文本)》(GF—2017—0201)(以下简称《示范文本》),是在《建设工程施工合同》(GF—1999—0201)基础上进行修订的版本,是一种建设施工合同。该示范文本由"协议书""通用条款"和"专用条款"三部分组成。"通用条款"是依据有关建设工程施工的法律、法规制定而成,它基本上可以适用于各类建设工程,因而有相对的固定性。而建设工程施工涉及面广,每一个具体工程都会发生一些特殊情况,针对这些情况必须专门拟定一些专用条款,"专用条款"就是结合具体工程情况的有针对性的条款,它体现了施工合同的灵活性。这种固定性和灵活性相结合的特点,适应了建设工程施工合同的需要。

2.《示范文本》的组成

《示范文本》由"协议书""通用条款""专用条款"三部分组成,并附有　　附件:附件一是"承包人承揽工程项目一览表",附件二是"发包人供应材料设备一览表　　件三是"工程质量保修书"。

"协议书"是《施工合同文本》中总纲性的文件。虽然其文字量并不大,但它规定了合同当事人双方最主要的权利义务,规定了组成合同的文件及合同当事人对履行合同义务的承诺,并且合同当事人在这份文件上签字盖章,因此具有很高的法律效力。"协议书"的内容包括工程概况、工程承包范围、合同工期、质量标准、合同价款、组成合同的文件等。

"通用条款"是根据《中华人民共和国合同法》《中华人民共和国建筑法》《建设工程施工合同管理办法》等法律、法规对承发包双方的权利、义务做出的规定,除双方协商一致对其中的某些条款作了修改、补充或取消,双方都必须履行。它是将建设工程施工合同中共性的一些内容抽象出来编写的一份完整的合同文件。"通用条款"具有很强的通用性,基本适用于各类建设工程。"通用条款"共用 11 部分 47 条组成。这十一部分内容是:词语定义及合同文件;双方一般权利和义务;施工组织设计和工期;质量与检验;安全施工;合同价款与支付;材料设备供应;工程变更;竣工验收与结算;违约、索赔和争议;其他。

考虑到建设工程的内容各不相同,工期、造价也随之变动,承包、发包人各自的能力、施工现场的环境和条件也各不相同,"通用条款"不能完全适用于各个具体工程,因此配之以"专用条款"对其作必要的修改和补充,使"通用条款"和"专用条款"成为双方统一意愿的体现。"专用条款"的条款号与"通用条款"相一致,但主要是空格,由当事人根据工程的具体情况予以明确或者对"通用条款"进行修改。

《示范文本》的附件则是对施工合同当事人的权利义务的进一步明确,并且使得施工合同当事人的有关工作一目了然,便于执行和管理。

3. 施工合同文件的组成及解释顺序

《示范文本》第 2 条规定了施工合同文件的组成及解释顺序。组成建设工程施工合同的文件包括以下内容。

①施工合同协议书。

②中标通知书。

③投标书及其附件。

④施工合同专用条款。

⑤施工合同通用条款。

⑥标准、规范及有关技术文件。

⑦图纸。

⑧工程量清单。

⑨工程报价单或预算书。

双方有关工程的洽商、变更等书面协议或文件视为施工合同的组成部分。

上述合同文件应能够互相解释、互相说明。当合同文件中出现不一致时,上面的顺序就是合同的优先解释顺序。当合同文件出现含糊不清或者当事人有不同理解时,按照合同争议的解决方式处理。

5.2.4　其他建设工程合同

工程建设项目的建设是一项复杂的系统工程,由很多合同关系共同组成。除了建设工程监理合同,建设工程勘察、设计合同以及建设工程总包、分包合同以外,还会涉及物资采购合同、设备供应合同、工程保险合同以及工程担保合同等。这些合同关系共同构成了一个完整的建设工程合同体系。

1. 建设工程物资采购合同

建设工程物资采购合同是指出卖人转移建设工程物资所有权于买受人，买受人支付价款的明确双方权利义务关系的协议。合同当事人为供方（出卖人），一般为物资供应部门或建筑材料和设备的生产厂家；需方（买受人）为建设单位或建筑承包企业。

2. 设备供应合同

现今，建设工程的设备供应方式主要为委托承包、按设备费包干、招标投标三种方式，设备供应合同的一般条款可参照前述建筑材料供应合同的一般条款，此外，在设备供应合同签订时尚须注意如下问题。

①设备价格。设备合同价格应根据承包方式确定。用按设备费包干的方式以及招标方式确定合同价格较为简捷，而按委托承包方式确定合同价格较为复杂。在签订合同时确定价格有困难的产品，可由供需双方协商暂定价格，并在合同中注明"按供需双方最后商定的价格（或物价部门批准的价格）结算，多退少补"。

②设备数量。除列明成套设备名称、套数外，还要明确规定随主机的辅机、附件、易损耗备用品、配件和安装修理工具等，并于合同后附详细清单。

③技术标准。除应注明成套设备系统的主要技术性能外，还要在合同后附各部分设备的主要技术标准和技术性能的文件。

④现场服务。供方应派技术人员现场服务，并要对现场服务的内容明确规定。合同中还要对供方技术人员在现场服务期间的工作条件、生活待遇及费用出处做出明确的规定。

⑤验收和保修。成套设备的安装是一项复杂的系统工程。安装成功后，试车是关键。因此合同中应详细注明成套设备的验收办法。要注意，需方应在项目成套设备安装后才能验收。

3. 建设工程保险合同

建设工程保险是指发包人或承包人为了建设工程项目顺利完成而对工程建设中可能产生的人身伤害或财产损失，向保险公司投保以化解风险的行为。建设工程保险合同是指发包人或承包人为防范特定风险而与保险公司订立的明确双方权利义务关系的协议。

4. 建设工程担保合同

工程建设领域存在很多风险，建设工程合同当事人一方为避免因对方违约或其他违背诚实信用原则的行为而遭受损失，往往要求另一方当事人提供可靠的担保，以维护建设工程合同双方当事人的利益。这种担保即为建设工程担保（以下简称"工程担保"），因此而签订的担保合同即为工程担保合同。所谓建设工程担保合同就是指义务人（发包人或承包人）或第三人与权利人（承包人或发包人）签订的，为保证建设工程合同全面、正确履行而明确双方权利义务关系的协议。

【案例分析】

序 号	建设工程施工合同示范文本规定	建设单位与施工单位的责任划分	解 析
1	费用的划分	建设单位的说法不正确	依据《建设工程施工合同(示范文本)》的规定,直接工程费中材料费包括的检验费是指对建筑材料、构件和建筑安装物进行一般鉴定、检查所发生的费用,包括自设试验室进行试验所耗用的材料和化学药品等费用,而不包括新结构、新材料的试验费和建设单位对具有出厂合格证明的材料进行检验及对材料做破坏性试验的费用。对构件做破坏性试验,用以验证设计参数的正确性的费用和试验用房费应归属于项目建设有关的其他费用中的研究试验费和临时建设费
2	发包人的义务	施工单位提出建设单位应支付建筑材料的保管费的要求合理	依据《建设工程施工合同(示范文本)》的规定,发包人供应的材料设备经双方共同清点接收后,由承包人妥善保管,发包人支付相应的保管费
3	发包人的义务	施工单位提出建设单位应支付建筑材料的检验费的要求合理	依据《建设工程施工合同(示范文本)》的规定,发包人供应的材料设备进入施工现场后需要在使用前检验或者试验的,由承包人负责检验试验,费用由发包人负责
4	施工方的义务	施工单位提出的建设单位应支付该批材料的二次搬运费用不合理	二次搬运费已包含在直接费用中措施项目一项中,故无须再次支付

思考与练习

一、选择题

1. 在 FIDIC 合同条件中,合同工期是指( )。

A. 合同内注明工期

B. 合同内注明工期与经工程师批准顺延工期之和

C. 发布开工令之日起至颁发移交证书之日止的日历天数

D. 发布开工令之日起至颁发解除缺陷责任证书止的日历天数

2. 依据 FIDIC 施工合同条件规定,施工中遇到( )情况,属于承包商应承担的风险。

A. 现场地质条件与文件资料说明不一致

B. 不利于施工的外界非自然条件

C. 不利于施工的气候条件

D. 其他承包商对施工的干扰

3. FIDIC 施工合同条件规定,从(　　　　)之日止的持续时间为缺陷通知期,承包商负有修复质量缺陷的责任。

A. 开工日起至颁发接收证书

B. 开工令要求的开工日起至颁发接收证书中指明的竣工

C. 颁发接收证书日起至颁发履约证书

D. 接收证书中指明的竣工日起至颁发履约证书

4. FIDIC 施工合同条件规定,用从(　　　　)之日止的持续时间与合同工期比较,判定承包商的施工是否为提前竣工。

A. 合同签字日起至颁发接收证书

B. 合同签字日起至颁发接收证书中指明的竣工

C. 开工令要求的开工日起至颁发接收证书

D. 开工令要求的开工日起至颁发接收证书中指明的竣工

5. FIDIC 施工合同条件规定,由于承包商使用的施工设备数量不足影响了工程进度,工程师要求承包方增加设备。此时,(　　　　)。

A. 承包商可以拒绝

B. 承包商应执行,但应给予经济补偿

C. 承包商应执行,但应给予费用和工期补偿

D. 承包商应执行,由此增加的费用和工期由承包商承担

6. 某采用 FIDIC《施工合同条件》的工程,未经竣工检验,业主提前占用工程。工程师应及时颁发工程接收证书,但应当(　　　　)。

A. 以颁发工程接收证书日为竣工日,承包商不再对工程质量缺陷承担责任

B. 以颁发工程接收证书日为竣工日,承包商对工程质量缺陷仍承担责任

C. 以业主占用日为竣工日,承包商对工程质量缺陷仍承担责任

D. 以业主占用日为竣工日,承包商不再对工程质量缺陷承担责任

7. 根据 FIDIC《施工合同条件》,施工合同的有效期为自合同订立之日起至(　　　　)之日止。

A. 竣工移交 　　　　　　　　　　　B. 工程师签发工程接收证书

C. 工程师颁发履约证书 　　　　　　　D. 结清单生效

8. 某施工合同对工程拖期竣工的日拖期赔偿额和最高赔偿金额均做出了约定。合同履行中,发生了承包商分阶段移交工程拖期竣工的情形,根据 FIDIC《施工合同条件》,下列关于计算拖期违约赔偿金额的说法中,正确的是(　　　　)。

A. 日拖期赔偿额和最高赔偿金额均应折减

B. 日拖期赔偿额和最高赔偿金额均不折减

C. 日拖期赔偿额折减,最高赔偿限额不折减

D. 最高赔偿限额折减,日拖期赔偿额不折减

9. 根据 FIDIC《施工合同条件》,同时在现场施工的两个承包商出现施工干扰时,工程师有权发布调整其中某一承包商原定施工作业顺序的指令,工程师发布该指令的依据是(　　)的规定。

A. 施工合同中关于进度控制的条款

B. 施工合同中关于变更的条款

C. 工程师与业主订立的服务合同中工程师的权力条款

D. 工程师与业主订立的服务合同中工程师的责任条款

10. 根据 FIDIC《施工合同条件》,保留金的性质属于(　　)。

A. 合同实施期的暂列金额　　　　　　　B. 承包商部分工程的预付款

C. 业主的履约保证金　　　　　　　　　D. 作为承包商严格履行合同义务的措施

二、简述题

1. FIDIC 土木工程施工合同条件主要包括哪些?

2. 在 FIDIC 合同条件中对质量控制做出了哪些规定?

3. 在 FIDIC 合同条件中对工程进度控制做出了哪些规定?

4. 在 FIDIC 合同条件中对工程费用控制做出了哪些规定?

5. 简述建设工程施工合同双方的权利和义务?

三、案例分析题

某高速公路工程中,图纸上给出的某一条管涵没有注明尺寸,工程师于下水道建造工程将近完工时,才发现这个错误,并将图上的错误改正后,指示承包商按照改正后图纸上的尺寸铺设管涵。这时承包商必须去采购附加的下水管道,结果使一队专门铺设管涵的人员被迫停工一个月,等候管道运来。这期间又无其他工作可做。

(1)承包商可提出索赔吗? 理由是什么?

(2)工程师应如何审理,理由是什么?

单元 6 建设工程施工合同管理

【单元目标】

知识目标	1. 能理解施工合同管理的概念、内容、类型及施工合同的选择 2. 能理解工程变更的分类、工程变更的处理程序、工程变更价款的确定、FIDIC 合同条件下的工程变更 3. 能理解工程索赔的概念和分类、工程索赔的处理原则和计算 4. 能进行工程价款的结算	技能目标	1. 能根据招标准备情况和工程项目的特点,合理选择施工合同的类型 2. 能对实际工程进行合同分析和合同控制,解决合同变更和风险及索赔事件,解决合同纠纷,处理合同事故

【知识脉络图】

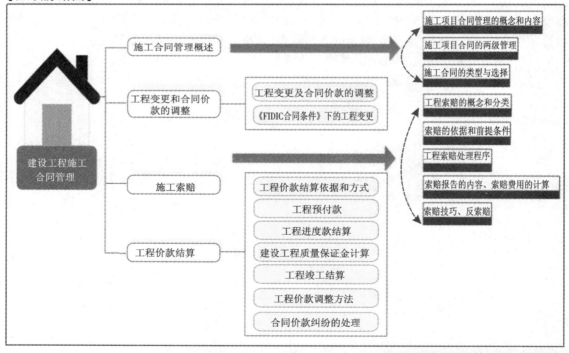

6.1　施工合同管理概述

【案例引入】

某市因传染疫情严重,为了使传染病人及时隔离治疗,临时将郊区的一座养老院改为传染病医院,投资概算为 2 500 万元,因情况危急,建设单位决定邀请 3 家有医院施工经验的一级施工总承包企业进行竞标,设计和施工同时进行,采用了成本加酬金的合同形式,通过谈判,选定一家施工企业,按实际成本加 15% 的酬金比例进行工程价款的结算,工期为 40 天。合同签订后,因时间紧迫,施工单位加班加点赶工期,工程实际支出为 2 800 万元,建设单位不愿承担多出概算的 300 万元。

问题:

(1)该工程采用成本加酬金的合同形式是否合适? 为什么?

(2)成本增加的风险应由谁来承担?

(3)简述采用成本加酬金合同的不足之处。

【理论知识】

6.1.1　施工项目合同管理的概念和内容

1. 施工项目合同管理的概念

施工项目合同管理是对工程项目施工过程中所发生的或所涉及的一切经济、技术合同的签订、履行、变更、索赔、解除、解决争议、终止与评价的全过程进行的管理工作。

施工项目合同管理的任务是根据法律、政策的要求,运用指导、组织、检查、考核、监督等手段,促使当事人依法签订合同,全面实际地履行合同,及时妥善地处理合同争议和纠纷,不失时机地进行合理索赔,预防发生违约行为,避免造成经济损失,保证合同目标顺利实现,从而提高企业的信誉和竞争能力。

2. 施工项目合同管理的内容

①建立健全施工项目合同管理制度,包括合同归口管理制度、考核制度、合同用章管理制度、合同台账、统计及归档制度等。

②经常对合同管理人员、项目经理及有关人员进行合同法律知识教育,提高合同业务人员的法律意识和专业素质。

③在谈判签约阶段,重点是了解对方的信誉,核实其法人资格及其他有关情况和资料;监督双方依照法律程序签订合同,避免出现无效合同、不完善合同,预防合同纠纷发生;组织配合有关部门做好施工项目合同的鉴证、公证工作,并在规定时间内送交合同管理机关等有关部门备案。

④合同履约阶段,主要的日常工作是经常检查合同以及有关法规的执行情况,并进行统计分析,如统计合同份数、合同金额、纠纷次数,分析违约原因、变更和索赔情况、合同履约率等,以便及时发现问题、解决问题;做好有关合同履行中的调解、诉讼、仲裁等工作,协调好企业与

各方面、各有关单位的经济协作关系。

⑤专人整理保管合同、附件、工程洽商资料、补充协议、变更记录及与业主及其委托的监理工程师之间的来往函件等文件，随时备查；合同期满，工程竣工结算后，将全部合同文件整理归档。

6.1.2 施工项目合同的两级管理

施工项目合同管理组织一般实行企业、项目经理部两级管理。

1.企业的合同管理

企业设立专职合同管理部门，在企业经理授权范围内负责制定合同管理的制度、组织全企业所有施工项目的各类合同的管理工作；编写本企业施工项目分包、材料供应统一合同文本，参与重大施工项目的投标、谈判、签约工作；定期汇总合同的执行情况，向经理汇报、提出建议；负责基层上报企业的有关合同的审批、检查、监督工作，并给予必要的指导与帮助。

2.施工项目经理部的合同管理

①项目经理为项目总合同、分合同的直接执行者和管理者。在谈判签约阶段，预选的项目经理应参加项目合同的谈判工作，经授权的项目经理可以代表企业法人签约；项目经理还应亲自参与或组织本项目有关合同及分包合同的谈判和签署工作。

②项目经理部设立专门的合同管理人员，负责本部所有合同的报批、保管和归档工作；参与选择分包商工作，在项目经理授权后负责分包合同起草、洽谈，制定分包的工作程序，以及总合同变更合同的洽谈，资料的收集，定期检查合同的履约工作；负责须经企业经理签字方能生效的重大施工合同的上报审批手续等工作；监督分包商履行合同工作，以及向业主、监理工程师、分包单位发送涉及合同问题的备忘录、索赔单等文件。

6.1.3 施工合同的类型与选择

1.建设工程施工合同的类型

按计价方式不同，建设工程施工合同可以划分为总价合同、单价合同和成本加酬金合同三大类。根据招标准备情况和建设工程项目的特点不同，建设工程施工合同可选用其中的任何一种。

（1）总价合同

总价合同又分为固定总价合同和可调总价合同。

1）固定总价合同

承包商按投标时业主接受的合同价格一笔包死。在合同履行过程中，如果业主没有要求变更原定的承包内容，承包商在完成承包任务后，不论其实际成本如何，均应按合同价获得工程款的支付。采用固定总价合同时，承包商要考虑承担合同履行过程中的全部风险，因此，投标报价较高。固定总价合同的适用条件如下。

①工程招标时的设计深度已达到施工图设计的深度，合同履行过程中不会出现较大的设计变更，承包商依据的报价工程量与实际完成的工程量不会有较大差异。

②工程规模较小,技术不太复杂的中小型工程或承包内容较为简单的工程部位。这样,可以使承包商在报价时能够合理地预见实施过程中可能遇到的各种风险。

③工程合同期较短(一般为1年之内),双方可以不必考虑市场价格浮动可能对承包价格的影响。

2)可调总价合同

这类合同与固定总价合同基本相同,但合同期较长(1年以上),只是在固定总价合同的基础上,增加合同履行过程中因市场价格浮动对承包价格调整的条款。由于合同期较长,承包商不可能在投标报价时合理地预见1年后市场价格的浮动影响。因此,应在合同内明确约定合同价款的调整原则、方法和依据。常用的调价方法有文件证明法、票据价格调整法和公式调价法。

(2)单价合同

单价合同是指承包商按工程量报价单内分项工作内容填报单价,以实际完成工程量乘以所报单价确定结算价款的合同。承包商所填报的单价应为计入各种摊销费用后的综合单价,而非直接费单价。

单价合同大多用于工期长、技术复杂、实施过程中发生各种不可预见因素较多的大型土建工程,以及业主为了缩短工程建设周期,初步设计完成后就进行施工招标的工程。单价合同的工程量清单内所开列的工程量一般为估计工程量,而非准确工程量。

(3)成本加酬金合同

成本加酬金合同是将工程项目的实际造价划分为直接成本费和承包商完成工作后应得酬金两部分。工程实施过程中发生的直接成本费由业主实报实销,另按合同约定的方式付给承包商相应报酬。

成本加酬金合同大多适用于边设计、边施工的紧急工程或灾后修复工程。由于在签订合同时,业主还不可能为承包商提供用于准确报价的详细资料,因此,在合同中只能商定酬金的计算方法。在成本加酬金合同中,业主需承担工程项目实际发生的一切费用,因而也就承担了工程项目的全部。而承包商由于无风险,其报酬往往也较低。

按照酬金的计算方式不同,成本加酬金合同的形式有:成本加固定酬金合同、成本加固定百分比酬金合同、成本加浮动酬金合同、目标成本加奖罚合同等。

在传统承包模式下,不同计价方式的合同类型比较见表6.1。

表6.1 不同计价方式的合同类型比较

合同类型	总价合同	单价合同	成本加酬金合同			
			百分比酬金	固定酬金	浮动酬金	目标成本加奖罚
应用范围	广泛	广泛	有局限性			酌情
业主方造价控制	易	较易	最难	难	不易	有可能
承包商风险	风险大	风险小	基本无风险		风险不大	有风险

2. 建设工程施工合同类型的选择

建设工程施工合同类型多样,可依据项目不同的情况进行选择。

(1)项目规模和工期的长短

规模小、工期短,总价合同、单价合同、成本加酬金合同都可选择。业主较愿选择。规模大、工期长,则项目风险大,不可预见因素多,此类项目不宜采用总价合同。

(2)项目竞争情况

承包者较多,业主主动权大,总价合同、单价合同、成本加酬金合同都可选择。承包者较少,承包商主动权多。

(3)项目复杂程度

技术要求高、风险大的,承包商主动权多,总价合同被选用的可能性较小。

(4)项目单项工程的明确程度

类别和工程量十分明确,总价合同、单价合同、成本加酬金合同都可选择。类别明确,但工程量与预计工程量可能出入较大时,优先选择单价合同。如类别和工程量都不明确,则不能采用单价合同。

(5)项目准备时间的长短

项目的准备时间包括业主的准备工作和承包商的准备工作。总价合同需要的准备时间较长,单价合同稍短,成本加酬金合同最短。有些紧急工程(如灾后恢复工程等)要求尽快开工且工期较紧时,可能仅有实施方案,还没有施工图纸,因此,承包商不可能报出合理的价格,宜采用成本加酬金合同。

(6)项目外部环境因素

如项目外部条件恶劣,则成本高、风险大,承包商很难接受总价合同,而适合采用成本加酬金合同。

总之,在选择合同类型时,一般业主占有主动权,但要综合考虑项目的各项因素,包括承包商的承受能力,双方共同协商采用都认可的类型。

【案例分析】

问　题	问题解析
成本加酬金的合同形式是否合适	本工程采用成本加酬金的合同形式是合适的。因工程紧迫,设计图纸尚未出来,工程造价无法准确计算
成本增加的风险应由谁来承担	该项目的风险应由建设单位来承担。成本加酬金合同中,建设单位需承担项目发生的实际费用,也就承担了项目的全部风险,施工单位只是按15%提取酬金,无须承担责任
采用成本加酬金合同的不足之处	工程总价不容易控制,建设单位承担了全部风险;施工单位往往不注意降低成本;施工单位的酬金一般较低

6.2　工程变更与合同价款的调整

【案例引入】

某路堤土方工程完成后,发现原设计在排水方面考虑不周,为此业主同意在适当位置增设排水管涵。在工程量清单上有100多道类似管涵,但承包商却拒绝直接从中选择适合的作为参考依据。理由是变更设计提出时间较晚,其土方已经完成并准备开始路面施工,新增排水管涵工程不但打乱了其进度计划,而且二次开挖土方难度较大,特别是重新开挖用石灰土处理过的路堤,与开挖天然土不能等同。造价管理者认为承包商的意见可以接受,不宜直接套用清单中的管涵单价。经与承包商协商,决定采用工程量清单上的几何尺寸、地理位置等条件相近的管涵价格作为新增工程的基本单价,但对其中的"土方开挖"一项在原报价基础上按某个系数予以适当提高,提高的费用叠加在基本单价上构成新增工程价格。

问题:通过以上案例和本节知识的学习,解答工程变更的范围和程序以及变更价款的确定程序有哪些。

【理论知识】

6.2.1　工程变更及合同价款的调整

工程变更是合同工程实施过程中承包人提出经发包人批准的或者发包人自己提出的合同工程的任何改变。工程变更指令发出后,应当迅速落实指令,全面修改相关的各种文件。承包人也应当抓紧落实,如果承包人不能全面落实变更指令,则扩大的损失应当由承包人承担。

1. 工程变更的范围

根据《标准施工招标文件》(2017年版)中的通用合同条款,工程变更的范围和内容包括以下几点。

①取消合同中任何一项工作,但被取消的工作不能转由发包人或其他人实施。

②改变合同中任何一项工作的质量或其他特性。

③改变合同工程的基线、标高、位置或尺寸。

④改变合同中任何一项工作的施工时间或改变已批准的施工工艺或顺序。

⑤为完成工程需要追加的额外工作。

2. 工程变更的程序

(1)发包人的指令变更

1)发包人直接发布变更指令

发生合同约定的变更情形时,发包人应在合同规定的期限内向承包人发出书面变更指示。变更指示应说明变更的范围、内容以及变更的工程量及其进度和技术要求,并附有关图纸和文件。承包人收到变更指示后,应按变更指示进行变更工作。发包人在发出变更指示前,可以要求承包人提交一份关于变更工作的实施方案,发包人同意该方案后再向承包人发出变更指示。

2)发包人根据承包人的建议发布变更指令

承包人收到发包人按合同约定发出的图纸和文件后,经检查认为其中存在变更情形的,可向发包人提出书面变更建议,但承包人不得仅仅为了施工便利而要求对工程进行设计变更。承包人的变更建议应阐明要求变更的依据,并附必要的图纸和说明。发包人收到承包人的书面建议后,确认存在变更情形的,应在合同规定的期限内做出变更指示。发包人不同意作为变更情形的,应书面答复承包人。

(2)承包人的合理化建议导致的变更

承包人对发包人提供的图纸、技术要求以及其他方面提出的合理化建议,均应以书面形式提交给发包人。合理化建议被发包人采纳并构成变更的,发包人应向承包人发出变更指示。发包人同意采用承包人的合理化建议,发生费用和获得收益的分担或分享,由发包人和承包人在合同条款中另行约定。

3. 工程变更价款的确定程序

《建设工程施工合同(示范文本)》和《工程价款结算办法》规定的工程合同变更价款的程序如图 6.1 所示。

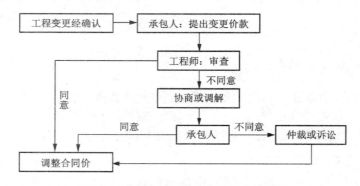

图 6.1 工程变更后合同价款的确定程序

①在工程变更确定后 14 天内,工程变更涉及工程价款调整的,由承包人向发包人提出工程价款报告,经发包人审核同意后调整合同价款。

②在工程变更确定后 14 天内,若承包人未提出变更工程价款报告,则发包人可根据所掌握的资料决定是否调整合同价款和调整的具体金额。重大工程变更涉及工程价款变更报告和确认的时限由发承包双方协商确定。

③收到变更工程价款报告的一方,应在收到之日起 14 天内予以确认或提出协商意见,自变更工程价款报告送达之日起 14 天内,当对方未确认也未提出协商意见时,视为变更工程价款报告已被确认。

④确认增(减)的工程变更价款作为追加(减)合同价款与工程进度款同期支付。

⑤因承包人自身原因导致的工程变更,承包人无权要求追加合同价款。

4. 工程变更的价款调整方法

工程变更价款的调整涉及分部分项工程费的调整、措施项目费的调整、删减工程或工作的补偿。

（1）分部分项工程费的调整

工程变更引起分部分项工程项发生变化的,应按照下列规定调整。

①已标价工程量清单中有适用于变更工程项的,且工程变更导致的该清单项的工程数量变化不足 15% 时,采用该项的单价。但当工程变更导致该清单项目的工程数量发生变化,且工程量偏差超过 15% 时,调整的原则为:当工程量增加 15% 以上时,其增加部分的工程量的综合单价应予调低;当工程量减少 15% 以上时,减少后剩余部分的工程量的综合单价应予调高。

②已标价工程量清单中没有适用但有类似于变更工程项的可在合理范围内参照类似项的单价或总价调整。

③已标价工程量清单中没有适用也没有类似于变更工程项的,由承包人根据变更工程资料、计量规则和计价办法、工程造价管理机构发布的信息(参考)价格和承包人报价浮动率,提出变更工程项的单价或总价,报发包人确认后调整。承包人报价浮动率可按下列公式计算。

实行招标的工程:

$$承包人报价浮动率 L = (1 - 中标价 / 招标控制价) \times 100\% \qquad (6.2.1)$$

不实行招标的工程:

$$承包人报价浮动率 L = (1 - 报价值 / 施工图预算) \times 100\% \qquad (6.2.2)$$

注意:上述公式中的中标价、招标控制价或报价值和施工图预算,均不含安全文明施工费。

④已标价工程量清单中没有适用也没有类似于变更工程项,且工程造价管理机构发布的信息(参考)价格缺价的,由承包人根据变更工程资料、计量规则、计价办法和通过市场调查等有合法依据的市场价格提出变更工程项的单价或总价,报发包人确认后调整。

（2）措施项目费的调整

工程变更引起措施项目发生变化的,承包人提出调整措施项目费的,应事先将拟实施的方案提交发包人确认,并详细说明与原方案措施项目相比的变化情况。拟实施的方案经发包、承包双方确认后执行,并应按照下列规定调整措施项目费。

①安全文明施工费,按照实际发生变化的措施项目调整,不得浮动。

②采用单价计算的措施项目费,按照实际发生变化的措施项目采用前述分部分项工程费的调整方法确定单价。

③按总价(或系数)计算的措施项目费,除安全文明施工费外,按照实际发生变化的措施项目调整,但应考虑承包人报价浮动因素,即调整金额按照实际调整金额乘以按照式(6.2.1)或式(6.2.2)得出的承包人报价浮动率 L 计算。

如果承包人未事先将拟实施的方案提交给发包人确认,则视为工程变更不引起措施项目费的调整或承包人放弃调整措施项目费的权利。

（3）删减工程或工作的补偿

如果发包人提出的工程变更,因承包人原因删减了合同中的某项原定工作或工程,致使承包人发生的费用或(和)得到的收益不能被包括在其他已支付或应支付的项中,也未被包含在任何替代的工作或工程中,则承包人有权提出并得到合理的费用及利润补偿。

6.2.2 FIDIC 合同条件下的工程变更

根据 FIDIC 合同条件的约定,在颁发工程接收证书前的任何时间,工程师可通过发布指令或要求承包商提交建议书的方式提出变更;承包商应遵守并执行,除非承包商在规定的时间内向工程师发出通知说明承包商难以取得变更所需的货物;工程师接到此通知后,应取消、确认或改变原指令。业主提供的设计一般较为粗略,有的设计(施工图)是由承包商完成的,因此设计变更少于我国施工合同条件下的施工方法变更。

1.工程变更的范围

由于工程变更属于合同履行过程中的正常管理工作,工程师可以根据施工进展的实际情况,在认为必要时就可以就以下几个方面发布变更指令。

①对合同中任何工程量的改变。为了便于合同管理,当事人双方应在专用条款内约定工程量变化大可以调整单价的百分比(视工程具体情况,可在 15% ~20% 范围内确定)。

②任何工作质量或其他特性的变更。

③工程任何部分标高、位置和尺寸的改变。

④删减任何合同的约定工作内容,但要交由他人实施的工作除外。

⑤新增工程按单独合同对待。这种变更指令是增加与合同工作范围性质一致的工作内容,而且不应以变更指令的形式要求承包人使用超过他目前正在使用或计划使用的施工设备范围去完成新增工程。除非承包人同意此项工作按变更对待,一般应将新增工程按一个单独的合同来对待。

⑥改变原定的施工顺序或时间安排。

2.变更方式

颁发工程接收证书前的任何时间,工程师可以通过发布变更指令或以要求承包商递交建议书的任何一种方式提出变更。

(1)指令变更

工程师在业主授权范围内根据施工现场的实际情况,在确属需要时有权发布变更指令。指令的内容应包括详细的变更内容、变更工程量、变更项的施工技术要求和有关部门的文件图纸,以及变更处理的原则。

(2)要求承包商递交建议书后再确定的变更

变更的程序如下。

①工程师将计划变更事项通知承包商,并要求承包商递交实施变更的建议书。

②承包商应尽快予以答复。一种情况是通知工程师由于受到某些自身原因的限制而无法执行此项变更;另一种情况是承包商依据工程师的指令递交实施此项变更的说明,内容包括以下方面。

a.将要实施的工作的说明书以及该工作实施的进度计划。

b.承包商依据合同规定对进度计划和竣工时间做出任何必要修改的建议,提出工期顺延要求。

c. 承包商对变更估价的建议, 提出变更费用要求。

③工程师做出是否变更的决定, 尽快通知承包商说明批准与否或提出意见。在这一过程中应注意以下问题。

a. 承包商在等待答复期间, 不应延误任何工作。

b. 工程师发出每一项实施变更的指令, 应要求承包商记录支出的费用。

c. 承包商提出的变更建议书, 只是作为工程师决定是否实施变更的参考。除了工程师做出指示或批准以总价方式支付的情况外, 每一项变更应依据计量工程量进行估价和支付。

3. 变更估价

承包商按照工程师的变更要求工作后, 往往会涉及对变更工程的估价问题, 变更工程的价格或费率往往是双方协商时的焦点。

（1）变更估价

计算变更工程应采用的费率或价格可分为以下三种情况。

①变更工作在工程量表中有同种工作内容的单价, 应以该费率计算变更工程费用。

②工程量表中虽然列有同类工作单价或价格, 但对具体变更工作而言已不适用, 则应在原单价和价格的基础上制定合理的新单价或价格。

③变更工作的内容在工程量表中没有同类工作的费率和价格, 应按照与合同单价水平相一致的原则确定新的费率或价格。

（2）可以调整合同工作单价的原则

具备以下条件时, 允许对某一项工作规定的费率或单价加以调整。

①此项工作实际测量的工程量比工程量表或其他报表中规定的工程量的变动大10%。

②工程量的变更与对该项工作规定的具体费率的乘积超过了接受的合同款额的0.01%。

③由此工程量的变更直接造成该项工作每单位工程量费用的变动超过1%。

（3）删减原定工作后对承包商的补偿

工程师发布删减工作的变更指令后承包商不再实施部分工作, 合同价格中包括的直接费部分没有受到损害, 但分摊在该部分的间接费、利润和税金实际不能合理回收。此时承包商可以就其损失向工程师发出通知并提供具体的证明资料, 工程师与合同双方协商后确定一笔补偿金额加入合同价内。

注意, FIDIC合同条件下的工程变更和我国建设合同文本下的工程变更的处理程序和处理价格的区别。

【案例分析】

问　题	解　析
工程变更的范围	（1）取消合同中任何一项工作, 但被取消的工作不能转由发包人或其他人实施 （2）改变合同中任何一项工作的质量或其他特性 （3）改变合同工程的基线、标高、位置或尺寸 （4）改变合同中任何一项工作的施工时间或改变已批准的施工工艺或顺序 （5）为完成工程需要追加的额外工作

问 题	解 析
工程变更的程序	（1）发包人直接发布变更指令 （2）发包人根据承包人的建议发布变更指令 （3）承包人的合理化建议导致的变更
工程变更价款的确定程序	（1）在工程变更确定后14天内，工程变更涉及工程价款调整的，由承包人向发包人提出工程价款报告，经发包人审核同意后调整合同价款 （2）在工程变更确定后14天内，若承包人未提出变更工程价款报告，则发包人可根据所掌握的资料决定是否调整合同价款和调整的具体金额。重大工程变更涉及工程价款变更报告和确认的时限，发承包双方协商确定 （3）收到变更工程价款报告的一方，应在收到之日起14天内予以确认或提出协商意见，自变更工程价款报告送达之日起14天内，当对方未确认也未提出协商意见时，视为变更工程价款报告已被确认 （4）确认增（减）的工程变更价款作为追加（减）合同价款与工程进度款同期支付 （5）因承包人自身原因导致的工程变更，承包人无权要求追加合同价款

6.3 施工索赔

【案例引入】

某施工合同约定，施工现场主导施工机械1台，由施工企业租得，台班单价为300元/台班，租赁费为100元/台班，人工工资为120元/工日，窝工补贴为40元/工日，以人工费为基数的综合费率为35%，在施工过程中，发生了如下事件：①出现异常恶劣天气导致工程停工2天，人员窝工30个工日；②因恶劣天气导致场外道路中断，抢修道路用工20工日；③场外大面积停电，停工2天，人员窝工10工日。

问题：通过本节理论知识的学习，确定施工企业可向业主索赔费用为多少。

【理论知识】

6.3.1 工程索赔的概念和分类

1. 工程索赔的概念

工程索赔是在工程承包合同履行中，当事人一方由于另一方未履行合同所规定的义务或者出现了应当由对方承担的风险而遭受损失时，向另一方提出赔偿要求的行为。在实际工作中，索赔是双向的，我国《建设工程施工合同（示范文本）》中的索赔就是双向的，既包括承包人向发包人的索赔，也包括发包人向承包人的索赔。但在工程实践中，发包人索赔数量较小，而且处理方便，可以通过冲账、扣拨工程款、扣保证金等实现对承包人的索赔；而承包人对发包人的索赔比较困难一些。通常情况下，索赔是指承包人（施工单位）在合同实施过程中，对非自身原因造成的工程延期、费用增加而要求发包人给予补偿损失的一种权利要求。

索赔有较广泛的含义,可以概括为以下三个方面。

①一方违约使另一方蒙受损失,受损方向对方提出赔偿损失的要求。

②发生应由业主承担责任的特殊风险或遇到不利自然条件等情况,使承包商蒙受较大损失而向业主提出补偿损失要求。

③承包商本人应获得正当利益,由于没能及时得到监理工程师的确认和业主应给予的支付而以正式函件向业主索赔。

注意:工程索赔是双向的,承包商提出的索赔习惯称为索赔,发包商提出的索赔称为反索赔。

2. 工程索赔的分类

(1)按索赔的当事人的分类

根据索赔的合同当事人不同,可以将工程索赔分为以下两种。

①承包人与发包人之间的索赔。该类索赔发生在建设工程设置合同的双方当事人之间,既包括承包人向发包人的索赔,也包括发包人向承包人的索赔。但是在工程实践中,经常发生的索赔事件,大都是承包人向发包人提出的,书中所提及的索赔,如果未作特别说明,即指此类情形。

②总承包人和分包人之间的索赔。在建设工程分包合同履行过程中,索赔事件发生后,无论是发包人的原因还是总承包人的原因所致,分包人都只能向总承包人提出索赔要求,而不能直接向发包人提出。

(2)按索赔目的和要求分类

根据索赔的目的和要求不同,可以将工程索赔分为工期索赔和费用索赔。

①工期索赔。工期索赔一般是指承包人依据合同约定,对非因自身原因导致的工期延误向发包人提出工期顺延的要求。工期顺延的要求获得批准后,不仅可以免除承包人承担拖期违约赔偿金的责任,而且承包人还有可能因工期提前获得赶工补偿(或奖励)。

②费用索赔。费用索赔的目的是要求补偿承包人(或发包人)经济损失,费用索赔的要求如果获得批准,必然会引起合同价款的调整。

(3)按索赔事件的性质分类

根据索赔事件的性质不同,可以将工程索赔分为以下几种。

①工程延误索赔。因发包人未按合同要求提供施工条件,或因发包人指令工程暂停或不可抗力事件等原因造成工期拖延的,承包人可以向发包人提出索赔;如果由于承包人原因导致工期拖延,发包人可以向承包人提出的索赔。

②加速施工索赔。由于发包人指令承包人加快施工速度,缩短工期,引起承包人的人力、物力、财力的额外开支,承包人提出的索赔。

③工程变更索赔。由于发包人指令增加或减少工程量,或增加附加工程、修改设计、变更工程顺序等,造成工期延长和(或)费用增加,承包人就此提出的索赔。

④合同终止的索赔。由于发包人违约或发生不可抗力事件等原因造成合同非正常终止,

承包人因其遭受经济损失而提出索赔。如果由于承包人的原因导致合同非正常终止，或者合同无法继续履行，发包人可以就此提出索赔。

⑤不可预见的不利条件索赔。承包人在工程施工期间，在施工现场遇到一个有经验的承包人通常不能合理预见的不利施工条件或外界障碍，例如地质条件与发包人提供的资料不符，出现不可预见的地下水、地质断层、溶洞、地下障碍物等，承包人可以就因此遭受的损失提出索赔。

⑥不可抗力事件的索赔。工程施工期间因不可抗力事件的发生而遭受损失的一方，可以根据合同中对不可抗力风险分担的约定，向对方当事人提出索赔。

⑦其他索赔。如因货币贬值、汇率变化、物价上涨、政策法令变化等原因引起的索赔。

《标准施工招标文件》(2017 年版)的通用合同条款中，按照引起索赔事件的原因不同，对一方当事人提出的索赔可能给予合理补偿工期、费用和(或)利润的情况，分别做出了相应的规定。引起承包人索赔的事件以及可能得到的合理补偿内容如表 6.2 所示。

表 6.2 《标准施工招标文件》中承包人的索赔事件及可补偿内容

序　号	条款号	索赔事件	可补偿内容		
			工期	费用	利润
1		迟延提供图纸	√	√	√
2		施工中发现文物、古迹	√	√	
3	2.3	迟延提供施工场地	√	√	√
4		监理人指令迟延或错误	√	√	
5	4.11	施工中遇到不利物质条件	√	√	
6		提前向承包人提供材料、工程设备		√	
7		发包人提供材料、工程设备不合格或迟延提供或变更交货地点	√	√	√
8		发包人更换其提供的不合格材料、工程设备	√	√	
9	8.3	承包人依据发包人提供的错误资料导致测量放线错误	√	√	√
10		因发包人原因造成承包人人员工伤事故		√	
11	11.3	因发包人原因造成工期延误	√	√	√
12	11.4	异常恶劣的气候条件导致工期延误	√		
13	11.6	承包人提前竣工		√	
14	12.2	发包人暂停施工造成工期延误	√	√	√
15		工程暂停后因发包人原因无法按时复工	√	√	√
16		因发包人原因导致承包人工程返工	√	√	√
17		监理人对已经覆盖的隐蔽工程要求重新检查且检查结果合格	√	√	√

续表

序　号	条款号	索赔事件	可补偿内容		
			工期	费用	利润
18		因发包人提供的材料、工程设备造成工程不合格	√	√	√
19		承包人应监理人要求对材料、工程设备和工程重新检验且检验结果合格	√	√	√
20	16.2	基准日后法律的变化		√	
21		发包人在工程竣工前提前占用工程	√	√	√
22		因发包人的原因导致工程试运行失败		√	√
23		工程移交后因发包人原因出现新的缺陷或损坏的修复		√	√
24	19.4	工程移交后因发包人原因出现的缺陷修复后的试验和试运行		√	
25	(4)	因不可抗力停工期间应监理人要求照管、清理、修复工程		√	
26	(4)	因不可抗力造成工期延误	√		
27		因发包人违约导致承包人暂停施工	√	√	√

6.3.2　索赔的依据和前提条件

1.索赔的依据

提出索赔和处理索赔都要依据下列文件或凭证。

①工程施工合同文件。工程施工合同是工程索赔中最关键和最主要的依据,工程施工期间发承包双方关于工程的洽商、变更等书面协议或文件是索赔的重要依据。

②国家法律、法规。国家制定的相关法律、行政法规是工程索赔的法律依据。工程项目所在地的地方性法规或地方政府规章,也可以作为工程索赔的依据,但应当在施工合同专用条款中约定为工程合同的适用法律。

③国家、部门和地方有关的标准、规范和定额。对于工程建设的强制性标准,是合同双方必须严格执行的;对于非强制性标准,必须在合同中有明确规定的情况下,才能作为索赔的依据。

④工程施工合同履行过程中与索赔事件有关的各种凭证。这是承包人因索赔事件所遭受费用或工期损失的事实依据,它反映了工程的计划情况和实际情况。

2.索赔成立的条件

承包人工程索赔成立的基本条件包括以下三项。

①索赔事件已造成了承包人直接经济损失或工期延误。

②造成费用增加或工期延误的索赔事件不是因承包人的原因发生的。

③承包人已经按照工程施工合同规定的期限和程序提交了索赔意向通知书及相关证明材料。

6.3.3 工程索赔的处理程序

索赔除了要具备以上条件外,还必须遵循相应的处理程序,否则也不能索赔成功。

1. 索赔的有关规定及程序

①承包人提出索赔申请,向工程师发出索赔意向通知。在索赔事件发生28天内,承包人以正式函件通知工程师,声明对此事件要求索赔。逾期申报,工程师有权拒绝承包人的要求。

②承包人发出索赔报告。索赔意向通知发出28天内,承包人向工程师提出补偿经济损失和延长工期的索赔报告及有关资料。在索赔报告中,应对事件的原因、索赔的依据、索赔额度计算和申请工期的天数进行详细说明。

③工程师审核承包人申请。工程师在收到承包人送交的索赔报告和有关资料后28天内给予答复,或要求承包人给予进一步补充索赔理由和证据。工程师收到索赔报告28天内未予答复或未对承包商做进一步要求,视为该项索赔已经认可。

④当该索赔事件持续进行时,承包人应当阶段性向工程师发出索赔意向,并在索赔事件终了后28天内,向工程师送交索赔有关资料和最终索赔报告。

⑤工程师与承包人谈判。双方若对该事件的责任、索赔金额、工期延长等不能达成一致,则工程师有权确定一个他认为合理的单价或价格作为处理意见,报送业主并通知承包人。

⑥承包人接受或不接受最终索赔决定。承包人接受索赔决定,索赔事件即告结束;承包人不接受工程师决定,按照合同纠纷处理方式解决。

2. FIDIC 合同条件规定的工程索赔程序

①承包商发出索赔通知。承包商察觉或应当察觉事件或情况后28天内,向工程师发出索赔通知,说明索赔的事件或情况。若未能在28天内发出索赔通知,则竣工时间不得延长,承包商无权获得追加付款,而业主应免除有关该索赔的全部责任。

②承包商递交详细的索赔报告。承包商在察觉或应当察觉事件或情况后42天内,或在承包商可能建议并经工程师认可的其他期限内,承包商应向工程师递交详细的索赔报告。若引起索赔的事件连续影响,则承包商每月递交中间索赔报告,说明累计索赔延误时间和金额,在索赔事件产生影响结束后28天内,递交最终索赔报告。

③工程师答复。工程师在收到索赔报告或对过去索赔的任何进一步证明资料后42天内,或在工程师可能建议并经承包商认可的其他期限内做出答复,表示批准、不批准,或不批准并附具体意见。

6.3.4 索赔报告的内容

索赔报告的具体内容,因该索赔事件的性质和特点而有所不同。一般来说,完整的索赔报告应包括四个部分。

1. 总论部分

总论包括序言、索赔事项概述、具体索赔要求、索赔报告编写及审核人员。

在总论部分应概要地论述索赔事件的发生日期与过程;施工单位为该索赔事件所付出的

努力和附加开支以及索赔要求。

2. 根据部分

根据部分一般包括索赔事件发生的情况、已递交索赔意向书的情况、索赔事件的处理过程、索赔要求的合同根据,所附证据资料。

该部分是解决索赔成立的条件,主要说明索赔人具有的索赔权利,其内容主要来自该工程项目的合同文件,并参照有关法律规定。

3. 计算部分

该部分是以具体的计算方法和计算过程,说明自己应得的经济补偿的款额或延长的时间。该部分主要解决获得索赔的额度(包括费用和工期)。

涉及费用索赔问题的,必须阐明:索赔款的要求总额;各项索赔款的计算,如额外开支的人工费、材料费、施工机械费、管理费和损失利润等;指明各项开支的计算依据及证据资料。要注意计价方法的选用和每项开支款的合理性,并指出相应的证据资料的名称及编号。

4. 证据部分

证据包括该索赔事件所涉及的一切证据资料以及对这些证据的说明。在引用证据时,要注意该证据的效力及可信程度。例如,对一个重要的电话内容,仅附上自己的记录本是不够的,最好附上经双方签字确认的电话记录;或附上发给对方要求确认该电话记录的函件,即使对方未给复函,亦可说明责任在对方。

6.3.5　索赔费用的计算

1. 索赔费用的组成

对于不同原因引起的索赔,承包人可索赔的具体费用内容是不完全一样的。但归纳起来,索赔费用的要素与工程造价的构成基本类似,一般可归结为人工费、材料费、施工机械使用费、分包费、施工管理费、利息、利润、保险费等。

(1)人工费

人工费的索赔包括由于完成合同之外的额外工作所花费的人工费用,超过法定工作时间加班劳动,法定人工费增长,非因承包人原因导致工效降低所增加的人工费用,非因承包商原因导致工程停工的人员窝工费和工资上涨费等。在计算停工损失中的人工费时,通常采取人工单价乘以折算系数计算。

(2)材料费

材料费的索赔包括由于索赔事件的发生造成材料实际用量超过计划用量而增加的材料费,由于发包人原因导致工程延期期间的材料价格上涨费和超期储存费用。材料费中应包括运输费、仓储费以及合理的损耗费用。如果由于承包商管理不善,造成材料损坏失效,则不能列入索赔款项内。

(3)施工机械使用费

施工机械使用费的索赔包括由于完成合同之外的额外工作所增加的机械使用费,非因承包人原因导致工效降低所增加的机械使用费,由于发包人或工程师指令错误或迟延导致机械停工的台班停滞费。在计算机械设备台班停滞费时,不能按机械设备台班费计算,因为台班费中包括设备使用费。如果机械设备是承包人自有设备,一般按台班折旧费计算;如果是承包人租赁的设备,一般按台班租金加上每台班分摊的施工机械进退场费计算。

（4）现场管理费

现场管理费的索赔包括承包人完成合同之外的额外工作以及由于发包人的原因导致工期延期期间的现场管理费,包括管理人员工资、办公费、通信费、交通费等。

现场管理费索赔金额的计算公式为:

$$现场管理费索赔金额 = 索赔的直接成本费用 × 现场管理费率 \qquad (6.3.1)$$

式中:现场管理费率的确定可以选用下面的方法:①合同百分比法,即管理费率比率在合同中规定;②行业平均水平法,即采用公开认可的行业标准费率;③原始估价法,即采用投标报价时确定的费率;④历史数据法,即采用以往相似工程的管理费率。

（5）总部（企业）管理费

总部（企业）管理费的索赔主要指的是由于发包人原因导致工程延期期间所增加的承包人向公司总部提交的管理费,包括总部职工工资、办公大楼折旧、办公用品、财务管理、通信设施以及总部领导人员赴工地检查指导工作等开支。总部管理费索赔金额的计算,目前还没有统一的方法,通常可采用以下几种方法。

1）按总部管理费的比率计算

$$总部管理费索赔金额 = （直接费索赔金额 + 现场管理费索赔金额）× 总部管理费比率（\%）$$
$$= （直接费索赔金额 + 现场管理费索赔金额）× 总部管理费比率（\%）$$
$$(6.3.2)$$

式中:总部管理费的比率可以按照投标书中的总部管理费比率（3% ~ 8%）计算,也可以按照承包人公司总部统一规定的管理费比率计算。

2）按已获补偿的工程延期天数计算

该方法是在承包人已经获得工程延期索赔的批准后,进一步获得总部管理费索赔的计算方法,计算步骤如下。

①计算被延期工程应当分摊的总部管理费。

$$延期工程应分摊的总部管理费 = 同期公司计划总部管理费 × \frac{延期工程合同价格}{同期公司所有工程合同价格}$$
$$(6.3.3)$$

②计算被延期工程的日平均总部管理费。

$$延期工程的日平均总部管理费 = 延期工程应分摊的总部管理费 / 延期工程计划工期$$
$$(6.3.4)$$

③计算索赔的总部管理费。

$$索赔总部管理费 = 延期工程的日平均总部管理费 × 工程延期的天数 \qquad (6.3.5)$$

（6）保险费

因发包人原因导致工程延期时，承包人必须办理工程保险、施工人员意外伤害保险等各项保险的延期手续，对于由此而增加的费用，承包人可以提出索赔。

（7）保函手续费

因发包人原因导致工程延期时，承包人必须办理相关履约保函的延期手续，对于因此而增加的手续费，承包人可以提出索赔。

（8）利息

利息的索赔包括发包人拖延支付工程款利息、发包人迟延退还工程保留金的利息、承包人垫资施工的垫资利息以及发包人错误扣款的利息等。至于具体的利率标准，双方可以在合同中明确约定，没有约定或约定不明的，可以按照中国人民银行发布的同期同类贷款利率计算。

（9）利润

一般来说，由于工程范围的变更、发包人提供的文件有缺陷或错误、发包人未能提供施工场地以及因发包人违约导致的合同终止等事件引起的索赔，承包人都可以列入利润。比较特殊的是，根据《标准施工招标文件》（2017年版）通用合同条款第11.3款的规定，对于因发包人原因暂停施工导致的工期延误，承包人有权要求发包人支付合理的利润。索赔利润的计算通常是与原报价单中的利润百分率保持一致。但是应当注意的是，由于工程量清单中的单价是综合单价，已经包含了人工费、材料费、施工机械使用费、企业管理费、利润以及一定范围内的风险费用，在索赔计算中不应重复计算。

同时，由于一些引起索赔的事件，同时也可能是合同中约定的合同价款调整因素（如工程变更、法律法规的变化以及物价波动等），因此，对于已经进行了合同价款调整的索赔事件，承包人在费用索赔的计算时，不能重复计算。

（10）分包费用

由于发包人的原因导致分包工程费用增加时，分包人只能向总承包人提出索赔，但分包人的索赔款项应当列入总承包人对发包人的索赔款项中。分包费用索赔指的是分包人的索赔费用，一般也包括与上述费用类似的内容索赔。

2. 索赔费用的计算方法

索赔费用的计算应以赔偿实际损失为原则，包括直接损失和间接损失。索赔费用的计算方法通常有三种，即实际费用法、总费用法和修正的总费用法。

（1）实际费用法

实际费用法又称分项法，即根据索赔事件所造成的损失或成本增加，按费用项目逐项进行分析、计算索赔金额的方法。这种方法比较复杂，但能客观地反映施工单位的实际损失，比较合理，易于被当事人接受，在国际工程中被广泛采用。

由于索赔费用组成的多样化，不同原因引起的索赔，承包人可索赔的具体费用内容有所不同，必须具体问题具体分析。

（2）总费用法

总费用法也被称为总成本法，就是当发生多次索赔事件后，重新计算工程的实际总费用，再从该实际总费用中减去投标报价时的估算总费用，即为索赔金额。总费用法计算索赔金额

的公式如下:

$$索赔金额 = 实际总费用 - 投标报价估算总费用 \qquad (6.3.6)$$

但是,在总费用法的计算方法中,没有考虑实际总费用中可能包括由于承包商的原因(如施工组织不善)而增加的费用,投标报价估算总费用也可能由于承包人为谋取中标而导致过低的报价,因此,总费用法并不十分科学。只有在难于精确地确定某些索赔事件导致的各项费用增加额时,总费用法才得以采用。

(3)修正的总费用法

修正的总费用法是对总费用法的改进,即在总费用计算的原则上,去掉一些不合理的因素,使其更为合理。修正的内容如下。

①将计算索赔款的时段局限于受到索赔事件影响的时间,而不是整个施工期。

②只计算受到索赔事件影响时段内的某项工作所受影响的损失,而不是计算该时段内所有施工工作所受的损失。

③与该项工作无关的费用不列入总费用中。

④对投标报价费用重新进行核算,即按受影响时段内该项工作的实际单价进行核算,乘以实际完成的该项工作的工程量,得出调整后的报价费用。

按修正后的总费用计算索赔金额的公式如下:

$$索赔金额 = 某项工作调整后的实际总费用 - 该项工作的报价费用 \qquad (6.3.7)$$

修正的总费用法与总费用法相比,有了实质性的改进,它的准确程度已接近实际费用法。

6.3.6　工期索赔应注意的问题及其计算

1.工期索赔中应当注意的问题

(1)划清施工进度拖延的责任

因承包人的原因造成施工进度滞后,属于不可原谅的延期;只有承包人不应承担任何责任的延误,才是可原谅的延期。有时工程延期的原因中可能包含双方责任,工程师应进行详细分析,分清责任比例,只有可原谅延期部分才能批准顺延合同工期。可原谅延期又可细分为可原谅并给予补偿费用的延期和可原谅但不给予补偿费用的延期;后者是指非承包人责任的,影响并未导致施工成本的额外支出,大多属于发包人应承担风险责任事件的影响,如异常恶劣的气候条件影响的停工等。

(2)被延误的工作应是处于施工进度计划关键线路上的施工内容

只有位于关键线路的工作内容的滞后,才会影响到竣工日期。但有时也应注意,既要看被延误的工作是否在批准进度计划的关键路线上,又要详细分析这一延误对后续工作的可能影响。若对非关键路线工作的影响时间较长,超过了该工作可用于自由支配的时间,也会导致进度计划中非关键路线转化为关键路线,其滞后将影响总工期的拖延,此时应充分考虑该工作的自由时间,给予相应的工期顺延,并要求承包人修改施工进度计划。

2.工期赔偿的计算

工期索赔的计算主要有直接法、比例计算法和网络图分析法三种。

（1）直接法

如果某干扰事件直接发生在关键线路上,造成总工期的延误,可以直接将该干扰事件的实际干扰时间(延误时间)作为工期索赔值。

（2）比例计算法

如果某干扰事件仅仅影响某单项工程、单位工程或分部分项工程的工期,则要分析其对总工期的影响,可以采用比例计算法。

①已知受干扰部分工程的延期时间。

$$工期索赔值 = 受干扰部分工期拖延时间 \times \frac{受干扰部分工程的合同价格}{原合同总价} \quad (6.3.8)$$

②已知额外增加工程量的价格。

$$工期索赔值 = 原合同工期 \times \frac{额外增加的工程量的价格}{原合同总价} \quad (6.3.9)$$

比例计算法虽然简单方便,但有时不符合实际情况,而且比例计算法不适用于变更施工顺序、加速施工、删减工程量等事件的索赔。

（3）网络图分析法

①当延误的工作为关键工作时,则延误的时间为索赔的工期。

②当延误的工作为非关键工作,但该工作由于延误超过时差而成为关键工作时,可以索赔延误时间与时差的差值;若该工作延误后仍为非关键工作,则不存在工期索赔问题。

3. 其他问题

在实际施工过程中,工期拖期很少是只由一方造成的,往往是两三种原因同时发生(或相互作用)而形成的,故称为"共同延误"。在这种情况下,要具体分析哪一种情况延误是有效的,分析时应依据以下原则。

①首先判断造成拖期的哪一种原因是最先发生的,即确定"初始延误"者,它应对工程拖期负责。在初始延误发生作用期间,其他并发的延误者不承担拖期责任。

②如果初始延误者是发包人原因,则在发包人原因造成的延误期内,承包人既可得到工期延长,又可得到经济补偿。

③如果初始延误者是客观原因,则在客观因素发生影响的延误期内,承包人可以得到工期延长,但很难得到费用补偿。

④如果初始延误者是承包人原因,则在承包人原因造成的延误期内,承包人既不能得到工期延长,也不能得到费用补偿。

6.3.7　索赔技巧

索赔是在工程承包合同履行中,当事人一方由于另一方未履行合同所规定的义务而遭受损失时,向另一方提出赔偿要求的行为。索赔有非常好的经济效果。根据国外资料,在正常的情况下,工程承包能得到的利润占工程合同价的3%～10%,而在许多国际工程索赔中,索赔额高达合同价的10%～20%;甚至有些项目工程索赔将超过合同价。但要做好索赔工作,除了认真编写好索赔文件,使之提出的索赔项目符合实际,内容充实,证据确凿,有说服力,索赔计算准确,并严格按索赔的规定和程序办理外,必须掌握索赔技巧,这对索赔的成功十分重要。

1. 做好收集、整理签证工作

"有理"才能走四方,"有据"才能行得端,"按时"才能不失效。所以,必须在施工全过程中及时做好索赔资料的收集、整理、签证工作。索赔直接牵涉到当事人双方的切身经济利益,靠花言巧语不行,靠胡搅蛮缠不行,靠不正当手段更不行。索赔成功的基础在于充分的事实、确凿的证据。而这些事实和证据只能来源于工程承包全过程的各个环节之中。关键在于用心收集、整理好,并辅之以相应的法律法规及合同条款,使之真正成为成功索赔的依据。

2. 谨慎地与发包方签订施工合同

应尽可能考虑周详,措辞严谨,权利和义务明确,做到平等、互利。合同价款最好采用可调价格方式,并明确追加调整合同价款及索赔的政策、依据和方法,为竣工结算时调整工程造价和索赔提供合同依据和法律保障。在工程开工前应搜集有关资料,包括工程地点的交通条件、"三通一平"情况,供水、供电是否满足施工需要,水、电价格是否超过预算价;地下水位的高度,土质状况,是否有障碍物等。组织各专业技术人员仔细研究施工图纸,互相交流,找出图纸中的疏漏、错误、不明、不详、不符合实际、各专业之间相互冲突等问题。

在图纸会审中应认真做好施工图会审纪要,因为施工图会审纪要是施工合同的重要组成部分,也是索赔的重要依据。施工中应及时进行预测性分析,发现可能发生索赔事项的分部分项工程,如:遇到灾害性气候,发现地下障碍物、软基础或文物,征地拆迁、施工条件等外部环境影响等。

业主要求变更施工项目的局部尺寸及数量或调整施工材料、更改施工工艺等;停水、停电超过原合同规定时限;因建设单位或监理单位要求延缓施工或造成工程返工、窝工、增加工程量等,以上这些事项均是提出索赔的充分理由,都不能轻易放过。

在施工过程中,承包商应以监理及业主的书面指令为主,即使在特殊情况下必须执行其口头命令,亦应在事后立即要求其用书面文件确认,或者致函监理及业主确认。同时做好施工日志、技术资料等施工记录。每天应有专人记录,并请现场监理工程人员签字;当造成现场损失时,还应做好现场摄像、录像,以达到资料的完整性;对停水、停电、甲供材料的进场时间、数量、质量等,都应做好详细记录;对设计变更、技术核定、工程量增减等签证手续要齐全,确保资料完整;业主或监理单位的临时变更、口头指令、会议研究、往来信函等应及时收集,整理成文字,必要时还可对施工过程进行摄影或录像。又如甲方指定或认可的材料或采用的新材料,实际价格高于预算价(或投标价),按合同规定允许按实补差的,应及时办理价格签证手续。凡采用新材料、新工艺、新技术施工,没有相应预算定额计价时,应收集有关造价信息或征询有关造价部门意见,做好结算依据的准备。其次,在施工中需要更改设计或施工方案的也应及时做好修改、补充签证。另外,如施工中发生工伤、机械事故时,也应及时记录现场实际状况,分清职责;对人员、设备的闲置,工期的延误以及对工程的损害程度等,都应及时办理签证手续。此外要十分熟悉各种索赔事项的签证时间要求,区分二十四小时、四十八小时、七天、十四天、二十八天等时间概念的具体含义。特别是一些隐蔽工程、挖土工程、拆除工程,都必须及时办理签证手续。否则时过境迁就容易引起扯皮,增加索赔难度。做到不忘、不漏、不缺、不少,眼勤、手勤、口勤、腿勤。不能因为监理的口头承诺而疏忽文字记录，也不能因为大家都知道就放松签证。这些都是工程索赔的原始凭证，应分类保管，以创造索赔的机遇。

3.正确处理业主与监理的关系

索赔必须取得监理的认可，索赔的成功与否，监理起着关键性作用。索赔直接关系到业主的切身利益，承包商索赔的成败在很大程度上取决于业主的态度。因此，要正确处理好业主、监理关系，在实际工作中树立良好的信誉。古人云："人无信不立，事无信不成，业无信不兴。"诚信是整个社会发展成长的基石。因此，按"诚信为本、操守为重"的理念，健全企业内部管理体系和质量保证体系，诚信服务，确保工程质量，树立品牌意识，加大管理力度，在业主与监理的心目中赢得良好的信誉。比如，施工现场次序井然，场容整洁；项目经理做到有令即行，有令即止。总之，要搞好相互关系，保持友好合作的气氛，互相信任。对业主或监理的过失，承包商应表示理解和同情，用真诚换取对方的信任和理解，创造索赔的平和气氛，避免感情上的障碍。

4.注意谈判技巧

谈判技巧是索赔谈判成功的重要因素，要使谈判取得成功，必须做到：首先应事先做好谈判准备。"知己知彼，百战不殆。"认真做好谈判准备是促成谈判成功的首要因素，在同业主和监理开展索赔谈判时，应事先研究和统一谈判口径和策略。谈判人员应在统一的原则下，根据实际情况采取应变的灵活策略，以争取主动。谈判中一要注意维护组长的权威；二要丢芝麻抓西瓜，不斤斤计较；三要控制主动权，并留有余地。谈判的最终决策者应是承包方的领导人，可实行幕后指挥，以防僵局和陷于被动。注意谈判艺术和技巧。

6.3.8　反索赔

1.反索赔的概念

在实际工作中，索赔是双向的，建设单位和施工单位都有可能提出索赔要求，但一般建设单位提出索赔的情况较少，而且处理方便。可以直接从应付的工程款中扣抵或没收履约保函、扣留保留金甚至留置承包商的材料设备作为抵押等来实现自己的索赔要求；而施工单位对建设单位的索赔则比较困难一些。通常情况下，索赔是指承包商（施工单位）在合同实施过程中，对非自身原因造成的工程延期、费用增加而要求业主给予补偿损失的一种权利要求。而业主（建设单位）对于属于施工单位应承担责任造成的，且实际发生了损失，向施工单位提出的赔偿，称为反索赔。

2.反索赔的基本内容

反索赔的工作内容可包括两个方面：一是防止对方提出索赔；二是反击或反驳对方的索赔要求。

（1）防止对方提出索赔

要成功地防止对方提出索赔，应采取积极防御的策略。首先是自己严格履行合同中规定的各项义务，防止自己违约，并通过加强合同管理，使对方找不到索赔的理由和根据，使自己处于不能被索赔的地位。如果合同双方都能很好地履行合同义务，没有损失发生，也没有合同争议，索赔与反索赔从根本上也就不会产生。其次，如果在工程实施过程中发生了干扰事件，则应立即着手研究和分析合同依据,收集证据,为提出索赔或反击对手的索赔做好两手准备。再次,体现积极防御策略的常用手段是先发制人,首先向对方提出索赔。因为在实际工作中干扰事件的产生常常双方均负有责任,原因错综复杂且互相交叉,一时很难分清谁是谁非。首先提出索赔,既可防止自己因超过索赔时限而失去索赔机会,又可争取索赔中的有利地位,打乱对方的工作步骤,争取主动权,并为索赔问题的最终处理留下一定的余地。

(2)反击或反驳对方的索赔要求

如果对方先提出了索赔要求或索赔报告,自己一方则应采取各种措施来反击或反驳对方的索赔要求。常用的措施有:第一,抓住对方的失误,直接向对方提出索赔,以对抗或平衡对方的索赔要求,达到最终解决索赔时互作让步或互不支付的目的,如业主常常通过找出工程中的质量问题、工程延期等问题,对承包人处以罚款,以对抗承包人的索赔要求,达到少支付或不支付的目的;第二,针对对方的索赔报告,进行仔细、认真的研究和分析,找出理由和证据,证明对方的索赔要求或索赔报告不符合实际情况和合同规定、没有合同依据或事实证据、索赔值计算不合理或不准确等问题,反击对方不合理的索赔要求或索赔要求中的不合理部分,推卸或减轻自己的赔偿责任,使自己不受或少受损失。

3.反击或反驳索赔报告

(1)索赔报告一般存在的问题

一方向对方提出索赔要求,由于所站立场不同,在其索赔报告中一般会存在以下问题。

①不能清楚、客观地说明索赔事实。

②不能准确、合理地根据合同及法律规定证明自己的索赔资格。

③不能准确计算和解释所要求的索赔金额(时间),往往夸大索赔值。

④希望通过索赔弥补自己的全部损失,包括因自己责任引起的损失。

⑤由于自己管理存在问题,不能准确评估双方应负责任范围。

⑥期望留有余地与对方讨价还价等。

因此充分研究和反击对方的索赔报告,是反索赔的重要内容之一。

(2)反击或反驳索赔内容

反击或反驳索赔报告,即根据双方签订的合同及事实证据,找出对方索赔报告中的漏洞和薄弱环节,以全部或部分否定对方的索赔要求。一般来说,对于任何一份索赔报告,总会存在这样或那样的问题,因为索赔方总是从自己的利益和观点出发,所提出的索赔报告或多或少会存在诸如索赔理由不足、引用对自己有利的合同条款、推卸责任或转移风险、扩大事实根据甚至无中生有、索赔证据不足或没有证据及索赔值计算不合理、漫天要价等问题。如果对这样的索赔要求予以认可,则自己会受到经济损失,也有失公正、公平、合理原则。因此对对方提出的索赔报告必须进行全面、系统的研究、分析、评价,找出问题,反驳其中不合理的部分,为索赔及反索赔的合理解决提供依据。

对对方索赔报告的反驳或反击,一般可从以下几个方面进行。

1)索赔意向或报告的时限性

审查对方在干扰事件发生后,是否在合同规定的索赔时限内提出了索赔意向或报告,如果对方未能及时提出书面的索赔意向和报告,则将失去索赔的机会和权利,对方提出的索赔则不能成立。

2）索赔事件的真实性

索赔事件必须是真实可靠的，符合工程实际状况，不真实、不肯定或仅是猜测甚至无中生有的事件是不能提出索赔的，索赔当然也就不能成立。

3）干扰事件的原因

责任分析：如果干扰事件确实存在，则要对事件进行调查，分析事件产生的原因和责任归属。如果事件责任是由于索赔者自己疏忽大意、管理不善、决策失误或因其自身应承担的风险等造成，则应由索赔者自己承担损失，索赔不能成立。如果合同双方都有责任，则应按各自的责任大小分担损失。只有确属是自己一方的责任时，对方的索赔才能成立。在工程承包合同中，业主和承包人都承担着风险，甚至承包人的风险更大些。比如凡属于承包人合同风险的内容，如一般性天旱或多雨、一定范围内的物价上涨等，业主一般不会接受这些索赔要求。根据国际惯例，凡是遇到偶然事故影响工程施工时，承包人有责任采取力所能及的一切措施，防止事态扩大，尽力挽回损失。如确有事实证明承包人在当时未采取任何措施，业主可拒绝承包人要求的损失补偿。

4）索赔理由分析

索赔理由分析就是分析对方的索赔要求是否与合同条款或有关法规一致，所受损失是否属于不应由对方负责的原因所造成。反索赔与索赔一样，要能找到对自己有利的法律条文或合同条款，才能推卸自己的合同责任，或找到对对方不利的法律条文或合同条款，使对方不能推卸或不能全部推卸他自己的合同责任，这样可从根本上否定对方的索赔要求。

5）索赔证据分析

索赔证据分析就是分析对方所提供的证据是否真实、有效、合法，是否能证明索赔要求成立。证据不足、不全、不当，没有法律证明效力或没有证据，索赔是不能成立的。

6）索赔值审核

如果经过上述的各种分析、评价，仍不能从根本上否定对方的索赔要求，则必须对索赔报告中的索赔值进行认真细致的审核，审核的重点是索赔值的计算方法是否合情合理，各种取费是否合理、适度，有无重复计算，计算结果是否准确等。值得注意的是，索赔值的计算方法多种多样且无统一的标准，选用一种对自己有利的计算方法，可能会使自己获利不少。因此审核者不能沿着对方索赔计算的思路去验证其计算是否正确无误，而是应该设法寻找一种既合理又对自己有利的计算方法，去反驳对方的索赔计算，剔除其中的不合理部分，减少损失。

①对工期索赔值的审核。对工期索赔值的审核，除了上述有关要求外，还应注意以下几点。

a.干扰事件是否发生在关键线路上。只有位于关键线路上工作内容的滞后，才会影响到竣工日期。如果受干扰事件影响的工作项目不在关键线路上，则不会影响工程的竣工日期，工期索赔值即为零。如果受干扰事件影响的工作项目开始不在关键线路上，但由于它的延期而影响了其他工作项目的进度，而使该项工作变成了关键线路上的工作，则应选择合理的计算方法，计算其合理的工期索赔值。因此受干扰事件影响的某项工作的延误时间并不一定即为工期索赔值。

b. 是否有重复计算。有些延误工期可能是多种原因相互重叠造成的,亦即某一原因造成工期延误期间,又发生了影响工程进展的其他原因。如在恶劣气候条件下工程不能施工,此时又正逢附近地区因恶劣气候造成道路中断,施工用的砂、石、水泥等材料不能运入现场也影响了施工,此时承包人不应将气候影响施工天数与道路中断影响施工天数,叠加起来要求展延工期,因为二者是同一因素在同一时段内的影响,因此叠加的天数就含有了重复计算的内容,应予以剔除。

c. 共同或交叉延期。在审核索赔报告时,最容易发生纠纷的是施工中出现的共同或交叉延期,即在同一时间内发生了两种或两种以上的、不同责任的延期。这种共同延期,一般双方都有责任。例如业主未能及时交付施工图纸而影响工程开工,与此同时,承包人的材料与设备亦未能及时运到工地,也影响了按时开工。如果业主坚持认为“工程拖期的责任在承包人方面,因为你的设备、材料未及时到场,即使我方按规定日期提供图纸,你同样也不能按时开工等”。这样的论述显得论据不足,也必然会遭到承包人的反驳,从而引起纠纷,对于这种共同或交叉延期,如果合同有规定,按合同规定处理。如果合同没有规定,则应实事求是,分清责任,各负其责,完全拒绝或全部接受对方的工期索赔值都显不妥。

d. 无权要求承包人缩短合同工期。工程师有审核、批准承包人延展工期的权力,但他不可以扣减合同工期。也就是说,工程师有权指示承包人删减掉某些合同内规定的工作内容,但不能要求他相应缩短合同工期。如果要求提前竣工,这项工作属于合同的变更。

②对费用索赔值的审核。费用索赔所涉及的款项较多,如人工费、材料费、设备费、分包费、保函费、保险费、利息、管理费及利润等,内容庞杂。对于一个特定的索赔事件,一般仅涉及其中的某几项。审核费用索赔值时,应首先检查取费项目的合理性,然后审查选用的计算方法、费用分摊方法是否合理、取费费率是否正确、计算是否准确、有无重复取费等。审核时注意以下几点。

a. 在索赔报告中,对方为推卸责任,常常会以自己的全部实际损失作为索赔值的计算基础,在审核索赔报告时,必须扣除两个因素的影响:一是合同规定的对方应承担的风险或我方的免责;二是由对方报价失误或工程管理失误等造成的损失。

b. 索赔值的计算基础是合同报价,或在合同报价的基础上按合同规定进行调整。而在实际工程中,索赔方常常用自己实际的工程量、生产效率、工资水平、价格水平等作为索赔值的计算基础,而过高地计算了索赔值。例如变更工程的单价,在不超过合同总额一定幅度(如25%)内的工程量变化,应以原工程量表中的单价为准,即使原单价报价太低或有失误。

③重复取费。工程量表中的单价是综合单价,不仅含有直接费,还包括间接费、风险费、辅助施工机械费、管理费和利润等项目的摊销成本,在索赔计算中不应有重复取费。

④窝工和停工损失。业主与承包人对窝工和停工损失的计算常常会不一致。承包人对设备的窝工和停工可能会按台班计价,人工的窝工和停工按日工计价。业主或工程师的计算通常是:因窝工和停工而闲置的设置按设备折旧率或租赁费计算,人工的损失则考虑这部分人员调作其他工作时因工作效率降低引起的失误费用,一般用工效乘以一个测算的降效系数来计算这部分生产效率损失,而且只按成本费用计算,不包括利润。

⑤利润损失。索赔值中是否能包含利润损失,是一个比较复杂的问题,也是业主与承包人

经常会引起争议的问题之一。一般来说,在以下三种情况下可允许承包人计算利润损失:第一是合同延期,如果因业主原因(如违约、合同变更等)造成了合同延期,则应允许利润索赔,这是基于承包人对其他工程赢利机会的损失,也就是由于延期承包人不得不继续在本工程保留原已安排用于其他工程的人员、设备和流动资本等(相当于"盈利机构"),从而失去在其他工程赢利的机会。在这种情况下,承包人可以索赔的利润数与业主违约或变更引起的额外成本数之间没有逻辑上的必然联系,它不是以本合同额外工作的数量或直接损失的程度为依据,而是以该"盈利机构"的潜在赢利能力为依据。第二是合同解除,如果因业主违约等造成了工程全部完成之前的合同解除,此时承包人可以就剩余未完合同的利润损失(及总部管理费损失)提出索赔。也就是假定工程全部完工情况下的合同总价值,减去承包人已经收到的付款数,再减去剩余工作的成本,所得出的差数(如果有)即为承包人可以索赔的利润数。第三是合同变更,对于变更工程通常是以价格为基础计价的,它当然可以包括利润因素。

由于工程实践中大量存在的是承包人向业主的索赔,因此反索赔就成为业主或工程师在索赔管理中的重要任务和工作。归纳起来,业主或工程师可以对承包人的索赔提出质疑的情况有以下几种。

①索赔事项不属于业主或工程师的责任,而是其他第三方的责任。
②业主和承包人共同负有责任,承包人必须划分和证明双方的责任大小。
③事实依据不足。
④合同依据不足。
⑤承包人未遵守合同规定的索赔程序。
⑥合同中的开脱责任条款已经免除了业主的补偿责任。
⑦承包人以前已经放弃(明示或暗示)了索赔要求。
⑧承包人没有采取适当措施避免或减少损失。
⑨承包人必须提供进一步的证据。
⑩承包人的损失计算夸大等。

【案例分析】

各事件处理结果	(1)异常恶劣天气导致的停工通常不能进行费用索赔
	(2)抢修道路用工的索赔额 = $20 \times 120 \times (1 + 35\%) = 3\,240$ 元
	(3)停电导致的索赔额 = $2 \times 100 + 10 \times 40 = 600$ 元
总索赔费用	$3\,240 + 600 = 3\,840$ 元

6.4　工程价款结算

【案例引入】

某项工程项目业主与承包商签订了工程施工承包合同。合同中估算工程量为 5 300 m³,全费用单价为 180 元/m³。合同工期为 6 个月。有关付款条款如下:

（1）开工前业主应向承包商支付估算合同总价20%的工程预付款；

（2）业主自第一个月起，从承包商的工程款中，按5%的比例扣留质量保证金；

（3）当累计实际完成工程量超过（或低于）估算工程量的10%时，可进行调价，调价系数为0.9（或1.1）；

（4）每月支付工程款最低金额为15万元；

（5）工程预付款从乙方获得累计工程款超过估算合同价的30%以后的下一个月起，至第5个月均匀扣除。

承包商每月实际完成并经签证确认的工程量如下表所示。

月　份	1	2	3	4	5	6
完成工程量(m^3)	800	1 000	1 200	1 200	1 200	500
累计完成工程量(m^3)	800	1 800	3 000	4 200	5 400	5 900

问题：

（1）估算合同总价为多少？

（2）工程预付款为多少？工程预付款从哪个月起扣留？每月应扣工程预付款为多少？

（3）每月工程量价款为多少？业主应支付给承包商的工程款为多少？

【理论知识】

6.4.1　工程价款结算依据和方式

工程价款结算是指承包商在工程实施过程中，依据承包合同中有关付款条款的规定和已经完成的工程量，按照规定的程序向业主收取工程款的一项经济活动。

1.工程价款结算依据

工程价款结算应按合同约定办理，合同未作约定或约定不明的，承发包双方应依照下列规定与文件协商处理。

①国家有关法律、法规和规章制度。

②国务院建设行政主管部门、省、自治区、直辖市或有关部门发布的工程造价计价标准、计价办法等有关规定。

③建设项目的合同、补充协议、变更签证和现场签证，以及经发、承包人认可的其他有效文件。

④其他可依据的材料。

2.工程价款的结算方式

我国现行工程价款结算根据不同情况，可采取多种方式。

①按月结算。实行旬末或月中预支，月中结算，竣工后清理。

②竣工后一次结算。建设项目或单项工程全部建筑安装工程建设期在12个月以内，或工

程承包合同价在100万元以下的,可实行工程价款每月月中预支、竣工后一次结算,即合同完成后承包人与发包人进行合同价款结算,确认的工程价款为承发包双方结算的合同价款总额。

③分段结算。当年开工当年不能竣工的单项工程或单位工程,按照工程形象进度划分不同阶段进行结算。分段标准由各部门、省、自治区、直辖市规定。

④目标结算方式。在工程合同中,将承包工程的内容分解成不同控制面(验收单元),当承包商完成单元工程内容并经工程师验收合格后,业主支付单元工程内容的工程价款。控制面的设定合同中应有明确的描述。在目标结算方式下,承包商要想获得工程款,必须按照合同约定的质量标准完成控制面工程内容;要想尽快获得工程款,承包商必须充分发挥自己的组织实施力,在保证质量的前提下,加快施工进度。

⑤双方约定的其他结算方式。

6.4.2 工程预付款

施工企业承包工程一般实行包工包料,这就需要准备一定数量的材料。准备采购材料的价款就是备料款。工程备料款也被称为工程预付款,是指建设工程施工合同订立后由发包人按照合同约定,在正式开工前预先支付给承包人的工程款。它是施工准备和所需材料、结构件等流动资金的主要来源,习惯上被称为预付备料款。

1.预付款额度

预付款额度主要是保证施工所需材料和构件的正常储备。数额太少,备料不足,可能造成生产停工待料;数额太多,影响投资的有效使用。一般根据施工工期、建安工作量、主要材料和构件工程造价的比例以及材料储备周期等因素经测算来确定。下面简要介绍几种确定额度的方法。

(1)百分比法

百分比法是按年度工作量的一定比例确定预付款额度的一种方法。各地区和各部门根据各自的条件从实际出发分别制定了地方、部门的预付备料款比例。例如,建筑工程一般不得超过当年建筑(包括水、电、暖、卫等)工程量的30%,大量采用预制构件以及工期在6个月以内的工程,可以适当增加;安装工程一般不得超过当年安装工程量的10%,安装材料用量较大的工程,可以按年产值的15%左右支付;小型工程(一般指30万元以下)可以不预付备料款,直接分阶段拨付工程进度款,等等。具体计算公式如下:

$$预付款额 = 年度工程量或年产值 \times 预付款比例 \tag{6.4.1}$$

(2)数学计算法

数学计算法是根据主要材料(含结构件等)占年度承包工程总价的比重(简称主材比重)、材料储备天数和年度施工天数等因素,通过数学公式计算预付备料款额度的一种方法。其计算公式是:

$$预付款额 = \frac{年度承包工程总值 \times 主要材料所占比重}{年度施工日历天数} \times 材料储备天数 \tag{6.4.2}$$

式中:年度施工天数按365日历天计算;材料储备定额天数由当地材料供应的在途天数、加工天数、整理天数、供应间隔天数、保险天数等因素决定。

2. 预付款的扣回

发包人拨付给承包商的备料款属于预支的性质。工程实施后,随着工程所需材料储备的逐步减少,应以抵充工程款的方式陆续扣回,即在承包商应得的工程进度款中扣回。扣回的时间称为起扣点,起扣点计算方法有两种。

(1)按公式计算

这种方法原则上是从未完工程所需材料的价值等于预付备料款时起扣。从每次结算的工程款中按材料比重抵扣工程价款,竣工前全部扣清。

$$未完工程材料款 = 未完工程价值 \times 主材比重 = (合同总价 - 已完工程价值) \times 主材比重 \tag{6.4.3}$$

$$预付备料款 = (合同总价 - 已完工程价值) \times 主材比重 \tag{6.4.4}$$

$$T = P - \frac{M}{N} \tag{6.4.5}$$

式中:T——起扣点;

P——合同价;

M——备料款;

N——主要材料占工程总价款的比重。

(2)扣工程预付款

在承包方完成金额累计达到合同总价一定比例(双方合同约定)后,由发包方从每次应付给承包方的工程款中扣回工程预付款,在合同规定的完工期前将预付款扣清。

6.4.3 工程进度款结算

以按月结算为例,业主在月中向施工企业预支半月工程款,施工企业在月末根据实际完成工程量向业主提供已完工程月报表和工程价款结算账单,经业主和工程师确认,收取当月工程价款,并通过银行结算,即承包商提交已完工程量计量→工程量的确认→业主审批认可→支付工程进度款。

1. 已完工程量的计量

根据工程量清单计价规范形成的合同价中包含综合单价和总价包干两种不同形式,应采用不同的计量方法。除专用合同条款另有约定外,综合单价子目已完成工程量按月计算,总价包干子目的计量周期按批准的支付分解报告确定。

①综合单价子目的计量:施工中若有工程量清单出现漏项、计算偏差以及工程变更引起的工程量增减,应在工程进度款支付即中间结算时调整,并按合同约定的计量方法进行实际工程量计量的确认。

②总价包干合同子目的计量：其计量和支付应以总价为基础，不因物价波动引起价格调整的因素而进行调整。承包人实际完成的工程量，是进行工程目标管理和控制进度支付的依据。承包人在合同约定的每个计量周期内，对已完工程进行计量，并提交专用条款约定的合同总价支付分解表所表示的阶段性或分项计量的支持性资料，以及所达到工程形象目标或分阶段需完成的工程量和有关计量资料。

2. 工程量的确认

承包人应按专用条款约定的时间向工程师提交已完工程量报告。工程师接到报告后 7 天内按设计图纸核实已完工程量（计量），计量前 24 小时通知承包方，承包方为计量提供便利条件并派人参加。承包商收到通知不参加计量的，计量结果有效，并作为工程价款支付的依据。

工程师收到承包人报告后 7 天内未计量，从第 8 天起，承包人报告中开列的工程量即视为被确认，作为工程价款支付的依据。工程师不按约定时间通知承包人，致使承包人未能参加计量的，计量结果无效。

承包人超出设计图纸范围和因承包人原因造成返工的工程量，工程师不予计量。例如在地基工程施工中，当地基底面处理到施工图所规定的处理范围边缘时，承包商为了保证夯击质量，将夯击范围比施工图纸规定范围适当扩大，此扩大部分不予计量。因为这部分的施工是承包商为保证质量而采取的技术措施，费用由施工单位自己承担。

3. 工程进度款支付

①在计量结果确认后 14 天内，发包人应向承包人支付工程款（进度款），并按约定可将应扣回的预付款与工程款同期结算。

②符合规定范围合同价款的调整，工程变更调整的合同价款及其他条款中约定的追加合同价款应与工程款同期支付。

③发包人超过约定时间不支付工程款，承包人可向发包人发出要求付款通知，发包人收到通知仍不能按要求付款的，可与承包人签订延期付款协议，经承包人同意后延期支付。协议应明确延期支付的时间和从计量结果确认后第 15 天起计算应支付的贷款利息。

④发包人不按合同约定支付工程款，双方又未达成延期付款协议，导致施工无法进行的，承包人可停止施工，由发包人承担违约责任。

6.4.4　建设工程质量保证金计算

建设工程保证金（以下简称"保证金"）是指发包人与承包人在建设工程承包合同中约定，从应付的工程款中预留，用以保证承包人在缺陷责任期内对建设工程出现的缺陷进行维修的资金。需要说明的是质量保证金的计算额度不包括预付款的支付、扣回以及价格调整的金额，是按合同价款进行计算。

1. 缺陷责任

缺陷责任期一般为 6 个月、12 个月或 24 个月，具体可由发、承包双方在合同中约定。缺陷责任期内，由承包人原因造成的缺陷，承包人应负责维修，并承担鉴定及维修费用。如承包人不维修也不承担费用，发包人可按合同约定扣除保证金，并由承包人承担违约责任。承包人维修并承担相应费用后,不免除对工程的一般损失赔偿责任。

由他人原因造成的缺陷,发包人负责组织维修,承包人不承担费用,且发包人不得从保证金中扣除费用。

2.质量保证金的计算方法

(1)合同对保留金的约定

①保证金预留、返还方式。

②保证金预留比例、期限。

③保证金是否计付利息,如计付利息,利息的计算方式。

④缺陷责任期的期限及计算方式。

⑤保证金预留、返还及工程维修质量、费用等争议的处理程序。

⑥缺陷责任期内出现缺陷的索赔方式。

(2)保证金的预留

监理人应从第一个付款周期开始,在发包人的进度付款中,按约定比例扣留质保金,直到扣留的质保金达到专用条款约定的金额或比例为止。

全部或者部分使用政府投资的建设项目,按工程价款结算总额5%左右的比例预留保证金。

(3)保证金的返还

缺陷责任期满后,承包人向发包人申请返还保证金。发包人在接到承包人返还保证金申请后,应于14 d内会同承包人按照合同约定的内容进行核实。如无异议,发包人应当在核实后14 d内将保证金返还给承包人,逾期支付的,从逾期之日起,按照同期银行贷款利率计付利息,并承担违约责任。发包人收到返还保证金申请后14 d内不予答复,经催告14 d内仍不予答复的,视同认可返还申请。

(4)保证金的管理

①缺陷责任期内,实行国库集中支付的政府投资项目,保证金的管理应按国库集中支付的有关规定执行。其他的政府投资项目,保证金可以预留在财政部门或发包方。

②缺陷责任期内,如发包人被撤销,保证金随交付使用资产一并移交使用单位管理,由使用单位代行发包人职责。

③社会投资项目采用预留保证金方式的,发、承包双方可以约定将保证金交由金融机构托管。

④采用工程质量保证担保、工程质量保险等其他保证方式的,发包人不得再预留保证金,并按有关规定执行。

6.4.5　工程竣工结算

工程竣工结算是指施工企业按照合同规定的内容全部完成所承包的工程,经验收质量合格,并符合合同要求之后,向发包单位进行的最终工程价款结算,结算双方应按照合同价款与合同价款调整内容以及索赔事项,进行工程竣工结算。

1. 工程竣工结算方式

工程竣工结算分为单位工程竣工结算、单项工程竣工结算和建设项目竣工总结算。

2. 工程竣工结算编审

①单位工程竣工结算由承包人编制,发包人审查;实行总承包的工程,由具体承包人编制,在总包人审查的基础上,发包人审查。

②单项工程竣工结算或建设项目竣工总结算由总(承)包人编制,发包人可直接进行审查,也可以委托具有相应资质的工程造价咨询机构进行审查。政府投资项目由同级财政部门审查。单项工程竣工结算或建设项目竣工总结算经发、承包人签字盖章后有效。

承包人应在合同约定期限内完成项目竣工结算编制工作,未在规定期限内完成的并且提不出正当理由延期的,责任自负。

3. 工程竣工结算审查期限

单项工程竣工后,承包人应在提交竣工验收报告的同时,向发包人递交竣工结算报告及完整的结算资料,发包人应按以下规定时限进行核对(审查)并提出审查意见。工程竣工结算报告金额审查时间如下。

①500万元以下,从接到竣工结算报告和完整的竣工结算资料之日起20天。

②500万元~2 000万元,从接到竣工结算报告和完整的竣工结算资料之日起30天。

③2 000万元~5 000万元,从接到竣工结算报告和完整的竣工结算资料之日起45天。

④5 000万元以上,从接到竣工结算报告和完整的竣工结算资料之日起60天。

建设项目竣工总结算在最后一个单项工程竣工结算审查确认后15天内汇总,送发包人后30天内审查完成。

4. 工程竣工价款结算程序

《建设工程施工合同(示范文本)》关于竣工结算的程序如下。

①工程竣工验收报告经发包方认可后28天内,承包方向发包方递交竣工结算报告及完整的结算资料,双方按照协议书约定的合同价款及专用条款约定的合同价款调整内容,进行工程竣工结算。

②发包方收到承包方递交的竣工结算资料后28天内核实,给予确认或者提出修改意见。承包方收到竣工结算价款后14天内将竣工工程交付发包方。

③发包方收到竣工结算报告及结算资料后28天内无正当理由不支付工程竣工结算价款,从第29天起按承包方同期向银行贷款利率支付拖欠工程价款的利息,并承担违约责任。

④发包方收到竣工结算报告及结算资料后28天内不支付工程竣工结算价款,承包方可以催告发包方支付结算价款。发包方在收到竣工结算报告及结算资料56天内仍不支付的,承包方可以与发包方协议将该工程折价,也可以由承包方申请法院将该工程拍卖,承包方就该工程折价或拍卖的价款中优先受偿。

⑤工程竣工验收报告经发包人认可28天后,承包人未向发包人递交竣工结算报告及完整的结算资料,造成工程竣工结算不能正常进行或工程竣工结算价款不能及时支付,发包人要求交付工程的,承包人应当交付,发包人不要求交付工程的,承包人承担保管责任。

5. 工程竣工价款结算的基本公式

$$竣工结算价款 = 合同价 + 调整价款 - 预付及已结价款 - 保修金 \qquad (6.4.6)$$

$$清单形式合同价款 = 分部分项工程量清单费 + 措施项目费 + 其他项目费 + 规费 + 税金 \qquad (6.4.7)$$

$$质保金 = 清单合同价款 \times 质保金扣留比例 \qquad (6.4.8)$$

注意:质保金的计算额度不包括预付款的支付、扣回及价格调整的金额。

$$清单形式工程预付款 = 分部分项工程量清单费 \times (1 + 规费费率)$$
$$\times (1 + 税率) \times 双方约定的预付款比例(借出扣还) \qquad (6.4.9)$$

$$清单形式措施项目预付款 = 措施项目费 \times (1 + 规费费率) \times (1 + 税率)$$
$$\times 双方约定的措施项目预付款比例(借出不扣还) \qquad (6.4.10)$$

注意:①支取清单形式措施项目预付款的同时应扣除该部分费用对应的质保金;
②调整价款包含工程量变化的价款调整、人材机价格变化的价款调整以及工程变更、现场签证和工程索赔的价款调整。

6.4.6 工程价款调整方法

施工合同履行期间,因人工、材料、工程设备和施工机械台班等价格波动影响合同价款时,发承包双方可以根据合同约定的调整方法,对合同价款进行调整。主要采用的合同价款调整方法有两种:一种是采用价格指数调整价格差额;另一种是采用造价信息调整价格差额。承包人采购材料和工程设备的,应在合同中约定主要材料、工程设备价格变化的范围或幅度,如没有约定,则材料、工程设备单价变化超过5%,超过部分的价格按上述两种方法之一进行调整。

1. 采用价格指数调整价格差额

采用价格指数调整价格差额的方法,主要适用于施工中所用的材料品种较少,但每种材料使用量较大的土木工程,如公路、水坝等。

(1)价格调整公式

因人工、材料、工程设备和施工机械台班等价格波动影响合同价款时,根据投标函附录中的价格指数和权重表约定的数据,按下式计算差额并调整合同价款:

$$\Delta P = P_0 \left[A + \left(B_1 \times \frac{F_{t1}}{F_{01}} + B_2 \times \frac{F_{t2}}{F_{02}} + B_3 \times \frac{F_{t3}}{F_{03}} + \cdots + B_n \times \frac{F_{tn}}{F_{0n}} \right) - 1 \right] \qquad (6.4.10)$$

式中:ΔP——需调整的价格差额;

P_0——已完成工程量的金额,此项金额应不包括价格调整、不计质量保证金的扣留和支

付、预付款的支付和扣回,变更及其他金额已按现行价格计价的,也不计在内;

A——定值权重(即不调部分的权重);

$B_1,B_2,B_3,\cdots,B_n$——各可调部分的权重,为各可调因子在投标函投标总报价中所占的
比例;

$F_{t1},F_{t2},F_{t3},\cdots,F_{tn}$——各可调因子的现行价格指数,指根据进度付款、竣工付款和最终
结清等约定的付款证书相关周期最后一天的前42天的各可调因
子的价格指数;

$F_{01},F_{02},F_{03},\cdots,F_{0n}$——各可调因子的基本价格指数,指基准日的各可调因子的价格指
数。

当确定定值部分和可调部分因子权重时,应注意由于以下原因引起的合同价款调整,其风
险应由发包人承担。

①省级或行业建设主管部门发布的人工费调整,但承包人对人工费或人工单价的报价高
于发布的除外。

②由政府定价或政府指导价管理的原材料等价格进行了调整的。

以上价格调整公式中的各可调因子、定值和变值权重,以及基本价格指数及其来源在投标
函附录价格指数和权重表中约定。价格指数应首先采用工程造价管理机构提供的价格指数,
缺乏上述价格指数时,可采用工程造价管理机构提供的价格代替。

在计算调整差额时得不到现行价格指数的,可暂用上一次价格指数计算,并在以后的付款
中再按实际价格指数进行调整。

(2)权重的调整

按变更范围和内容所约定的变更,导致原定合同中的权重不合理时,由承包人和发包人协
商后进行调整。

(3)工期延误后的价格调整

由于发包人原因导致工期延误的,则对于计划进度日期(或竣工日期)后续施工的工程,
在使用价格调整公式时,应采用计划进度日期(或竣工日期)与实际进度日期(或竣工日期)的
两个价格指数中较高者作为现行价格指数。由于承包人原因导致工期延误的,则对于计划进
度日期(或竣工日期)后续施工的工程,在使用价格调整公式时,应采用计划进度日期(或竣工
日期)与实际进度日期(或竣工日期)的两个价格指数中较低者作为现行价格指数。

2.采用造价信息调整价格差额

采用造价信息调整价格差额的方法,主要适用于使用的材料品种较多,相对而言每种材料
使用量较小的房屋建筑与装饰工程。

施工合同履行期间,因人工、材料、工程设备和施工机械台班价格波动影响合同价格时,人
工和施工机械使用费按照国家或省、自治区、直辖市建设行政管理部门,行业建设管理部门或
其授权的工程造价管理机构发布的人工成本信息、施工机械台班单价或施工机械使用费系数
进行调整;需要进行价格调整的材料,其单价和采购数应由发包人复核,发包人确认需调整的
材料单价及数量,作为调整合同价款差额的依据。

（1）人工单价的调整

人工单价发生变化时，发承包双方应按省级或行业建设主管部门或其授权的工程造价管理机构发布的人工成本文件调整合同价款。

（2）材料和工程设备价格的调整

材料、工程设备价格变化的价款调整，按照承包人提供的主要材料和工程设备一览表，根据发承包双方约定的风险范围，按以下规定进行调整。

①如果承包人投标报价中材料单价低于基准单价，工程施工期间材料单价涨幅以基准单价为基础超过合同约定的风险幅度值时，或材料单价跌幅以投标报价为基础超过合同约定的风险幅度值时，其超过部分按实调整。

②如果承包人投标报价中材料单价高于基准单价，工程施工期间材料单价跌幅以基准单价为基础超过合同约定的风险幅度值时，或材料单价涨幅以投标报价为基础超过合同约定的风险幅度值时，其超过部分按实调整。

③如果承包人投标报价中材料单价等于基准单价，工程施工期间材料单价涨、跌幅以基准单价为基础超过合同约定的风险幅度值时，其超过部分按实调整。

④承包人应当在采购材料前将采购数量和新的材料单价报发包人核对，确认用于本合同工程时，发包人应当确认采购材料的数量和单价。发包人在收到承包人报送的确认资料后3个工作日不予答复的，视为已经认可，作为调整合同价款的依据。如果承包人未报经发包人核对即自行采购材料，再报发包人确认调整合同价款的，如发包人不同意，则不作调整。

（3）施工机械台班单价的调整

施工机械台班单价或施工机械使用费发生变化超过省级或行业建设主管部门或其授权的工程造价管理机构规定的范围时，按照其规定调整合同价款。

6.4.7 合同价款纠纷的处理

根据我国有关法律的规定，建设工程合同纠纷的解决途径，主要由当事人双方协商、调解、仲裁或诉讼。

1. 建设工程合同纠纷的协商解决

协商是解决民事纠纷经常采用的行之有效的方法之一。协商是指建设工程合同纠纷的当事人双方在没有第三者参加的情况下，本着自愿、互谅互让的精神，分清是非，明确责任，就争议的问题达成和解协议，使建设工程合同纠纷得到及时妥善解决的一种方式。这是一种私力救助，其优点在于简单易行、稳妥、及时，并且有利于增进了解，加强团结。

2. 建设工程合同纠纷的调解解决

调解是指建设工程合同纠纷当事人在不能相互协商时，根据一方当事人的申请，在建设工程合同行政管理部门或其他第三方主持下，坚持依法、自愿、公平合理的原则，促使纠纷当事人相互谅解，统一认识，达成和解协议，解决建设工程合同纠纷，发挥第三人在建设工程合同纠纷调解中的作用，有效利用调解程序，提高调解成功率有利于化解纠纷，减少诉讼，节约司法成本。

值得注意的是,这里所谈的调解不同于法院或仲裁机构以调解方式结案的调解。前者是诉讼外的调解,不具有法律上的强制执行力,当事人如果不履行该调解协议的,不能直接申请法院强制执行;后者是诉讼或仲裁过程中在法院或仲裁机构主持下,当事人达成的调解协议,该调解协议在法律效力上同判决书或仲裁书,当事人不履行的,另一方当事人可直接依此向法院申请强制执行。

3. 建设工程合同纠纷的仲裁解决

建设工程合同纠纷的仲裁,是仲裁机构根据当事人双方的申请,依据《中华人民共和国仲裁法》的规定,对建设工程合同争议,通过仲裁解决建设工程合同纠纷。

4. 建设工程合同纠纷的诉讼解决

诉讼是法律赋予公民和法人的基本权利之一,任何组织或个人的合法权益受到侵害时,都有权诉诸人民法院,请求人民法院行使国家审判权,保护其合法权益。当事人依照法律规定和建设工程合同纠纷的性质,可以提起民事诉讼或行政诉讼,性质上属于公力救助,也是当事人寻求救济的最后途径。对建设工程合同纠纷导致违法犯罪的,由检察机关提起刑事诉讼,保护当事人的合法权益和人身权利。值得注意的是,仲裁制度和诉讼制度是解决建设工程合同纠纷的两种截然不同的制度,选择诉讼就不能选择仲裁。选择仲裁的前提是双方达成仲裁的合意,即有仲裁协议或仲裁条款。

在我国诉讼有严格的级别管辖和地域管辖,当事人不得随意选择受诉法院,而仲裁允许当事人通过仲裁协议或仲裁条款选择仲裁地和仲裁庭的组成人员;诉讼是两审终审,而仲裁是一次裁决具有终局性。

【案例分析】

问题(1):

解:估算合同价为:$5\ 300 \times 180 = 95.4$(万元)。

问题(2):

解:(1)工程预付款 $= 95.4 \times 20\% = 19.08$(万元)。

(2)工程预付款起扣:$95.4 \times 30\% = 28.62$(万元)。

第2个月的工程款累计 $1\ 800 \times 180 = 32.4$ 万元 > 28.62 万元,故应从第3个月起开始扣回预付款。

(3)每月应扣预付款为 $19.08 \div 3 = 6.36$ 万元(从第3个月起至第5个月全部扣完)。

问题(3):

解:第1个月:工程量价款 $= 800 \times 180 = 14.4$(万元)。

应扣保修金 $= 14.4 \times 5\% = 0.72$(万元)。

本月应支付工程款 $= 14.4 - 0.72 = 13.68$ 万元 < 15 万元,本月不支付工程款,结转至下月支付。

第2个月:工程量价款 $= 1\ 000 \times 180 = 18$(万元)。

应扣保修金 $= 18$ 万元 $\times 5\% = 0.9$(万元)。

本月应支付工程款:$18 - 0.9 = 17.1$(万元),$13.68 + 17.1 = 30.78$(万元) > 15 万元

本月业主应支付给承包商工程款 30.78 万元。

第 3 个月：工程量价款 $= 1\,200 \times 180 = 21.60$（万元）。

应扣保修金 $= 21.60 \times 5\% = 1.08$（万元）。

本月应扣预付款 $= 6.36$（万元）。

本月应支付工程款 $= 21.60 - 1.08 - 6.36 = 14.16$（万元）$< 15$ 万元，本月不支付工程款。

第 4 个月：工程量价款 $= 1\,200 \times 180 = 21.60$（万元）。

应扣保修金 $= 21.60 \times 5\% = 1.08$（万元）。

本月应扣预付款 $= 6.36$ 万元。

本月应支付工程款：$21.60 - 1.08 - 6.36 = 14.16$（万元），$14.16 + 14.16 = 28.32$（万元）$> 15$ 万元，本月业主应支付给承包商工程款为 28.32 万元。

第 5 个月：本月累计完成工程量为 $5\,400 \text{ m}^3 > 5\,300 \text{ m}^3$，比原估算工程量超出了 100 m^3，超过百分比 $= 100/5\,300 = 1.887\% < 10\%$，故 5 月份工程量执行原单价。

本月工程量价款 $= 1\,200 \times 180 = 21.60$（万元）。

应扣保修金 $= 21.60 \times 5\% = 1.08$（万元）。

本月应扣预付款 $= 6.36$ 万元。

本月应支付工程款 $= 21.60 - 1.08 - 6.36 = 14.16$（万元）$< 15$ 万元，本月不支付工程款，结转至下月。

第 6 个月：本月累计完成工程量为 $5\,900 \text{ m}^3$，比原估算工程量超出了 600 m^3，超过百分比 $= 600/5\,300 = 11.32\% > 10\%$，对超出部分采用新单价 $180 \times 0.9 = 162$ 元$/\text{m}^3$，按新单价执行的工程量 $= 5\,900 - 5\,300(1 + 10\%) = 70 \text{ m}^3$，采用原单价的工程量 $= 500 - 70 = 430 \text{ m}^3$。

工程量价款 $= 430 \times 180 + 70 \times 162 = 8.874$（万元），应扣保修金 $= 8.874 \times 5\% = 0.444$（万元）。

本月应支付工程款：$8.874 - 0.444 = 8.43$（万元）。

业主应支付给承包商的工程款 $= 14.16 + 8.43 = 22.59$（万元）。

思考与练习

一、选择题

1. 通常用于紧急工程施工的是（   ）计价方式的施工合同。

A. 固定价格　　　　　　B. 可调价格　　　　　　C. 固定总价　　　　　　D. 成本加酬金

2. 对于单价合同，下列叙述正确的是（   ）。

A. 采用单价合同，要求工程量清单数量与实际工程数量偏差很小

B. 可调单价合同只适用于地质条件不太落实的情况

C. 单价合同的特点之一是风险由合同双方合理分担

D. 固定单价合同对发包人有利，而对承包人不利

3. 确定工程变更价款时,若合同中没有类似和适用的价格,则由(　　　)。

A. 承包商和工程师提出变更价格,业主批准执行

B. 工程师提出变更价格,业主批准执行

C. 承包商提出变更价格,工程师批准执行

D. 业主提出变更价格,工程师批准执行

4. 对于工期延误而引起的索赔,在计算索赔费用时,一般不应包括(　　　)。

A. 人工费 　　　　B. 工地管理费 　　　　C. 总部管理费 　　　　D. 利润

5. 关于合同价款与合同类型,下列说法正确的是(　　　)。

A. 招标文件与投标文件不一致的地方,以招标文件为准

B. 中标人应当自中标通知书收到之日起30天内与招标人订立书面合同

C. 工期特别紧、技术特别复杂的项目应采用总价合同

D. 实行工程量清单计价的工程,应(鼓励)采用单价合同

6. 关于工程变更的说法,正确的是(　　　)。

A. 监理人要求承包人改变已批准的施工工艺或顺序不属于变更

B. 发包人通过变更取消某项工作从而转由他人实施

C. 监理人要求承包人为完成工程需要追加的额外工作不属于变更

D. 承包人不能全面落实变更指令而扩大的损失由承包人承担

7. 我国工程建设施工招标的方式有(　　　)。

A. 公开招标 　　　　B. 单价招标 　　　　C. 总价招标 　　　　D. 邀请招标

E. 成本加酬金招标

8. 以下关于变更后合同价款的确定的说法,正确的是(　　　)。

A. 合同中已有适用于变更工程的价格,按合同已有的价格计算、变更合同价款

B. 合同中只有类似于变更工程的价格,可以参照此价格的确定变更价格,变更合同价款

C. 合同中没有适用或类似于变更工程的价格,由承包人提出适当的变更价格,经工程师确认后执行

D. 关于变更工程价格如果无法协商一致,可以由工程造价部门调解

E. 关于变更工程价格如果无法协商一致,则以工程师认为合同合理的价格执行

9. 下列费用项目中,(　　　)属于施工索赔费用的范畴。

A. 人工费 　　　　B. 材料费 　　　　C. 分包费用 　　　　D. 施工企业管理费

E. 建设单位管理费

10. 下列索赔事件引起的费用索赔中,可以获得利润补偿的有(　　　)。

A. 施工中发现文物 　　　　　　　　B. 延迟提供施工场地

C. 承包人提前竣工 　　　　　　　　D. 延迟提供图纸

E. 基准日后法律的变化

三、简述题

1. 我国施工项目合同管理的概念?

2. 什么是成本加酬金合同? 什么情况下应用?

3. 什么是工程变更？工程变更的处理程序是什么？

4. 建设工程价款索赔的程序有哪些？

5. 工程价款中的价差调整方法有哪几种？

四、案例分析题

1. 某施工单位根据领取的某 2 000 m² 两层厂房工程项目招标文件和全套施工图纸，采用低价策略编制了投标文件，并获得中标。该施工单位(乙方)于某年某月某日与建设单位(甲方)签订了该工程项目的固定价格施工合同，合同工期为 8 个月，甲方在乙方进入施工现场后，因资金短缺，无法如期支付工程款，口头要求乙方暂停施工一个月，乙方亦口头答应。工程按合同规定期限验收时，甲方发现工程质量有问题，要求返工。两个月后，返工完毕。结算时甲方认为乙方迟延交付工程，应按合同约定偿付逾期违约金，乙方认为临时停工是甲方要求的，乙方为抢工期，加快施工进度才出现了质量问题，因此延迟交付的责任不在乙方，甲方则认为临时停工和不顺延工期是当时乙方答应的，乙方应履行承诺，承担违约责任。

在工程施工过程中，遭受到了多年不遇的强暴风雨的袭击，造成了相应的损失，施工单位及时向监理工程师提出索赔要求，并附有与索赔有关的资料和证据。索赔报告中的基本要求如下。

(1)遭受多年不遇的强暴风雨的袭击属于不可抗力事件，不是施工单位原因造成的损失，故应由业主承担赔偿责任。

(2)给已建部分工程造成破坏损失 18 万元，应由业主承担修复的经济责任，施工单位不承担修复的经济责任。

(3)施工单位人员因此灾害导致数人受伤，处理伤病医疗费用和补偿总计 3 万元，业主应给予赔偿。

(4)施工单位进场的正在使用的机械、设备受到损坏，造成损失 8 万元，由于现场停工造成台班费损失 4.2 万元，业主应负担赔偿和修复的经济责任，工人窝工费 3.8 万元，业主应予以支付。

(5)因暴风雨造成的损失现场停工 8 天，要求合同工期顺延 8 天。

(6)由于工程破坏，清理现场需费用 2.4 万元，业主应予以支付。

问题：

(1)该工程采用固定价格合同是否合适？

(2)该施工合同的变更形式是否妥当？此合同争议依据合同法律规定范围应如何处理？

(3)当监理工程师接到施工单位提交的索赔申请后，应进行哪些工作？

(4)因不可抗力发生的风险承担的原则是什么？对施工单位提出的要求，应如何处理？

2. 某建设工程是外资项目，业主与承包商按照 FIDIC 合同条件签订了施工合同。施工合同专用条件规定：钢材、木材、水泥由业主供货到现场仓库，其他材料由承包商自行采购。

当工程施工至第 5 层框架柱钢筋绑扎时，业主提供的钢筋未到，使该项作业从 2011 年 10 月 3 日至 10 月 16 日停工(该项作业的总时差为零)。

10 月 7 日至 10 月 9 日因停电、停水使第 3 层的砌砖停工(该项作业的总时差为 4 天)。

10 月 14 日至 10 月 17 日因砂浆搅拌机发生故障使第 1 层抹灰延迟开工(该项作业的总

时差为 4 天）。

为此,承包商于 10 月 18 日向工程师提交了一份索赔意向书,并于 10 月 25 日送交了一份工期、费用索赔计算书和索赔依据的详细材料。其计算书如下。

（1）工期索赔

①框架柱扎筋 10 月 3 日至 10 月 16 日停工:计 14 天。

②砌砖 10 月 7 日至 10 月 9 日停工:计 3 天。

③抹灰 10 月 14 日至 10 月 17 日迟开工:计 3 天。

总计请求展延工程:20 天。

（2）费用索赔

①窝工机械设备费如下。

1 台塔式起重机:14×234 = 3 276（元）

1 台混凝土搅拌机:14×55 = 770（元）

1 台砂浆搅拌机:6×24 = 144（元）

小计:4 190 元

②窝工人工费如下。

支模:9 873.50（元）

砌砖:30×20.15×3 = 1 813.50（元）

抹灰:35×20.15×3 = 2 115.75（元）

小计:13 802.75 元

③保函费延期补偿:490 元。

④管理费增加:18 066.25 元。

⑤利润损失:（4 190 + 13 802.75 + 490 + 18 066.25）×5% = 1 827.45（元）。

经济索赔合计:38 376.45 元。

问题:

（1）承包商提出的工期索赔是否正确?应予批准的工期索赔为多少天?

（2）假定经双方协商一致,窝工机械设备费索赔按台班单价的 65% 计算;考虑对窝工人工应合理安排工人从事其他作业后的降效损失,窝工人工费索赔按每工日 10 元计算;保函费计算方式合理;管理费、利润损失不予补偿。试确定经济索赔额。

参考文献

[1] 张新华. 招投标与合同管理[M]. 成都:西南交通大学出版社,2007.

[2] 武育秦. 工程招投标与合同管理[M]. 4版. 重庆:重庆大学出版社,2010.

[3] 杨树峰. 招投标与合同管理[M]. 重庆:重庆大学出版社,2013.

[4] 宋春岩,付庆向. 建设工程招投标与合同管理[M]. 北京:北京大学出版社,2008.

[5] 陈捷. 建设工程招投标与合同管理[M]. 郑州:郑州大学出版社,2011.

[6] 林密. 工程项目招投标与合同管理[M]. 北京:中国建筑工业出版社,2007.

[7] 张加瑄. 工程招投标与合同管理[M]. 北京:中国电力出版社,2011.

[8] 冯建梅,李文倩. 工程项目招投标与合同管理[M]. 北京:中国地质大学出版社,2012.

[9] 李明孝. 建设工程招投标与合同管理[M]. 西安:西北工业大学出版社,2015.

[10] 斯庆,宋显锐. 工程造价控制[M]. 北京:北京大学出版社,2014.

建设工程招投标与合同管理课程实训集

主　编　孙敬涛
副主编　季　敏　陈淑珍　候军伟

天津大学出版社
TIANJIN UNIVERSITY PRESS

第一部分　课堂实训

【实训1】　确定招标组织方式,进行招标条件、招标方式界定

一、实训目标

(1)知识目标:能够结合工程背景进行招标条件、方式的界定。

(2)技能目标:掌握建设工程项目招标的条件及主要招标方式。

二、课时安排

☞1 学时。

三、实训准备

(1)物资准备:书和教材、工程招投标沙盘实物道具、文具、多媒体等辅助工具。

(2)道具准备:招标条件、招标方式分析表。

(3)人员分组。

1)招标人

☞招标人即建设单位,由老师临时客串。

☞确定招标组织形式。

☞负责对招标代理公司提出的招标条件问题进行解答、出具相关的证明资料。

2)招标代理

☞每个学生团队都是一个招标代理公司。

☞承接招标人(或建设单位)的工程招标委托任务。

☞获取招标工程资料,熟悉工程案例背景资料。

☞确认工程招标项目的招标条件是否满足。

☞确定招标方式。

3)项目经理

☞每个学生团队选出一名小组长担任项目经理的角色。

4)市场经理

☞每个学生团队选出一名小组长担任项目经理的角色。

☞市场经理负责各自团队的记录工作。

1

5）说明

☞学生选择成立招标人公司（或招标代理公司），取决于实训案例的性质是自行招标还是委托招标。

四、实训步骤

1. 获取招标工程资料，熟悉工程案例背景资料

1）获取招标工程资料

☞新建工程招投标案例。

☞获取案例资料。

2）熟悉工程案例背景资料

2. 确定招标组织形式

☞项目经理带领团队成员讨论，根据自己公司的企业性质、招标工程建设信息，确定本次招标的组织形式。

☞市场经理负责将确定的招标组织形式结论记录到"招标条件、招标方式分析表"中。

3. 判断本工程是否满足招标条件

☞依据"招标条件、招标方式分析表"中的招标条件进行。

☞项目经理带领团队成员讨论，查看本招标工程的案例背景资料，与"招标条件、招标方式分析表"里的招标条件进行对比，将满足招标条件的选项勾选出来；对不满足招标条件的，与招标人（或建设单位）进行沟通，索取相关证明资料。

☞如果对招标人（或建设单位）提供的某些招标条件证明资料有疑问，可以随时和招标人（或建设单位）进行沟通解决。

4. 签字确认

市场经理负责将结论记录到"招标条件、招标方式分析表"，团队其他成员和项目经理对其签字确认。

5. 将确认结果提交招标人

6. 填表说明

☞表格由谁填写，即由谁在填表人处签署自己的姓名。

☞审批人只能由项目经理签字；如果项目经理认可表格填写内容，即签署自己的姓名，反之，需要填表人重新修改表格内容，直至项目经理认可；如果填表人是项目经理，审批人处空白即可。

☞会签人：除了填表人和审批人，小组内其他团队成员如果认可表格填写内容，即签署自己的姓名，反之，需要小组讨论表格内容，直至团队成员均认可。

五、实训报告

××项目招标条件、招标方式分析表如下。

项目招标条件、招标方式分析表

组别：   日期：

项目名称	招标组织形式		招标条件	招标方式
具体内容	□自行招标	□委托招标	□招标人已经依法成立	□公开招标 □资格预审□ 资格后审
	□具有项目法人资格（或者法人资格）		□项目立项书	
	□具有与招标项目规模和复杂程度相适应的工程技术、概预算、财务和工程管理等方面专业技术		□可行性研究报告	
			□规划申请书	
	□有从事同类工程建设项目招标的经验		□初步设计及概算应当履行审批手续的，已经批准	□邀请招标
	□拥有 3 名以上取得招标职业资格的专职招标业务人员		□有招标所需的设计图纸	
			□有招标所需的技术资料	□直接发包/议标
	□熟悉和掌握招标投标法及有关法规规章		□有相应资金或资金来源已经落实	

填表人：   会签人：   审批人：

六、实训总结

在实训过程中，教师可根据情况给出不同招标方式的部分招标条件，让同学进行补充填写，通过招标条件、招标方式分析，让学生能够结合工程背景进行招标条件、方式的界定，掌握建设工程项目招标的条件及主要招标方式。

七、教师评阅

【实训 1】编制招标条件、招标方式分析表评分表

组　　别	团队成员	正确个数	正确率	实训得分	其他加减分	本实训总得分
第 1 团队						
第 2 团队						
第 3 团队						
第 4 团队						
第 5 团队						
第 6 团队						
第 7 团队						
第 8 团队						
第 9 团队						
第 10 团队						

【实训2】 编制招标计划

一、实训目标

(1)知识目标:能够熟练编制招标计划。

(2)技能目标:掌握建设工程项目招标的程序。

二、课时安排

☞1学时。

三、实训准备

(1)物资准备:实训任务书和教材、工程招投标沙盘实物道具、文具、多媒体等辅助工具。

(2)道具准备:招标计划表。

(3)人员分组。

1)招标人

☞招标人即建设单位,由老师临时客串。

☞负责对招标代理公司提出的招标条件问题进行解答、出具相关的证明资料。

2)招标代理

☞每个学生团队都是一个招标代理公司;每个学生团队选出一名小组长担任项目经理的角色。

☞承接招标人(或建设单位)的工程招标委托任务。

☞完成工程招标项目招标计划表的编写。

3)说明

☞学生选择成立招标人公司(或招标代理公司),取决于实训案例的性质是自行招标还是委托招标。

四、实训步骤

1.熟悉招标计划的工作项内容及其时间要求

☞项目经理组织团队成员,仔细研究招标计划工作项的内容。

☞每一个工作项的备注说明含义。

☞熟悉每一个工作项的时间要求:开始日期、截止日期、与其他工作项的关联关系等。

2.每个团队完成一份本工程的招标计划方案

3.填表说明

☞表格由谁填写,即由谁在填表人处签署自己的姓名。

☞审批人只能由项目经理签字;如果项目经理认可表格填写内容,即签署自己的姓名,反之,需要填表人重新修改表格内容,直至项目经理认可;如果填表人是项目经理,审批人处空白即可。

☞会签人:除了填表人和审批人,小组内其他团队成员如果认可表格填写内容,即签署自己的姓名,反之,需要小组讨论表格内容,直至团队成员均认可。

五、实训报告

××项目招标计划安排表

序 号	名 称	是否安排此环节	时间(工作日)	时间节点(年月日)	相关规定依据及原因	填表人	审批人	会签人
1	发布招标公告或资格预审公告							
2	潜在投标人报名							
3	招标文件及工程量清单备案并发售(含图纸)							
4	现场踏勘							
5	招标预备会							
6	投标人对招标文件提出质疑							
7	答疑会及修改招标文件							
8	预约开标室							
9	申请评标专家							
10	提交投标文件							
11	提交投标保证金							
12	开标、评标							
13	中标结果公示							
14	书面情况报告备案							
15	中标通知书发出							
16	签订合同							
17	退还投标保证金							

注:以上时间为预排,如因资料未确认或招标办工作人员外出等原因不能及时办理,则预计安排的时间顺延。

六、实训总结

在实训过程中,教师可根据情况给出必需的相关时间节点,让同学进行补充填写,通过招标计划编制,让学生熟悉完整的招投标业务流程、时间控制。

七、教师评阅

【实训2】编制招标计划评分表

组　别	团队成员	时间节点正确个数	正确率	实训得分	其他加减分	本实训总得分
第1团队						
第2团队						
第3团队						
第4团队						
第5团队						
第6团队						
第7团队						
第8团队						
第9团队						
第10团队						

【实训3】 编制招标文件中的技术条款内容

一、实训目标

（1）知识目标：能够熟练编制招标文件中的技术条款内容。

（2）技能目标：掌握招标文件的技术条款及编制方法。

二、课时安排

☞2学时。

三、实训准备

（1）物资准备：实训任务书和教材、工程招投标沙盘实物道具、文具、多媒体等辅助工具。

（2）道具准备：工程分包管理规定（表1）；工期与进度（表2）；工程保修（表3）；文件管理（表4）；工程质量（表5）。

（3）人员分组。

1）招标人

☞招标人即建设单位，由老师临时客串。

☞对招标代理提出的疑难问题进行解答。

2）招标代理

☞每个学生团队都是一个招标代理公司；每个学生团队选出一名小组长担任项目经理的

角色。

☞完成招标文件中技术条款内容的编制。

3）技术经理

☞每个学生团队中由项目经理指定一名成员,担任本团队的技术经理。

☞负责组织团队完成招标文件中技术条款的编制,并将确定的招标文件中的技术条款资料提交项目经理进行审查。

4）说明

☞如项目招标由招标人自行完成,则不设招标代理角色,其相关工作由招标人完成,并由学生团队担当。

四、实训步骤

（1）确定工程分包的相关规定,完成表1。

☞禁止分包的工程:根据招标工程的招标范围、《中华人民共和国建筑法》（第28条、第29条）、《中华人民共和国合同法》（第272条）和《中华人民共和国招标投标法》（第48条、第58条）的相关规定,确定本招标工程中禁止分包的工程范围。

☞主体结构、关键性工作的范围:根据招标工程的招标范围,结合工程施工相关规范规定,确定本招标工程中主体结构、关键性工作的范围。

☞允许分包的专业工程:根据招标工程的招标范围、与招标人的沟通情况（委托招标时）,结合工程招投标相关法律规定,确定本招标工程允许分包的工程范围。

☞关于分包合同价款支付的约定:如果本招标工程允许分包,根据与招标人的沟通情况,确定分包合同价款的支付方式。

（2）确定工程工期、施工进度和施工组织设计等规定,完成表2。

☞施工组织设计的内容:根据招标工程的招标范围、工程规模、结构类型等,结合《建设工程施工合同（示范文本）》（F—2013—0201）、《中华人民共和国房屋建筑和市政工程标准施工招标文件》（2010年版）的规定,确定本招标工程的施工组织设计包含的模块内容。

☞根据《建设工程施工合同（示范文本）》（GF—2013—0201）中通用合同条款的规定,结合本招标工程的工程规模、工期要求、结构类型等,确定详细施工组织设计和施工进度计划的提交和审批最晚期限。

（3）确定工程保修的相关规定,完成表3。

☞根据招标工程的招标范围,结合《建设工程质量管理条例》（第6章"建设工程质量保修"）的相关规定,确定本招标工程的工程保修条款规定。

（4）确定提供的施工图纸及施工文件的相关约定,完成表4。

☞根据招标工程案例背景资料介绍,结合《建设工程施工合同（示范文本）》（GF—2013—0201）（第二部分通用合同条款）相关规定,确定招标人需要提交施工图纸的数量和最晚期限、承包人开工前需要提交的文件内容和竣工资料内容及数量。

（5）确定工程质量标准、工程验收的相关规定,完成表5。

☞根据招标工程案例背景资料介绍,结合《建设工程施工合同（示范文本）》（GF—2013—0201）（第二部分通用合同条款）相关规定,确定招标人需要提交施工图纸的数量和最晚期限、承包人开工前需要提交的文件内容和竣工资料内容及数量。

（6）签字确认

☞技术经理负责将确定的招标文件中的技术条款资料提交项目经理进行审查，经团队其他成员和项目经理签字确认后，交给招标人审查。

五、实训报告

××项目技术条款内容分析如下。

表 1　工程分包管理规定

组别：　　　　　　　　　　　　　　　　　　　　　　　　　　　　日期：

序　号	1	2	3	4
项目名称	禁止分包的工程包括	主体结构、关键性工作的范围	允许分包的专业工程	关于分包合同价款支付的约定
具体内容	□地基与基础工程 □主体结构 □装饰装修工程 □屋面工程 □电气工程	□防水工程 □钢结构 □混凝土工程 □砌体结构 □门窗结构	□幕墙工程 □钢结构 □机电安装工程 □装饰装修工程 □消防工程	□由承包人与分包人结算 □由发包人与分包人结算

填表人：　　　　　　　　　会签人：　　　　　　　　　审批人：

表 2　工期与进度

组别：　　　　　　　　　　　　　　　　　　　　　　　　　　　　日期：

序　号	1	2	3
项目名称	施工组织设计包括的其他内容	承包人提交详细施工组织设计和施工进度计划的最晚期限	发包人和监理人对施工组织设计和施工进度计划确认和提出修改意见的最晚期限
具体内容	□施工场地治安保卫管理计划 □冬季和雨季施工方案	□开工日期前 3 天	□收到后 5 天内
	□项目组织管理机构 □施工预算书	□开工日期前 5 天	□收到后 7 天内
	□成品保护工作的管理措施 □工程保修工作的管理措施和承诺	□开工日期前 7 天	□收到后 10 天内
	□与工程建设各方的配合 □对总包管理的认识、对分包的管理措施	□开工日期前 14 天	□收到后 14 天内
	□紧急情况的处理措施，预案及抵抗风险	□开工日期前 28 天	□收到后 28 天内

填表人：　　　　　　　　　会签人：　　　　　　　　　审批人：

表3 工程保修

组别：　　　　　　　　　　　　　　　　　　　　　　　日期：

项目名称	在正常使用条件下,建设工程的最低保修期限
具体内容	□基础设施工程、房屋建筑的地基基础工程和主体结构工程,为设计文件规定的该工程的合理使用年限
	□基础设施工程、房屋建筑的地基基础工程和主体结构工程,为50年
	□屋面防水工程、有防水要求的卫生间、房间和外墙面的防渗漏,为5年
	□屋面防水工程、有防水要求的卫生间、房间和外墙面的防渗漏,为3年
	□供热与供冷系统,为2个采暖期、供冷期
	□供热与供冷系统,为1个采暖期、供冷期
	□电气管线、给排水管道、设备安装和装修工程,为1年
	□电气管线、给排水管道、设备安装和装修工程,为2年

填表人：　　　　　　　　会签人：　　　　　　　　审批人：

表4 文件管理

组别：　　　　　　　　　　　　　　　　　　　　　　　日期：

序号	1		2	3	
项目名称	图 纸		承包人提供给招标人的文件	承包人提供的竣工资料	
	招标人提供施工图纸的最晚期限	数量(含竣工图)		套数	费用承担
具体内容	□开工日期前5天	□3套	□施工组织设计	□1套	□建设单位
	□开工日期前7天	□5套	□开工报告	□2套	
	□开工日期前14天	□8套	□预算书	□3套	
	□开工日期前20天	□10套	□专项施工方案	□4套	□施工单位
	□开工日期前28天	□套	□开工许可证	□套	

填表人：　　　　　　　　会签人：　　　　　　　　审批人：

表5 工程质量

组别：　　　　　　　　　　　　　　　　　　　　　　　日期：

序号	1	2		
项目名称	工程质量标准	隐蔽工程检查		
		承包人提前通知期限	监理人提交书面延期要求	延期最长时间
内容	按照北京市安全文明工地的标准进行管理	□共同检查前24小时	□检查前12小时	□24小时
		□共同检查前48小时	□检查前24小时	□25小时
		□共同检查前72小时	□检查前36小时	□26小时

填表人：　　　　　　　　会签人：　　　　　　　　审批人：

六、实训总结

在实训过程中,教师可根据招标背景给出必需的技术条款内容,让同学进行选择,通过招标文件中的技术条款内容编制,让学生熟悉招标文件中的技术条款内容编制及编制方法。

七、教师评阅

【实训3】编制招标文件中的技术条款内容评分表

组　别	团队成员	正确个数	正确率	实训得分	其他加减分	本实训总得分
第1团队						
第2团队						
第3团队						
第4团队						
第5团队						
第6团队						
第7团队						
第8团队						
第9团队						
第10团队						

【实训4】　编制招标文件的商务条款内容

一、实训目标

(1)知识目标:能够熟练编制招标文件中的商务条款内容;能够编制工程量清单与招标控制价。

(2)技能目标:掌握招标文件的商务条款及编制方法;了解工程量清单及招标控制价的编制方法。

二、课时安排

☞2 学时。

三、实训准备

(1)物资准备:实训任务书和教材、工程招投标沙盘实物道具、文具、多媒体等辅助工具。

(2)道具准备:安全文明施工(表1);工程量清单错误的修正(表2);价格调整(表3);合同预付款与进度款支付(表4)。

(3)人员分组。

1)招标人

☞招标人即建设单位,由老师临时客串。

☞对招标代理提出的疑难问题进行解答。

2）招标代理

☞每个学生团队都是一个招标代理公司；每个学生团队选出一名小组长担任项目经理的角色。

☞完成招标文件中商务条款内容的编制。

3）商务经理

☞每个学生团队中由项目经理指定一名成员，担任本团队的商务经理。

☞负责组织团队完成招标文件中商务条款的编制，并将确定的招标文件中的商务条款资料提交项目经理进行审查。

4）说明

☞如项目招标由招标人自行完成，则不设招标代理角色，其相关工作由招标人完成，并由学生团队担当。

四、实训步骤

（1）确定施工现场安全文明施工的相关规定，完成表1。

☞根据招标工程案例背景资料介绍，结合与招标人的沟通情况，确定本招标工程对于安全文明施工的要求。

☞根据招标工程案例背景资料介绍，结合《建设工程施工合同（示范文本）》（GF—2013—0201）（第二部分通用合同条款）、《建设工程工程量清单计价规范》（GB 50500—2013）（4.工程量清单编制中关于安全文明施工与环境保护）的相关规定，确定安全文明施工费的支付比例、支付最晚期限。

（2）确定工程量清单的修正规则，完成表2。

☞根据招标工程案例背景资料介绍，结合《建设工程工程量清单计价规范》（GB 50500—2013）（4.招标工程量清单；9.合同价款调整）的相关规定，确定当工程量清单发生错误时，是否调整工程量清单及选取的调整方式。

（3）确定市场价格调整的相关规定，完成表3。

☞根据招标工程案例背景资料介绍，结合《建设工程施工合同（示范文本）》（GF—2013—0201）（第二部分通用合同条款）、《建设工程工程量清单计价规范》（GB 50500—2013）（9.合同价款调整）、《工程建设项目施工招标投标办法》（第二章"招标"）、《关于废止和修改部分招标投标规章和规范性文件的决定（2013年第23号令）》（附件2"决定修改的规章和规范性文件八"对《工程建设项目施工招标投标办法》做出修改）的相关规定，确定当市场价格发生波动时，是否调整合同价格及选取的调整方式。

（4）确定工程预付款及工程进度款的支付约定，完成表4。

☞根据招标工程案例背景资料介绍，结合《建设工程施工合同（示范文本）》（GF—2013—0201）（第二部分通用合同条款12.合同价格、计量与支付）、《建设工程工程量清单计价规范（GB 50500—2013）》（10.合同价款中期支付）的相关规定，确定合同预付款的比例或金额、扣回方式，以及预付款支付的最晚期限。

☞根据招标工程案例背景资料介绍、与招标人的沟通情况，结合《建设工程施工合同（示范文本）》（GF—2013—0201）（第二部分通用合同条款 12. 合同价格、计量与支付）、《建设工程工程量清单计价规范（GB 50500—2013）》（10. 合同价款中期支付）的相关规定，确定工程进度款的支付周期。

（5）根据施工图纸，计算工程量，完成工程量清单的编制（可选做）。

☞老师可以根据学生的专业和实训目的，进行选做。

☞工程量计算：手工算量或者借助算量软件均可。

☞完成工程量清单文件的编制。

（6）签字确认。

☞商务经理负责将确定的招标文件中的商务条款资料提交项目经理进行审查，经团队其他成员和项目经理签字确认后，交给招标人审查。

（7）说明工程预付款的扣回，扣款的方法有两种。

☞可以从未施工工程尚需的主要材料及构件的价值相当于工程预付款数额时起扣，从每次结算工程价款中，按材料比重扣抵工程价款，竣工前全部扣清。

基本公式：

$$T = P - M/N$$

式中：T——起扣点，工程预付款开始扣回时的累计完成工作量金额；

M——工程预付款限额；

N——主要材料的比重；

P——工程的价款总额。

☞在承包完成金额累计达到合同总价的 10% 后，由承包人开始向发包人还款；发包人从每次应付给承包人的金额中扣回工程预付款，发包人至少在合同规定的完工期前三个月将工程预付款的总计金额按逐次分摊的办法扣回。

五、实训报告

××项目商务条款内容分析如下。

表1　安全文明施工

组别：　　　　　　　　　　　　　　　　　　　　　　　　　日期：

序　号	1	2	3
项目名称	合同当事人对安全文明施工的要求	安全文明施工费支付比例	安全文明施工费支付最晚期限
具体内容		□不低于预付安全文明施工费总额的 10%	□开工后 28 天内
		□不低于预付安全文明施工费总额的 30%	
		□不低于预付安全文明施工费总额的 50%	□开工后 45 天内
		□不低于预付安全文明施工费总额的 60%	
		□其余部分与进度款同期支付	□开工后 60 天内
		□其余部分竣工后一次性支付	

填表人：　　　　　　　会签人：　　　　　　　审批人：

表2　工程量清单错误修正

组别：　　　　　　　　　　　　　　　　　　　　日期：

序　号	1	2
项目名称	出现工程量清单错误时，是否调整合同价格	允许调整合同价格的工程量偏差范围： 调整原则：当工程量增加15%以上时，其增加部分的工程量的综合单价应予调低；当工程量减少15%以上时，减少后剩余部分的工程量综合单价应调高
内　容	□调整	□增加10%；减少10%
		□增加15%；减少15%
	□调整	□增加20%；减少20%
		□其他：增加＿＿％；减少＿＿％

填表人：　　　　　　　　会签人：　　　　　　　　审批人：

表3　价格调整

组别：　　　　　　　　　　　　　　　　　　　　日期：

序　号	内　容	选　项	
1	市场价格波动是否调整合同价格	□调整	□不调整
2	因市场价格波动调整合同价格，采用以下第＿＿种方式对合同价格进行调整（与2013版合同对应）	□第1种：采用价格指数进行价格调整	
		□第2种：采用价格信息进行价格调整	
3	涨幅超过＿＿％，其超过部分据实调整	□5	□10
4	减幅超过＿＿％，其超过部分据实调整	□5	□10

填表人：　　　　　　　　会签人：　　　　　　　　审批人：

表4　合同预付款与进度款支付

组别：　　　　　　　　　　　　　　　　　　　　日期：

序　号	1	2	3	4
项目名称	预付款的比例或金额	预付款支付最晚期限	预付款扣回方式	工程进度款付款周期
具体内容	□合同价款的40%	□开工日期3天前	□按材料比重扣抵工程价款，竣工前全部扣清：$T = P - M/N$	□每月支付一次
	□合同价款的35%	□开工日期5天前		□每两个月支付一次
	□合同价款的30%	□开工日期7天前		□每半年支付一次
	□合同价款的20%	□开工日期14天前		□不定期支付
	□没有预付款	□开工日期28天前	□随进度款支付等额扣回	□工程竣工后一次性支付至工程款的＿＿%

填表人：　　　　　　　　会签人：　　　　　　　　审批人：

六、实训总结

在实训过程中,教师可根据招标背景给出必需的商务条款内容,让同学进行选择,通过招标文件中的商务条款内容编制,让学生熟悉招标文件中的商务条款内容编制及编制方法。

七、教师评阅

【实训4】编制招标文件中的商务条款内容评分表

组　别	团队成员	正确个数	正确率	实训得分	其他加减分	本实训总得分
第1团队						
第2团队						
第3团队						
第4团队						
第5团队						
第6团队						
第7团队						
第8团队						
第9团队						
第10团队						

【实训5】　编制招标文件中的市场条款内容

一、实训目标

(1)知识目标:能够熟练编制招标文件中的商务条款内容。

(2)技能目标:掌握招标文件的商务条款及编制方法。

二、课时安排

☞2学时。

三、实训准备

(1)物资准备:实训任务书和教材、工程招投标沙盘实物道具、文具、多媒体等辅助工具。

(2)道具准备:支付担保与履约担保(表1);缺陷责任期(表2);投标保证金及投标有效期(表3);合同文件组成及优先顺序分析表(表4)。

(3)人员分组。

1)招标人

☞招标人即建设单位,由老师临时客串。

☞对招标代理提出的疑难问题进行解答。

2）招标代理

☞每个学生团队都是一个招标代理公司；每个学生团队选出一名小组长担任项目经理的角色。

☞完成招标文件中技术条款内容的编制。

3）市场经理

☞每个学生团队中由项目经理指定一名成员，担任本团队的市场经理。

☞负责组织团队完成招标文件中市场条款的编制，并将确定的招标文件中的市场条款资料提交项目经理进行审查

4）说明

☞如项目招标由招标人自行完成，则不设招标代理角色，其相关工作由招标人完成，并由学生团队担当。

四、实训步骤

（1）确定支付担保、履约担保的规则，完成表1。

☞根据招标工程背景资料介绍，结合与招标人的沟通情况、《工程建设项目施工招标投标办法》（第42条），确定中标人是否需要提交履约保证金及其形式、招标人是否需要提供工程款支付担保及担保形式。

（2）确定工程缺陷责任期的相关规定，完成表2。

☞根据招标工程背景资料介绍，结合与招标人的沟通情况、《建设工程施工合同（示范文本）》（GF—2013—0201）（第二部分"通用合同条款"15.缺陷责任与保修）的相关规定，确定本招标工程缺陷责任期的期限、是否扣留质量保证金。

☞根据招标工程背景资料介绍，《建设工程施工合同（示范文本）》（GF—2013—0201）（第二部分"通用合同条款"15.缺陷责任与保修）、《建设工程工程量清单计价规范》（GB 50500—2013）（11.竣工结算与支付）的相关规定，确定承包人提交质量保证金的方式及扣留方式。

（3）确定投标保证金、投标有效期的相关规定，完成表3。

☞根据招标工程背景资料介绍，结合与招标人的沟通情况，确定本招标工程计划投资金额。

☞根据招标工程背景资料介绍，结合《中华人民共和国招标投标法实施条例》（第二章"招标"）、《工程建设项目施工招标投标办法》（第二章"招标"、第三章"投标"）、《关于废止和修改部分招标投标规章和规范性文件的决定（2013年第23号令）》（附件2"决定修改的规章和规范性文件八"对《工程建设项目施工招标投标办法》做出修改）的相关规定，确定投标人是否提交投标保证金及投标保证金的金额和形式、投标保证金有效期、投标有效期。

（4）确定合同文件的组成及优先顺序，完成表4。

☞根据招标工程背景资料介绍，结合《建设工程施工合同（示范文本）》（GF—2013—0201）（第二部分"通用合同条款"1.一般约定）的相关规定，确定本招标工程的合同文件的组成及优先顺序。

（5）签字确认。

☞市场经理负责将确定的招标文件市场条款资料提交项目经理进行审查，经团队其他成员和项目经理签字确认后，交给招标人审查。

五、实训报告

××项目市场条款内容分析如下。

表1 支付担保与履约担保

组别： 　　　　　　　　　　　　　　　　　　　　日期：

担保类型	支付担保		履约担保	
担保形式	□提供	□银行保函	□提供	□银行保函
		□担保公司担保		□担保公司担保
		□其他		□履约保证金
	□不提供		□不提供	

填表人： 　　　　　　　　会签人： 　　　　　　　　审批人：

表2 缺陷责任期

组别： 　　　　　　　　　　　　　　　　　　　　日期：

序　号	1	2	3	4
项目名称	缺陷责任期最长期限	是否扣留质量保证金的约定	承包人提供质量保证金的方式	质量保证金的扣留方式
担保形式	□5个月	□扣留	□质量保证金保函,保函金额为50万	□在支付工程进度款时逐次扣留,在此情形下,质量保证金的计算基数不包括预付款的支付、扣回以及价格调整的金额
	□12个月		□质量保证金保函,保函金额为100万	
	□24个月		□5%的工程款	
	□36个月	□不扣留	□10%的工程款	□工程竣工结算时一次性扣留质量保证金
	□48个月		□其他方式：	□其他方式：

填表人： 　　　　　　　　会签人： 　　　　　　　　审批人：

表3 投标保证金及投标有效期

组别： 　　　　　　　　　　　　　　　　　　　　日期：

序　号	1				2
项　目	投标保证金				投标有效期
具体内容	工程投资/万元	投标保证金/万元	投标保证金形式	投标保证金有效期	
			□现金	□30天	□31天
			□银行保函	□60天	□60天
			□保兑支票	□90天	□90天
			□银行汇票	□120天	□120天
			□转账支票或现金支票	□150天	□150天

填表人： 　　　　　　　　会签人： 　　　　　　　　审批人：

表4　合同文件组成及优先顺序分析表

组别：　　　　　　　　　　　　　　　　　　　　　　　　　　　日期：

序　号	合同文件组成	优先顺序	备注
1	技术标准和要求		
2	专业合同条款及其附件		
3	合同协议书		
4	图纸		
5	通用条款		
6	其他合同文件		
7	中标通知书		
8	已标价工程量清单或预算书		
9	投标函及其附录		

填表人：　　　　　　　　会签人：　　　　　　　　审批人：

六、实训总结

在实训过程中,教师可根据招标背景给出必须的市场条款内容,让同学进行选择,通过招标文件中的市场条款内容编制,让学生熟悉招标文件中的市场条款内容编制及编制方法。

七、教师评阅

【实训5】编制招标文件中的市场条款内容评分表

组　别	团队成员	正确个数	正确率	实训得分	其他加减分	本实训总得分
第1团队						
第2团队						
第3团队						
第4团队						
第5团队						
第6团队						
第7团队						
第8团队						
第9团队						
第10团队						

【实训6】 编制招标文件中的评标办法

一、实训目标

(1)知识目标:能够熟练编制招标工程的评标办法。

(2)技能目标:掌握招标文件的评标办法的内容及编制方法。

二、课时安排

☞1 学时。

三、实训准备

(1)物资准备:实训任务书和教材、工程招投标沙盘实物道具、文具、多媒体等辅助工具。

(2)道具准备:评标办法(表1);技术标评审办法(表2);经济标评审办法(表3);项目管理机构评分标准(表4)。

(3)人员分组。

1)招标人

☞招标人即建设单位,由老师临时客串。

☞对招标代理提出的疑难问题进行解答。

2)招标代理

☞每个学生团队都是一个招标代理公司;每个学生团队选出一名小组长担任项目经理的角色。

☞完成招标文件中技术条款内容的编制。

3)技术经理

☞每个学生团队中由项目经理指定一名成员,担任本团队的技术经理。

☞负责组织团队完成招标文件中技术标详细的评分细则。

4)市场经理

☞每个学生团队中由项目经理指定一名成员,担任本团队的商务经理。

☞负责组织团队完成招标文件中经济标详细的评分细则。

5)市场经理

☞每个学生团队中由项目经理指定一名成员,担任本团队的市场经理。

☞负责组织团队完成招标文件中项目管理机构详细的评分细则。

6)说明

☞如项目招标由招标人自行完成,则不设招标代理角色,其相关工作由招标人完成,并由学生团队担当。

四、实训步骤

1.确定评标委员会的组成、标书评审的分值构成

☞项目经理带领团队成员讨论,参照评标办法,确定本招标工程的评标委员会的组成、标

书评审的分值构成。

☞可参考《中华人民共和国招标投标法》(第四章"开标、评标和中标")、《评标委员会和评标方法暂行规定》(第二章"评标委员会",第四章"详细评审")。

☞完成表1。

☞投标书评分分值满分一般为100分。

2. 确定技术标的评审办法

☞技术经理根据讨论确定的评标办法,完成技术标详细的评分细则。

☞完成表2。

☞技术标的评分标准,务必与评标办法中"施工组织设计"的分值保持一致。

3. 确定经济标的评审办法

☞商务经理根据讨论确定的评标办法,完成经济标详细的评分细则。

☞完成表3。

4. 确定资信标的评分标准

☞市场经理根据讨论确定的评标办法,完成项目管理机构详细的评分细则。

☞完成表4。

☞项目管理机构的评分标准,务必与评标办法中"项目管理机构"的分值保持一致。

5. 签字确认

☞项目经理组织团队成员对评标办法的工作成果进行讨论、审批,团队成员和项目经理签字确认。

五、实训报告

××项目评分办法内容分析如下。

表1　评分办法

组别：　　　　　　　　　　　　　　　　　　　　　日期：

序号	项目	具体内容			
1	投标书评分分值构成	施工组织设计：___分		招标控制价	
		项目管理机构：___分			
		投标报价：___分		标底	
		其他评分因素：___分			
2	评分委员会组成	总人数/人	招标人代表/人	评标专家/人	评标专家所占比例/%
				评标专家总数量 / 其中：技术专家 / 其中：经济专家	

填表人：　　　　　　　　会签人：　　　　　　　　审批人：

19

表2 技术标评审办法

组别：　　　　　　　　　　　　　　　　　　　　　　　　　　　日期：

序　号	1	2		
项目名称	技术标评审方式	施工组织设计评分标准		
		评分内容	□合格制	□评分制
具体内容	□明标	施工总进度计划及保证措施	□合格	□分
		质量保证措施和创优计划	□合格	□分
		安全防护及文明施工措施	□合格	□分
	□暗标	施工方案及技术措施	□合格	□分
		对总包管理的认识及对专业分包工程的配合管理方案	□合格	□分
		成品保护和工程保修的管理措施	□合格	□分
	□不要求	紧急情况的处理措施、预案以及抵抗风险的措施	□合格	□分
		施工现场总平面布置	□合格	□分
			□合格	□分

填表人：　　　　　　　　　　会签人：　　　　　　　　　　审批人：

表3 经济标评审办法

组别：　　　　　　　　　　　　　　　　　　　　　　　　　　　日期：

序　号	项目名称	具体内容		
1	经济标评审办法	□经评审的最低投标价法	□综合评估法	
			□内插法	□区间法
2	评标基准价计算方法	□满足招标文件要求且投标价格最低的投标报价为评标基准价		
		□当参加评审的投标人多于____人（含____人）时,评标基准价＝各投标人的有效报价中去掉____个最高报价和____个最低报价的各投标人的有效投标报价的算术平均值(B)		
		当参加评标的投标人少于____人时,评标基准价＝各投标人的有效投标报价的算术平均值(B)		
		□有效报价是投标人的报价低于招标人设定的最高限价（如果有最高限价——招标控制价A）,且不低于投标人的企业成本价		
3	投标报价偏差率	偏差率＝100%×（投标人报价－评标基准价）/评标基准价		

续表

序　号	项目名称	具体内容
4	投标报价得分	□满分报价值(C):投标人的投标报价与评标基准价相等的得100
		满分报价值(C):$C=(aA+bB)\times(1-N\%)$,其中:a、b 为小于1的数,且 $a+b=1$;本工程选取的 $a=$____,$b=$____;N 为从五个下浮系数中抽取的其中一个(通常取 $0.5,0.75,1.0,1.25,1.5$) 其确定方法:由招标人在监督部门的监督下,在开标会上当众当场随机抽取 本工程评标办法选取的五个下浮系数为:____(计算结果保留小数点后两位)
		□各投标人的有效投标报价 X_i 与满分报价 C 的差异值 $\beta=(X_i-C)/C\times100\%$,$\beta$ 每上浮____%扣分____(扣分幅度为____～____),β 每下浮____%扣分____(扣分幅度为____～____)。不足____%的,采用(内插法/区间法),得分保留小数点后两位
5		其他因素评分标准:无

填表人:　　　　　　　　会签人:　　　　　　　　审批人:

表4　项目管理机构评分标准

组别:　　　　　　　　　　　　　　　　　　　　日期:

	项目名称		
具体内容	评分内容	□合格制	□评分制
	项目经理资格与业绩	□合格	□分
	技术负责人资格与业绩	□合格	□分
	其他主要人员	□合格	□分
	施工设备	□合格	□分
	试验、检测仪器设备	□合格	□分
		□合格	□分

填表人:　　　　　　　　会签人:　　　　　　　　审批人:

六、实训总结

在实训过程中,教师可根据招标背景给出必需的评标办法要求,让同学根据要求填表,通过招标文件中的评标办法内容编制,让学生熟悉招标文件中的评标办法内容编制及编制方法。

七、教师评阅

【实训6】编制招标文件的评标办法评分表

组别	团队成员	正确个数	正确率	实训得分	其他加减分	本实训总得分
第1团队						
第2团队						
第3团队						

组别	团队成员	正确个数	正确率	实训得分	其他加减分	本实训总得分
第4团队						
第5团队						
第6团队						
第7团队						
第8团队						
第9团队						
第10团队						

【实训7】 参加资格预审

一、实训目标

(1)知识目标:熟悉资格审查的相关法律规定。

(2)技能目标:掌握资格预审的流程。

二、课时安排

☞1学时。

三、实训准备

(1)物资准备:实训任务书和教材、工程招投标沙盘实物道具、文具、多媒体等辅助工具。

(2)道具准备:招标公告等文件。

(3)人员分组。

1)招标人

☞招标人即建设单位,由老师临时客串,招标公告用项目2实训项目的相关文件。

2)潜在投标人

☞每个学生团队都是一个投标公司,每个学生团队选出一名小组长担任投标负责人的角色。

☞准备招标人要求提交的各项证书等资料。

☞完成资格预审申请书的编写。

四、实训步骤

(1)搜集招标信息,熟悉招标公告项目内容。

☞每一个招标项目对投标人资质等的要求。

☞适合的招标项目资格预审的时间要求。

（2）组成投标工作班子。

（3）购买资格预审文件,填写资格预审申请书。

（4）购买招标文件(通过资格预审的团队)。

五、实训报告

××项目参加资格预审安排表

序 号	名 称	是否安排此环节	时间(工作日)	时间节点(年月日)	相关规定依据及原因	填表人	审批人	会签人
1	搜集招标信息							
2	购买资格预审申请书							
3	准备资质文件							
4	填写资格预审申请书							
5	参加资格预审							
6	通过资格预审,购买招标文件							

注:以上时间为预排,如因资料未确认或招标办工作人员外出等原因不能及时办理,则预计安排的时间顺延。

六、实训总结

在实训过程中,教师可根据情况给出必需的相关时间节点,让同学进行补充填写,通过资格预审,让学生熟悉投标前期准备工作的各项内容。

七、教师评阅

【实训7】参加资格预审评分表

组 别	团队成员	时间节点正确个数	正确率	实训得分	其他加减分	本实训总得分
第1团队						
第2团队						
第3团队						
第4团队						
第5团队						
第6团队						
第7团队						
第8团队						
第9团队						
第10团队						

【实训8】 参加现场踏勘

一、实训目标

(1)知识目标:熟悉现场踏勘的工作内容。

(2)技能目标:通过现场踏勘,使投标文件的编制更加合理。

二、课时安排

☞1 学时。

三、实训准备

(1)物资准备:实训任务书和教材、工程招投标沙盘实物道具、文具、多媒体等辅助工具。

(2)道具准备:招标文件等。

(3)人员分组

1)招标人

☞招标人即建设单位,由老师临时客串,组织投标人进行现场踏勘。

2)各投标人

☞每个学生团队都是一个投标公司,每个学生团队选出一名小组长担任投标负责人的角色。

☞自费完成现场踏勘。

☞记录现场资料。

四、实训步骤

(1)各投标人自费去项目现场。

(2)考察现场状况。

(3)记录现场情况。

(4)对照招标文件,记录有疑问的地方,准备参加投标预备会。

五、实训报告

××项目参加现场踏勘安排表

序 号	名 称	是否安排此环节	时间（工作日）	时间节点（年月日）	相关规定依据及原因	填表人	审批人	会签人
1	组织现场踏勘的人员							
2	前往项目现场							
3	考察并记录现场情况							
4	记录存在的问题							
5	整理踏勘资料,准备参加投标预备会							

注:以上时间为预排,如因资料未确认或招标办工作人员外出等原因不能及时办理,则预计安排的时间顺延。

六、实训总结

在实训过程中,教师可根据情况给出必需的相关时间节点,让同学进行补充填写,通过现场踏勘,让学生熟悉现场情况,以更好地编制投标文件。

七、教师评阅

【实训8】参加现场踏勘评分表

组　别	团队成员	时间节点正确个数	正确率	实训得分	其他加减分	本实训总得分
第1团队						
第2团队						
第3团队						
第4团队						
第5团队						
第6团队						
第7团队						
第8团队						
第9团队						
第10团队						

【实训9】　参加投标预备会

一、实训目标

(1)知识目标:熟悉投标预备会的工作内容及流程。

(2)技能目标:通过参加投标预备会,使投标文件的编制更加合理。

二、课时安排

☞1学时。

三、实训准备

(1)物资准备:实训任务书和教材、工程招投标沙盘实物道具、文具、多媒体等辅助工具。

(2)道具准备:招标文件、现场踏勘记录等。

(3)人员分组。

1)招标人

☞招标人即建设单位,由老师临时客串。

2)主持人

☞招标方相关人员担任。

3)各投标人

☞每个学生团队都是一个投标公司,每个学生团队选出一名小组长担任投标负责人的角色。

☞书面提问。

☞携带身份证等证件。

4)监督管理部门人员

5)会场工作人员

四、实训步骤

(1)投标人项目经理派人参加招标人组织的投标预备会,按照招标文件规定的时间和地点,携带相关资料参加投标预备会。

(2)会议期间,招标人集中解答投标人提出的各种疑问。

(3)图纸交底。

(4)会后,招标人统一整理成书面文件、发放答疑书。

五、实训报告

××项目参加投标预备会安排表

序　号	名　称	是否安排此环节	时间（工作日）	时间节点（年月日）	相关规定依据及原因	填表人	审批人	会签人
1	选定人员出席投标预备会							
2	签到登记,证明出席							
3	招标人答疑							
4	图纸交底							
5	会议纪要签字							
6	收到会议纪要,开始编写投标文件							

注:以上时间为预排,如因资料未确认或招标办工作人员外出等原因不能及时办理,则预计安排的时间顺延。

六、实训总结

在实训过程中,教师可根据情况给出必需的相关时间节点,让同学进行补充填写,通过参加投标预备会,解答学生在编制投标文件前的疑问,以更好地编制投标文件。

七、教师评阅

【实训9】参加投标预备会评分表

组　别	团队成员	时间节点正确个数	正确率	实训得分	其他加减分	本实训总得分
第1团队						

第2团队					
第3团队					
第4团队					
第5团队					
第6团队					
第7团队					
第8团队					
第9团队					
第10团队					

【实训10】　编制投标文件

一、实训目标

(1)知识目标:熟悉投标文件的内容及编制流程。

(2)技能目标:通过参加投标预备会,使投标文件的编制更加合理。

二、课时安排

☞1学时。

三、实训准备

(1)物资准备:实训任务书和教材、工程招投标沙盘实物道具、文具、多媒体等辅助工具。

(2)道具准备:招标文件、现场踏勘记录、答疑纪要等。

(3)人员分组。

☞每个学生团队都是一个投标公司,每个学生团队选出一名小组长担任投标负责人的角色。

☞商务标编制人员。

☞技术标编制人员。

四、实训步骤

(1)技术标编制。

(2)商务标编制。

(3)投标保证金准备。

(4)完成电子版标书编制。

五、实训报告

××项目编制投标文件安排表

序 号	名 称	是否安排此环节	时间（工作日）	时间节点（年月日）	相关规定依据及原因	填表人	审批人	会签人
1	编制技术标							
2	编制商务标							
3	整理投标文件							
4	准备投标保证金							
5	完善电子版投标文件							

注：以上时间为预排，如因资料未确认或招标办工作人员外出等原因不能及时办理，则预计安排的时间顺延。

六、实训总结

在实训过程中，教师可根据情况给出必需的相关时间节点，让同学进行补充填写，通过编写投标文件，训练学生对建筑工程计量计价、建筑施工组织、招投标与合同管理等核心课程内容的理解与应用。

七、教师评阅

【实训10】编制投标文件评分表

组 别	团队成员	时间节点正确个数	正确率	实训得分	其他加减分	本实训总得分
第1团队						
第2团队						
第3团队						
第4团队						
第5团队						
第6团队						
第7团队						
第8团队						
第9团队						
第10团队						

【实训11】 参加开标会

一、实训目标

(1)知识目标:熟悉开标会的各种要求与流程。

(2)技能目标:通过参加开标会,避免使自己的标书成为废标。

二、课时安排

☞1学时。

三、实训准备

(1)物资准备:实训任务书和教材、工程招投标沙盘实物道具、文具、多媒体等辅助工具。

(2)道具准备:投标文件等。

(3)人员分组。

1)招标人

☞招标人即建设单位,由老师临时客串。

2)主持人

☞招标人或招标代理机构的人员主持。

3)各投标人

☞每个学生团队都是一个投标公司,每个学生团队选出一名小组长担任投标负责人的角色。

4)监督管理部门人员

5)公证处人员

四、实训步骤

(1)递交投标文件。

(2)递交投标保证金。

(3)参加开标会。

五、实训报告

×ד项目参加开标会安排表

序 号	名 称	是否安排此环节	时间(工作日)	时间节点(年月日)	相关规定依据及原因	填表人	审批人	会签人
1	递交投标文件							
2	递交投标保证金							
3	投标方代表出席开标会签到							
4	检查标书密封性							
5	监督唱标正确性							
6	签字确认开标记录							

注:以上时间为预排,如因资料未确认或招标办工作人员外出等原因不能及时办理,则预计安排的时间顺延。

六、实训总结

在实训过程中,教师可根据情况给出必需的相关时间节点,让同学进行补充填写,通过参加开标会,正式参与投标,并防止标书成为废标。

七、教师评阅

【实训 11】参加开标会评分表

组 别	团队成员	时间节点正确个数	正确率	实训得分	其他加减分	本实训总得分
第 1 团队						
第 2 团队						
第 3 团队						
第 4 团队						
第 5 团队						
第 6 团队						
第 7 团队						
第 8 团队						
第 9 团队						
第 10 团队						

【实训 12】 开标主体

一、实训目标

(1)知识目标:熟悉开标主体的组成。

(2)技能目标:掌握各开标主体在招投标过程中的作用。

二、课时安排

☞1 学时。

三、实训准备

(1)资料准备:实训任务书、教材、多媒体等辅助工具;本实训以真实工程项目为背景,让学生能全方位地掌握开标主体的相关内容,项目最好不要过大。

(2)实训链接:尽量与招标文件编制和投标文件编制的实训内容合为一体。让学生根据工程实例,编制一个招标文件,并作为招标人(招标代理);编制投标文件,作为投标人。

(3)人员分组。

1)招标人

☞招标人即建设单位,由老师临时客串,具体事宜委托招标代理机构完成。

☞负责对招标代理公司提出的招标条件问题进行解答;出具相关的证明资料。

2)招标代理

☞每4名学生团队组成一个招标代理公司;每个学生团队选出一名小组长担任项目经理的角色。

☞承接招标人(或建设单位)的工程招标委托任务,组织开标会、评标专家评审等工作。

☞完成工程招标项目招标文件的编写。

3)投标人

☞每个学生团队都是一个投标人公司。

☞作为投标人参加开标会。

4)行政监管人员

每个学生团队中由项目经理指定一名成员,担任本团队的行政监管人员。

四、实训步骤

1.发布招标公告

每个团队选派一名人员根据提前准备好的工程实例,发布招标公告。

2.编制招标文件并发放

根据教师提供的工程实例和发布的招标公告,各组(招标代理)编制招标文件并发放。

3.招标文件学习

投标人学习招标文件,包括施工图。

4.招标预备会

投标人提出对招标文件和施工图的疑问,教师予以解答,并形成会议纪要下发。

5.编制标书

根据招标文件编制技术标和商务标,签章、密封等。

6.开标

投标人按时递交标书,参加开标会议。抽调招标办、招标人代表、公证人员等。

7.评标

各组抽调人员组成评标委员会,按招标文件中的评标细则评标,确定中标人。

五、实训报告

序　号	名　　称	是否安排此环节	时间（工作日）	时间节点（年月日）	填表人	审批人	会签人
1	发布招标公告						
2	编制招标文件						
3	编制投标文件						
4	组织开标						

续表

序 号	名 称	是否安排此环节	时间（工作日）	时间节点（年月日）	填表人	审批人	会签人
5	组织评标						
6	组织定标						
7	发出中标通知书						

六、实训总结

本实训的目的是使学生能够继续学习,不断提升理论涵养;努力实践,自觉进行角色转化;提高工作积极性和主动性;帮助学生缩小实践和理论的差距,为更好地适应以后的工作打好基础。

七、教师评阅

【实训 12】开标主体评分表

组 别	团队成员	正确个数	正确率	实训得分	其他加减分	本实训总得分
第 1 团队						
第 2 团队						
第 3 团队						
第 4 团队						
第 5 团队						
第 6 团队						
第 7 团队						
第 8 团队						
第 9 团队						
第 10 团队						

【实训 13】 开标注意事项

一、实训目标

(1)知识目标:熟悉开标过程。

(2)技能目标:掌握开标过程中应注意的事项。

二、课时安排

☞0.5 学时。

三、实训准备

（1）资料准备：实训任务书、教材、多媒体等辅助工具；本实训以真实工程项目为背景，让学生能全方位地实践开标注意事项的相关内容。

（2）人员分组。

1）招标人

☞招标人即建设单位，由老师临时客串。

☞对招标代理提出的疑难问题进行解答。

☞作为招标人代表，参加开标会。

2）招标代理

☞由老师指定2～4名学生担任招标代理公司。

☞组织开标会、评标专家评审等工作。

（3）投标人

☞每个学生团队都是一个投标人公司。

☞作为投标人参加开标会。

（4）行政监管人员

☞每个学生团队中由项目经理指定一名成员，担任本团队的行政监管人员。

（5）开标会人员

☞由老师指定相关学生担任或者某个小组担任。

☞担任开标会现场的各个岗位工作。

☞具体岗位：主持人、唱标人、记录员、监督人、监标人、招标人。

四、实训步骤

1. 完成开标场区、人员的准备工作

（1）开标会会场布置。

☞桌签准备。开标会需要用到的桌签有：主持人、唱标人、记录员、监督人、监标人、招标人、投标人。

☞会场准备。招标人（或招标代理）将开标会现场的桌椅，按照以下方式进行摆放，并将桌签摆放到对应的位置上。

（2）开标人员准备工作。

☞主持人。主持是一个与法律法规紧密相关的工作，又是在所有参与招标投标的参与人监督下工作，在开标现场所说的每一句话都是要负法律责任的。首先要保证程序的合法性，其次要符合本项目要求，再次要符合当地监督机构的管理要求。

☞监标人、监督人。监督人，是由项目所属行业、所属地区的政府行政主管部门的监督机构派员，对整个开标、评标过程进行监督的"人员"。所监督的是开标、评标过程是否符合法律法规要求，监察有无违法违规行为，以及发现违法违规行为及时阻止和妥善处理。

监标人，一般由招标代理机构工作人员担任，他负责对开标、唱标的文件进行初步审核，对开标、唱标准确度进行检查等。

☞唱标人（员）。唱标人（员）需要对所有投标人一视同仁，用同样语速、同样语调进行唱标,所有词句中的间隔都应该一样。

☞记录员。负责将开标过程进行记录。

2.递交投标书、投标保证金

（1）投标人按照招标文件规定的时间、地点,准时参加开标会。

（2）投标人（被授权人）在开标会现场将投标文件、投标保证金、授权委托书等提交招标人;招标人检查无误后,收取投标文件、投标保证金,投标人在登记表上登记企业信息。

3.开标

（1）宣布开标纪律。

（2）公布在投标截止时间前递交投标文件的投标人名称,并确认投标人是否派人到场。

（3）主持人宣布开标人、唱标人、记录人、监标人等有关人员姓名。

（4）按照投标人须知前附表规定检查投标文件的密封情况。

（5）按照投标人须知前附表的规定确定并宣布投标文件开标顺序。

（6）设有标底的,唱标人公布标底。招标人设有标底的,标底必须公布。

（7）按照宣布的开标顺序当众开标,公布投标人名称、标段名称、投标保证金的递交情况、投标报价、质量目标、工期及其他内容,并记录在案。

（8）投标人代表、招标人代表、监标人、记录人等有关人员在开标记录上签字确认。

（9）开标结束。

五、实训报告

××项目开标注意事项安排表

序 号	名 称	是否安排此环节	时间（工作日）	时间节点（年月日）	相关规定依据及原因	填表人	审批人	会签人
1	布置开标会场							
2	递交投标文件							
3	递交投标保证金							
4	投标方代表出席开标会签到							
5	检查标书密封性							
6	监督唱标正确性							
7	签字确认开标记录							

注:以上时间为预排,如因资料未确认或招标办工作人员外出等原因不能及时办理,则预计安排的时间顺延。

六、实训总结

本实训的目的是使学生不断提升理论涵养;自觉进行角色转化;提高工作积极性和主动性;帮助学生缩小实践和理论的差距,为更好地适应以后的工作打好基础。

七、教师评阅

【实训13】开标注意事项评分表

组　别	团队成员	正确个数	正确率	实训得分	其他加减分	本实训总得分
第1团队						
第2团队						
第3团队						
第4团队						
第5团队						
第6团队						
第7团队						
第8团队						
第9团队						
第10团队						

【实训14】　评标定标程序

一、实训目标

(1)知识目标:熟悉《评标委员会和评标方法暂行规定》。

(2)技能目标:能够对投标人递交的投标文件进行审查、比较、分析和评判,以确定中标候选人或直接确定中标人。

二、课时安排

☞1学时。

三、实训准备

(1)资料准备:实训任务书、教材、多媒体等辅助工具;本实训以真实工程项目为背景,为了让学生能全方位地实践评标定标的相关内容。

(2)人员分组。

1)招标人

☞招标人即建设单位,由老师临时客串。

☞对招标代理提出的疑难问题进行解答。

☞作为招标人代表,参加开标会。

2)招标代理

☞由老师指定2~4名学生担任招标代理公司。

☞组织开标会、评标专家评审等工作。

3）投标人

☞每个学生团队都是一个投标人公司。

☞作为投标人参加开标会。

4）行政监管人员

每个学生团队中由项目经理指定一名成员，担任本团队的行政监管人员。

5）评标委员会

☞由老师指定相关学生担任或者某个小组担任。

☞评标委员会成员提前保密。

四、实训步骤

（1）初步评审。

①符合性评审：投标人资格；投标文件的有效性；投标文件的完整性；与招标文件的一致性。

②技术性评审。

③商务性评审。

④对招标文件响应的偏差。

（2）详细评审。

（3）对投标文件的澄清。

（4）定标。

（5）发出中标通知书。

（6）签订合同。

（7）退还投标保证金。

五、实训报告

××项目参加评标、定标安排表

序　号	名　称	是否安排此环节	时间（工作日）	时间节点（年月日）	相关规定依据及原因	填表人	审批人	会签人
1	开标会							
2	组织评标							
3	确定中标候选人							
4	发出中标通知书							
5	签订合同							
6	退还投标保证金							

注：以上时间为预排，如因资料未确认或招标办工作人员外出等原因不能及时办理，则预计安排的时间顺延。

六、实训总结

本实训是为了使学生不断提升理论涵养；努力实践，自觉进行角色转化；提高工作积极性和主动性;缩小实践和理论的差距,为更好地适应以后的工作打好基础。

七、教师评阅

【实训 14】开标主体评分表

组　别	团队成员	正确个数	正确率	实训得分	其他加减分	本实训总得分
第 1 团队						
第 2 团队						
第 3 团队						
第 4 团队						
第 5 团队						
第 6 团队						
第 7 团队						
第 8 团队						
第 9 团队						
第 10 团队						

【实训 15】 无效标、废标

一、实训目标

(1)知识目标:熟悉《中华人民共和国招标投标法》。

(2)技能目标:能够正确判断无效投标和废标。

二、课时安排

☞0.5 学时。

三、实训准备

(1)资料准备:实训任务书、教材、多媒体等辅助工具;10 个无效投标、废标的案例;10 个案例,每个 10 分,根据作答要点平均分配分数。

(2)人员分组:5 人一组。

四、实训步骤

(1)教师提供案例。

(2)学生当场作答。

五、实训报告

××项目无效标、废标安排表

序 号	名 称	是否存在 无效标、废标	无效标、 废标个数	相关规定 依据及原因	填表人	审批人	会签人
1	案例一						
2	案例二						
3	案例三						
4	案例四						
5	案例五						
6	案例六						
7	案例七						
8	案例八						
9	案例九						
10	案例十						

注:以上时间为预排,如因资料未确认或招标办工作人员外出等原因不能及时办理,则预计安排的时间顺延。

六、实训总结

本实训是为了帮助学生准确判断无效投标和废标,提高学生的理论水平和全方位分析问题的能力。

七、教师评阅

【实训15】无效标、废标评分表

组 别	团队成员	正确个数	正确率	实训得分	其他加减分	本实训总得分
第 1 团队						
第 2 团队						
第 3 团队						
第 4 团队						
第 5 团队						
第 6 团队						
第 7 团队						
第 8 团队						
第 9 团队						
第 10 团队						

【实训16】　施工合同类型选择

一、实训目标

(1)知识目标:熟练掌握施工合同的三种类型。

(2)技能目标:根据工程项目的特点,对建设工程施工合同类型进行合理选择。

二、课时安排

☞1 学时。

三、实训准备

(1)物资准备:实训任务书和教材、《建设工程施工合同(示范文本)》、多媒体等辅助工具。

(2)项目介绍:三个模拟项目背景介绍。

(3)人员分组。

☞建设单位:由老师临时客串。

☞施工单位:由三个学生团队组成,代表三个施工单位,第四个学生团队对建设工程施工合同类型的选择进行总结分析。

四、实训步骤

(1)给出三个模拟项目。

①某工程总报价为 2 700 000 元,投标书中混凝土的单价为 550 元/m^2,工程量为 1 000 m^3,合同为 55 000 元。

②某建筑构件厂就重庆欧尚南岸一号项目的钢结构工程与重庆某超市有限公司签订建设工程施工合同,合同约定为固定总价合同,总价款为 800 万元。工程按期完成,质量合格。承包商在施工过程中较工程量清单少用钢材 40 000 kg(价值人民币约为 80 万元),在结算时业主以承包商少用钢材为由拒付部分工程款,遂酿成纠纷。最后处理结果:按合同结算。

③某市因传染疫情严重,为了使传染病人及时隔离治疗,临时将郊区的一座养老院改为传染病医院,投资概算为 2 500 万元,因情况危急,建设单位决定邀请 3 家有医院施工经验的一级施工总承包企业进行竞标,设计和施工同时进行,采用了成本加酬金的合同形式,通过谈判,选定一家施工企业,按实际成本加 15% 的酬金比例进行工程价款的结算,工期为 40 天。合同签订后,因时间紧迫,施工单位加班加点赶工期,工程实际支出为 2 800 万元,建设单位不愿承担多出概算的 300 万元。

(2)三个学生团队分别分析三个模拟项目的施工合同的类型,分析合同中总价的确定,分析甲乙双方各自承担的责任与义务,分析三大类型合同各自的优缺点。

(3)第四个学生团队对建设工程施工合同类型的选择进行总结分析,结合教材与模拟项目,总结合同类型选择的影响因素。

五、实训报告

施工合同类型选择完成表

序 号	名 称	分析三个模拟项目各自合同类型特点	确定三个模拟项目合同总价	确定甲乙双方各自承担的责任与义务	结合三个项目,确定三大类型合同各自的优缺点	总结合同类型选择的影响因素	举例说明
1	第1团队						
2	第2团队						
3	第3团队						
4	第4团队						
5	第5团队						
6	第6团队						
7	第7团队						
8	第8团队						
9	第9团队						
10	第10团队						

六、实训总结

在实训过程中,给出三个模拟项目,教师担任建设单位,学生团队担任施工单位。双方根据项目特点,确定施工合同类型,学生根据各种情况完成三大合同特点、总价、双方责任与义务的总结和归纳,确定三大合同的优缺点,并最终总结合同选型的影响因素。

七、教师评阅

【实训16】施工合同类型选择评分表

组 别	合同类型的特点	合同总价	责任与义务	合同的优缺点	影响因素	实训总分	其他加减分	本实训总得分
第1团队								
第2团队								
第3团队								
第4团队								
第5团队								
第6团队								
第7团队								
第8团队								
第9团队								
第10团队								

【实训17】 工程变更程序

一、实训目标

（1）知识目标：熟练掌握工程变更程序。

（2）技能目标：根据工程项目的特点，熟练掌握工程变更程序。

二、课时安排

☞1学时。

三、实训准备

（1）物资准备：实训任务书和教材、《建设工程施工合同（示范文本）》、多媒体等辅助工具。

（2）项目介绍：确定三个项目分别由承包商提出的工程变更，由业主方提出的工程变更，由监理公司提出的工程变更。

（3）人员分组。

☞建设单位：由老师临时客串。

☞施工单位：由三个学生团队组成，代表三个施工单位。

☞监理单位：由第四个学生团队组成。

四、实训步骤

（1）一到三组分别给出三个模拟项目的工程变更，其中第一组为由承包商提出的工程变更，第二组为由业主方提出的工程变更，第三组为由监理公司提出的工程变更。

（2）一到三组分别收集对应工程的以下材料。

☞变更原因。

☞现场影像资料。

☞设计部门出具的有签章的变更后工程量表及相关图纸。

☞原设计的工程量表及相关图纸。

☞原工程量清单。

☞变更工程量清单。

☞如变更细目未包含在清单内容中，应由甲方、乙方及监理工程师按市场实际情况共同商定细目单价，需要做预算组价的，应包含组价所需人材机单价依据、定额及各类取费标准。

☞变更所需的其他证明材料，如发票、工程建设第三方出具的请求变更的信函等。

☞监理工程师签认单。

☞建设项目法人签认单。

☞由变更提出方、承包商、监理工程师、设计人、建设项目法人及行政主管部门依序签署的变更设计申报审批单。

（3）前三个学生团队分别与第四个学生团队就各自的工程变更进行分析整理。确定由承包商提出的工程变更,由业主方提出的工程变更,由监理公司提出的工程变更的程序。

五、实训报告

表1　工程变更资料整理

名　称	变更原因	现场影像资料	设计部门出具的有签章的变更后工程量表及相关图纸	原设计的工程量表及相关图纸	原工程量清单、变更工程量清单、共同商定细目单价	变更所需的其他证明材料、监理工程师签认单、建设项目法人签认单、变更设计申报审批单
第1团队						
第2团队						
第3团队						
第4团队						
第5团队						
第6团队						
第7团队						
第8团队						
第9团队						
第10团队						

表2　工程变更程序

名　称	提出变更申请	工程变更申报表	审核	业主审批	工程变更审批意见	工程变更通知令	工程变更执行
第1团队							
第2团队							
第3团队							
第4团队							
第5团队							
第6团队							
第7团队							
第8团队							
第9团队							
第10团队							

六、实训总结

在实训过程中,学生自己确定给出三个模拟项目,教师担任建设单位,学生团队担任施工单位与监理单位。学生团队根据各自项目工程变更的特点,得出工程变更程序,包括以下部分:提出变更申请、工程变更申报表、审核、业主审批、工程变更审批意见、工程变更通知令、工程变更执行。

七、教师评阅

【实训 17】工程变更程序评分表

组　别	介绍本工程	工程变更资料	工程变更程序	实训总分	其他加减分	实训总得分
第 1 团队						
第 2 团队						
第 3 团队						
第 4 团队						
第 5 团队						
第 6 团队						
第 7 团队						
第 8 团队						
第 9 团队						
第 10 团队						

【实训 18】　工程变更的价款调整方法

一、实训目标

(1)知识目标:熟练工程变更的价款调整方法。

(2)技能目标:根据工程项目的特点,能进行工程变更的价款调整。

二、课时安排

☞1 学时。

三、实训准备

(1)物资准备:实训任务书和教材、《建设工程工程量清单计价规范》(GB 50500—2013)、《标准施工招标文件》、《建设工程施工合同(示范文本)》多媒体等辅助工具。

(2)项目介绍:一个模拟项目背景介绍。

(3)人员分组。

☞建设单位:由老师临时客串。

☞施工单位:由三个学生团队组成,代表三个施工单位。

☞监理单位:由第四个学生团队组成。

四、实训步骤

(1)给出模拟项目:某施工单位(乙方)与某建设单位(甲方)签订了某项工业建筑的地基处理与基础工程施工合同。由于工程量无法准确确定,根据施工合同专用条款的规定,按施工图预算方式计价,乙方必须严格按照施工图及施工合同规定的内容及技术要求施工。完成的分项工程首先向监理工程师申请质量验收,取得质量验收合格文件后,向造价工程师提出计量申请和支付工程款。工程开工前,乙方提交了施工组织设计并得到批准。

(2)提出问题背景。

①在工程施工过程中,当进行到施工图所规定的处理范围边缘时,乙方在取得在场的监理工程师认可的情况下,为了使夯击质量得到保证,将夯击范围适当扩大。施工完成后,乙方将扩大范围内的施工工程量向造价工程师提出计量付款的要求,但遭到拒绝。

②在工程施工过程中,乙方根据监理工程师指示就部分工程进行了变更施工。

③在开挖土方过程中,有两项重大事件使工期发生较长的拖延:一是土方开挖时遇到了一些工程地质勘察没有探明的孤石,排除孤石拖延了一定的时间;二是施工过程中遇到数天季节性大雨后又转为特大暴雨引起山洪暴发,造成现场临时道路、管网和甲乙方施工现场办公用房等设施以及已施工的部分基础被冲坏,施工设备损坏,运进现场的部分材料被冲走,乙方数名施工人员受伤,雨后乙方用了很多工时进行工程清理和修复作业。

④在随后的施工中又发现了较有价值的出土文物,造成承包商部分施工人员和机械窝工,同时承包商为保护文物付出了一定的措施费用。

(3)针对以上三个背景,分别分析以下问题。

①分析造价工程师拒绝乙方的要求是否合理及原因。

②分析工程变更部分合同价款应根据什么原则确定。

③乙方按照索赔程序提出了延长工期和费用补偿要求,分析造价工程师应如何处理。

④分析承包商应如何处理此事。

五、实训报告

工程变更的价款调整方法完成表

序 号	名 称	分析造价工程师拒绝乙方的要求是否合理及原因	分析工程变更部分合同价款应根据什么原则确定	乙方按照索赔程序提出了延长工期和费用补偿要求,分析造价工程师应如何处理。	分析承包商应如何处理此事
1	第1团队				
2	第2团队				
3	第3团队				
4	第4团队				
5	第5团队				

序　号	名　　称	分析造价工程师拒绝乙方的要求是否合理及原因	分析工程变更部分合同价款应根据什么原则确定	乙方按照索赔程序提出了延长工期和费用补偿要求,分析造价工程师应如何处理。	分析承包商应如何处理此事
6	第6团队				
7	第7团队				
8	第8团队				
9	第9团队				
10	第10团队				

六、实训总结

在实训过程中,给出模拟项目,教师担任建设单位,学生团队担任施工单位。双方根据项目特点,提出问题背景,分析工程变更部分合同价款确定的原则及方法。

七、教师评阅

【实训18】工程变更的价款调整方法评分表

组别	问题1	问题2	问题3	问题4	实训总分	其他加减分	本实训总得分
第1团队							
第2团队							
第3团队							
第4团队							
第5团队							
第6团队							
第7团队							
第8团队							
第9团队							
第10团队							

【实训19】　索赔值的计算

一、实训目标

(1)知识目标:熟悉工程索赔的程序及计算方法。

(2)技能目标:根据工程项目的实际特点,进行工程索赔值的计算。

二、课时安排

☞1 学时。

三、实训准备

（1）物资准备：实训任务书和教材、《建设工程工程量清单计价规范》（GB 50500—2013）、《标准施工招标文件》、《建设工程施工合同（示范文本）》多媒体等辅助工具。

（2）项目介绍：一个模拟项目背景介绍。

（3）人员分组。

☞建设单位：由老师临时客串。

☞施工单位：由三个学生团队组成，代表三个施工单位。

☞监理单位：由第四个学生团队组成。

四、实训步骤

（1）给出模拟项目：某建筑公司（乙方）于某年 4 月 20 日与某厂（甲方）签订了修建建筑面积为 3 000 m^2 工业厂房（带地下室）的施工合同。合同约定 5 月 11 日开工,5 月 20 日完工。乙方编制的施工方案和进度计划已获监理工程师批准。该工程的基坑开挖土方量为 4 500 m^3,假设综合单价为 42 元/m^3,规费费率为 6.8%,综合税率为 3.48%。该工程的基坑施工方案规定：土方工程采用租赁一台斗容量为 1 m^3 的反铲挖土机施工（租赁费 450 元/台班）。

合同约定：提前或拖延完成 1 天,奖罚 1 000 元;增加用工在考虑直接费的前提下考虑由此增加的管理费、规费、税金,窝工状态考虑直接费基础上产生的规费、税金。

（2）提出实际施工中发生如下几项事件。

事件一：因租赁的挖土机大修,晚开工 2 d,造成人员窝工 10 个工日。

事件二：基坑开挖后,因遇软土层,接到监理工程师 5 月 15 日停工的指令,进行地质复查,配合用工 15 个工日。

事件三：5 月 19 日接到监理工程师于 5 月 20 日复工的指令,同时提出基坑开挖深度加深 2 m 的设计变更通知单,由此增加土方开挖量 900 m^3。

事件四：5 月 20 日~5 月 22 日,因下罕见的大雨迫使基坑开挖暂停,造成人员窝工 10 个工日。

事件五：5 月 23 日用 30 个工日修复冲坏的永久道路,5 月 24 日恢复挖掘工作,最终基坑于 5 月 30 日开挖完毕。

（3）针对以上事件,分别分析以下问题。

①请对索赔程序进行论述,并说明建筑公司针对上述哪些事件可以向厂方要求索赔,哪些事件不可以要求索赔,并说明原因。

②每项事件工期索赔各是多少天？总计工期索赔是多少天？

③假设人工费单价为 100 元/工日,窝工费为 30 元/工日,因增加用工所需的管理费为增加人工费的 30%,增加用工不计利润,则合理的费用索赔总额是多少？

④实际工期是多少天？工期奖罚款多少？

五、实训报告

索赔值的计算完成表

名　　称	对索赔程序进行论述	说明建筑公司针对上述哪些事件可以向厂方要求索赔,哪些事件不可以要求索赔,并说明原因	每项事件工期索赔各是多少天?总计工期索赔是多少天?	假设人工费单价为100元/工日,窝工费为30元/工日,因增加用工所需的管理费为增加人工费的30%,增加用工不计利润,合理的费用索赔总额是多少?	实际工期是多少天?工期奖罚款多少?
第1团队					
第2团队					
第3团队					
第4团队					
第5团队					
第6团队					
第7团队					
第8团队					
第9团队					
第10团队					

六、实训总结

在实训过程中,给出模拟项目,教师担任建设单位,学生团队担任施工单位。双方根据项目特点,提出问题背景,分析工程索赔的程序及计算方法。

七、教师评阅

【实训19】索赔值的计算评分表

组　　别	问题1	问题2	问题3	问题4	实训总分	其他加减分	本实训总得分
第1团队							
第2团队							
第3团队							
第4团队							
第5团队							
第6团队							
第7团队							
第8团队							
第9团队							
第10团队							

【实训20】 索赔技巧

一、实训目标

(1)知识目标:熟练掌握索赔技巧。

(2)技能目标:根据工程项目的特点,熟练掌握工程变更程序。

二、课时安排

☞1 学时。

三、实训准备

(1)物资准备:实训任务书和教材、《建设工程工程量清单计价规范》(GB 50500—2013)、《标准施工招标文件》、《建设工程施工合同(示范文本)》多媒体等辅助工具。

(2)项目介绍:确定三个项目分别由承包商提出索赔,编写索赔文件。

(3)人员分组。

☞建设单位:由老师临时客串。

☞施工单位:由三个学生团队组成,代表三个施工单位。

☞监理单位:由第四个学生团队组成。

四、实训步骤

(1)一到三组分别给出三个模拟施工项目。

(2)一到三组分别收集对应工程的以下索赔材料。

①施工方面记录:包括施工日志、施工检查员的报告、逐月分项记录、施工工长日报、每日工时记录、同监理工程师的往来通信及文件、施工进度特殊问题照片、会议记录或纪要、施工图纸、同监理工程师或业主的电话记录、投标时的施工进度计划、修正后的施工进度计划、施工质量检查验收记录、施工设备材料使用记录。

②财务方面记录:包括施工进度款支付申请单、工人劳动计时卡、工人或雇用人员工资单、材料设备和配件等采购单、付款收据、收款收据、标书中财务部分的章节、工地的施工预算、工地开支报告、会议日报表、会计总账、批准的财务报告、会计来往信件及文件、通用货币汇率变化表。

根据索赔内容,还要准备上述资料范围以外的证据。

(3)第四组收集准备的材料:监理工程师准备的资料主要是监理工程师的施工记录。

①历史记录:包括工程进度计划及已完工程记录,承包方的机具和人力,气象报告,与承包方的洽谈记录,工程变更令,以及其他影响工程的重大事项。

②工程量和财务记录:包括监理工程师复核的所有工程量和付款的资料,如工程计量单、付款证书、计日工、变更令、各种费率价格的变化,现场的材料及设备的实验报告等。

③质量记录:包括有关工程质量的所有资料以及对工程质量有影响的其他资料。

④竣工记录:包括各单项工程、单位工程的竣工图纸、竣工证书,对竣工部分的鉴定证书等。

(4)针对以上索赔材料,编写索赔报告,分析索赔技巧。

五、实训报告

索赔技巧完成表

序　号	名　　称	完成各自索赔材料的收集	编写索赔报告	分析索赔技巧(至少五个方面)
1	第 1 团队			
2	第 2 团队			
3	第 3 团队			
4	第 4 团队			
5	第 5 团队			
6	第 6 团队			
7	第 7 团队			
8	第 8 团队			
9	第 9 团队			
10	第 10 团队			

六、实训总结

在实训过程中,学生自己确定给出三个模拟项目,教师担任建设单位,学生团队担任施工单位与监理单位。学生团队根据各自项目索赔材料的收集,编写索赔报告,分析索赔技巧(至少五个方面)。

七、教师评阅

【实训 20】索赔技巧评分表

组　别	介绍本工程	索赔材料收集	索赔报告	分析索赔技巧	实训总分	其他加减分	实训总得分
第 1 团队							
第 2 团队							
第 3 团队							
第 4 团队							
第 5 团队							
第 6 团队							
第 7 团队							
第 8 团队							
第 9 团队							
第 10 团队							

第二部分 综合实训

【综合实训1】 建设工程招标过程模拟及招标文件的编制

一、实训目标

(1)知识目标:熟悉工程招标文件的内容、要求及编制过程。

(2)技能目标:

①体验工程招标程序;

②熟悉工程招标程序;

③掌握工程招标文件的主要内容;

④了解工程招标文件的要求;

⑤在教师的指导下独立地完成招标文件的编制。

二、课时安排

☞16学时。

三、实训准备

(1)工程有关批准文件。

(2)工程施工图。

(3)工程概算或施工图预算。

(4)模拟工程现场。

(5)模拟工程招标现场。

四、实训步骤

(1)划分小组成立招标组织机构。

(2)颁发工程有关批准文件、工程施工图及概预算。

(3)进行工程招标的准备工作。

(4)进行工程招标文件的编制。

五、注意事项

(1)招标文件应尽量详细和完善。

(2)尽量采用标准的专业术语。

（3）充分发挥学生的积极性、主动性与创造性。

（4）讨论工程招标文件的主要内容及要求。

六、实训报告

（1）投标前须知附表（表1）。

表1 投标前须知附表

工程名称			
建设地点			
工程立项批准文件		设计单位	
		工程总投资	
建筑面积		结构类型及层数	
承包方式		质量要求	
工期要求			
投标单位资质要求			
建造师资质要求			
获取招标文件时间及方式			
现场踏勘方式		地点	
招标答疑方式			
投标文件份数			
投标保证金			
投标文件递交			
开标会	时间	地点	
资金来源		资金到位情况	
其他			

（2）投标函附录：投标书附录（表格）。

（3）法定代表人资格证明书。

（4）授权委托书。

（5）具有标价的工程量清单与报价表：工程量清单报价表（略）；主要材料清单及价格表（略）。

（6）辅助资料：

①项目经理简历表（附项目经理证及业绩证明）；

②主要施工管理人员表；

③主要施工机械设备表；

④劳动力计划表；

⑤施工组织设计；

⑥最短工期、计划开、竣工日期和施工进度表；

⑦临时设施布置及临时用地表；

⑧企业实力与社会信誉；

⑨对材料、资金的协调保证能力；

⑩企业以往业绩。

(7)其他资料：

①对招标文件及合同条款认同程度的声明；

②银行履约保函格式。

七、教师评阅

招标文件编制过程评分表

组　别	团队成员	时间节点正确个数	正确率	实训得分	其他加减分	本实训总得分
第 1 团队						
第 2 团队						
第 3 团队						
第 4 团队						
第 5 团队						
第 6 团队						
第 7 团队						
第 8 团队						
第 9 团队						
第 10 团队						

【综合实训 2】 建设工程投标过程模拟及投标文件的编制

一、实训目标

(1)知识目标：熟悉工程投标文件的内容、要求及编制。

(2)技能目标：

①体验工程投标程序；

②掌握工程投标文件的主要内容；

③了解工程投标文件的要求;

④在教师的指导下独立地完成投标文件的编制。

二、课时安排

☞16 学时。

三、实训准备

(1)招标文件。

(2)工程施工图。

(3)工程概算或施工图预算。

(4)模拟工程现场。

(5)模拟工程投标现场。

四、实训步骤

(1)划分小组成立投标组织机构。

(2)颁发工程有关批准文件、工程施工图及概预算。

(3)进行工程投标的准备工作。

①工程概况。

②招标文件:招标文件的解释;招标文件的编制责任与组成;招标文件的修改;招标文件备案。

③投标报价:投标报价方式;投标报价的计价方法;投标报价编制依据和要求。

④进行工程投标文件的编制:投标文件的组成;投标保证金;现场踏勘与招标答疑会;投标文件的份数和签署;投标文件的密封与标志;投标截止期;投标文件的修改与撤回。

(4)开标。

(5)评标。

(6)投标文件的澄清。

(7)中标。

五、实训报告

投 标 函

致:(招标人)

(1)根据已收到贵方的招标编号为×××的工程的招标文件,遵照《中华人民共和国招标投标法》等有关规定,我单位经考察现场和研究上述招标文件的投标须知、合同条款、技术规范及其他有关文件后,我方愿以人民币(大写   总价(¥   元))的投标报价并按施工图纸、合同条款、技术规范要求承包上述工程的施工、竣工并修补任何缺陷。

(2)我方已详细审核全部文件及有关附件,并响应招标文件所有条款。

(3)一旦我方中标,我方保证按合同的开工日期开工,按合同中规定的竣工日期交付全部工程。

(4)我方同意所递交的投标文件在招标文件规定的投标有效期内有效,在此期间我方的投标有可能中标,我方接受此约束。

(5)除非另外达成协议并生效,贵方的中标通知书和本投标文件将构成约束我们双方的合同。

(6)我方理解:你方不必一定将合同授予报价最低的投标人或某一投标人。

(7)我方以法定代表人的身份郑重保证:我方包括投标报价在内的所有投标承诺严格遵守诚实信用的原则,如果一旦由于我方发生预算漏项、计算错误等所形成的风险,在不改变包括投标报价在内的所有投标承诺的前提下由我方承担。

(8)我方正式授予下述签字人代表我方向你方签署并提交投标文件正本一份,副本二份。

(9)与本投标有关的正式通讯地址为:

电话:

传真:

投标人:(盖章)

法定代表人:(签章)

或授权代表人:(签字)

日期: 年 月 日

法定代表人资格证明

单位名称:

地　　址:

姓名:　　性别:　　年龄:　　职务:

系:×××的法定代表人。为施工、竣工和保修的工程,签署上述工程的投标文件、进行合同谈判、签署合同和处理与之有关的一切事务。特此证明。

投标人:(盖章)

日　期:　　年　月　日

授权委托书

本授权委托书声明:我(姓名)系(投标单位全称)的法定代表人,现授权委托(单位的全称)的(姓名)为我单位代理人,并以我单位名义参加(投标项目全称)的工程的投标活动。代理人在投标、开标、合同谈判过程中所签署的一切文件和处理的与之有关的一切事务,我均予以承认,并承担相应的法律责任。代理人无权转让委托。

特此委托

授权人:(签字或盖章)　　　　　　　代理人:(签字)

　　　　　　　　　　　　　　　　　性别:

　　　　　　　　　　　　　　　　　年龄:

单位:投标单位:(盖章)　　　　　　职务:

　　年 月 日　　　　　　　　　　　年 月 日

建设工程施工项目投标书汇总表

投标单位			
地址			
法定代表人		电话号码	
企业等级		企业性质	
投标项目			
工程概况(结构、规模)			
承包范围			
标价	大写：		元
	小写：		元
日历工期	年　月　日—　　年　月　日　日历天数　共　　天		
质量等级			
主要材料消耗量	材料名称	单位	数量
	钢材	t	
	木材	m³	
	水泥	t	

投标人：(盖章)

法定代表人或授权委托人：(签字或盖章)

日　期：　年　月　日

投标报价预算汇总表

工程名称：　　　　　　　　　　　　　　　　　　　　　　　　单位：元

工程名称	报价	备注
合计		

施工投标文件

（封面）

工程名称：

投标文件内容：

投　标　人：(盖章)

法定代表人或

委托代理人：　　　　　　　　（签字或盖章）

日　　　期：

六、实训总结

在实训过程中,教师可根据施工图及招标文件分配任务,通过招标文件中市场条款内容的编制,让学生熟悉投标文件的编制方法。

七、教师评阅

编制投标文件评分表

组　别	团队成员	正确个数	正确率	实训得分	其他加减分	本实训总得分
第1团队						
第2团队						
第3团队						
第4团队						
第5团队						
第6团队						
第7团队						
第8团队						
第9团队						
第10团队						

【综合实训3】　招投标全过程

一、实训目标

(1)知识目标:了解招投标基础知识。

(2)技能目标:

①体验和理解招投标全过程的主要工作和流程;

②理解招标、投标全过程的主要角色及其职责；

③了解资格预审文件、招标文件的内容构成、要点以及编制依据和方法；

④了解实践中主流的一些招标和评标办法；

⑤理解如何应用电子标书进行招标、投标和评标；

⑥应用算量软件和计价软件生成投标书和电子标书；

⑦了解实践中主要的一些投标策略及其应用场景。

二、课时安排

☞8 学时。

三、实训准备

（1）物资准备：实训任务书和教材、工程招投标沙盘实物道具、文具、多媒体等辅助工具。

（2）道具准备：招投标文件。

（3）人员分组。

①招标人：招标人即建设单位，由老师临时客串；负责对招标代理公司提出的招标条件问题进行解答、出具相关的证明资料。

②招标代理：每个学生团队都是一个招标代理公司；每个学生团队选出一名小组长担任项目经理的角色；承接招标人（或建设单位）的工程招标委托任务；完成工程招标项目招标计划表的编写。

③投标人：由学生担任。

四、实训步骤

招标代理公司（由学生担任）作为××学校办公大楼项目的招标代理发布招标公告，由学生组成建筑工程公司获取公告进行投标。

实训流程如下。

（1）课程导入、团队组建。

（2）研究项目、制定招标计划。

（3）编制资格预审文件、招标文件。

（4）投标报名、资格预审。

（5）编制投标文件。

（6）开标。

（7）评标、定标。

（8）总结讨论、归纳评定。

五、实训总结

本实训内容完全模拟建筑工程施工招投标从发布招标公告到最后发布中标通知书签订合同为止的完整过程。在实训过程中，学生模拟招投标代理公司，受某甲方的委托进行招投标代理工作，负责发布招标公告、编制资格预审文件、招标文件、进行资格预审、发放招标文件、组织招标文件答疑会和开标仪式，最后发布中标通知书，投标部分由学生分组模拟几个不同的建筑公司参与竞标，从接到招标公告开始，分别进行投标报名、资格预审、购买招标文件、编制投标文件，过程中参加答疑会、开标会和最后发布中标通知活动，听取老师的点评和指导。

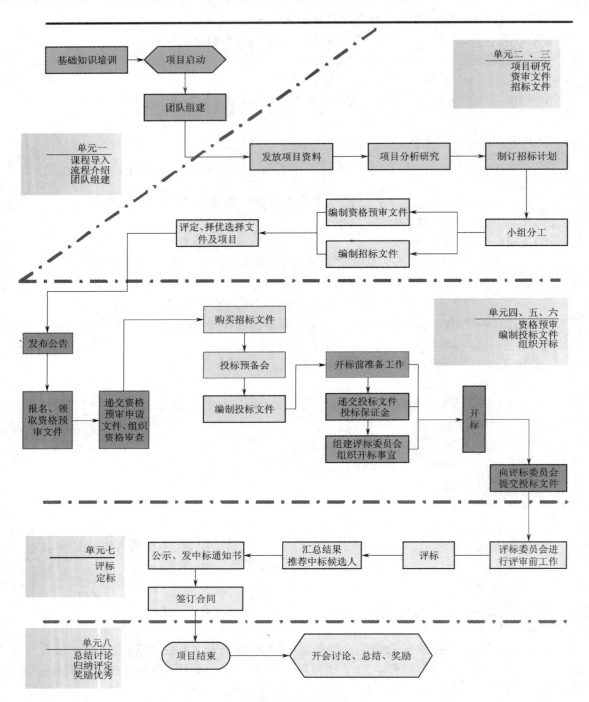

招投标实训课程流程图

六、教师评阅

【综合实训3】招投标全过程评分表

组　别	团队成员	正确个数	正确率	实训得分	其他加减分	本实训总得分
第1团队						
第2团队						
第3团队						
第4团队						
第5团队						
第6团队						
第7团队						
第8团队						
第9团队						
第10团队						

【综合实训附属案例资料】

幼儿园改造工程　　工程背景资料

一、基本信息

建设单位:机关后勤服务中心

建设地点:北京市东城区

建设规模:单体建筑,框架结构,地上1层

建设面积:38 600平方米

估算合同额:6 500万元

资金情况:政府投资,资金已落实

招标范围:图纸范围内的全部工程(包含土建工程、装饰装修工程、水暖工程、电气工程)

二、建设单位背景信息

机关后勤服务中心为某中央部委后勤服务机构,隶属事业单位,由于下属事业单位机关幼儿园原教学楼建设时间为1958年,因此决定对教学楼进行拆除重建,建设费用全部为中央财政拨款。

目前本工程已经完成发改委立项,取得规划许可证,同时招标图纸、勘察报告均已准备齐全。

本工程拟采用施工总承包的方式,机关后勤服务中心基建处只负责与施工总承包单位进行结算。一旦确定中标单位并签订合同后,基建处可以预先支付给施工总承包单位30%的工程款,工程量的计量两个月进行一次,进度款按照每次计量的实际工程量支付至80%。待工程竣工验收合格后,支付至合同款的85%;审计完成后,支付至审计款的95%,扣留5%的工程款作为质量保证金,在缺陷责任期终止后根据维修情况退还给施工单位。当未施工工程尚需的主要材料及构件的价值相当于工程预付款数额时开始扣回工程预付款,扣回方式为从每次结算工程价款中,按材料比重扣抵工程价款,竣工前全部扣清。

本工程招标工作全权委托给一家招标代理公司,同时招标工程量清单及招标控制价委托给某工程咨询公司。本工程采取固定单价合同(包含风险因素),如果工程量清单发生错误,可以根据《建设工程工程量清单计价规范》(GB 50500—2013)的相关规定进行调整。

工程建设地点位于东城区,周边紧临办公楼、住宅区,同时地处三环以里,受交通管制影响较大,因此施工期间需要施工单位严格按照北京市安全文明工地的标准进行管理,同时严格控制好材料进出场时间,以免影响周边的正常办公环境和居民生活环境。

本工程建成后,机关后勤服务中心除了中心内部档案馆留1套竣工资料备案外,还需要给下属单位机关幼儿园提供1套竣工资料,同时移交给北京市东城区城建档案馆1套和审计公司1套竣工资料。

三、招投标要求

本工程计划工期为300日历天,计划开工日期为2016年10月20日。工程质量要求为符合国家验收标准。

本工程采用公开招标(资格后审)的形式进行招标;为了确保该工程招投标活动的严肃性,需投标人提交投标保证金。保证金形式、金额及有效期按相关法律规定执行。

四、图纸

略。

ISBN 978-7-5618-6144-8

9 787561 861448 >

定价:39.00 元